混合式數位與全數位
電源控制實戰

李政道　編著

U0072739

全華圖書股份有限公司

提筆寫下此序的同時，一晃眼與作者相識已十二年之久，期間經濟大環境充斥著各種不平穩的氛圍，全球半導體景氣更是面臨各種嚴峻的挑戰，無論是科技發展門檻的提高還是競爭對手雲集，都實實在在的挑戰著每家公司，甚至於挑戰著每個人，每個正在開發的案子。所幸新興的產業機會並未因此磨滅，逆勢萌芽發展比比皆是，而在落地生根過程中，必然存在高度不確定性，因此體認此一現況，積極掌握機會並靈活應對，必然求得制勝之道。有趣得是人們總是不滿於現狀，持續不斷的尋求著更便利的生活、更優質的產品體驗、更高速的網路存取等等，這些都離不開一個很核心重要的模組區塊：可靠的電源模組。

隨著科技發展，全球用電量不僅大幅上升，根據研究報導指出，2017 年間，全球 Data Centers 消耗約 416 Terawatts (兆瓦)，這是相當驚人的數字，應證著一個有趣的網路小品：當人們在網路上搜尋一杯咖啡的口味，耗掉的電量說不定能煮一杯咖啡呢？

科技的發展已經跟網路發展密不可分，人們使用網路流量只會日益增加，根據研究預估，預計每四年，全球 Data Centers 耗電量將有兩倍成長幅度，每 1%的電源效率改善都變的無比重要，關乎著市場經濟與地球資源間的平衡。

然而對於電源系統的要求不僅於此，不僅效率必須提升，可靠度更需要提升！電源如同人體的心臟，失去了心臟就失去了動力的來源，大腦形同虛設，再好的 AI 處理能力都只能荒廢於無。再加上輕薄短小也是人們習慣追求的極致體驗，縮小電源空間又是另一大課題。

作者致力於開發電源產品多年，從不斷電系統 UPS、Smart PDU、高瓦數電動載具充電器、高瓦數 Solar Inverter 等等。尤其是數位電源領域，作者深知數位控制的技巧，喜愛研讀最新電源技術並改良實現，教學相長之下，獲得更多成長與學習機會，更理解電源工程師真正的需求。此書從基礎原理至模擬驗證，再透過實驗章節做真實比對驗證，這樣的電源書是他的理想，相信也是電源工程師所日夜期盼。

Microchip 大中華區總經理

陳永豐

推薦序

當我知道政道兄要出書時，第一個想法就是一本武功秘笈要現世了，那些還在電源設計走冤枉路的人總算是看到一線曙光，自己年輕時讀到有關安培、高斯、法拉第、馬克士威爾、特斯拉等與電相關的故事雖然覺得有趣但畢竟沒有實際摸過，等念書時又被一堆考試牽著鼻子走，就算開始接觸電子電機的課目，學校教的總是觀念多理論深，和現實業界看到的應用總覺得差很大，像是一個出世名模般美麗恆久、永遠不老、不用補妝，光看一個簡單的電容，對教科書來說就是 C 而且還是完美電容，不知道電容產生的 ESL、ESR、高低溫、高低頻等的效應。

這本書從理論到執行深入淺出，尤其是對如何用半數位到全數位的實例及在 PIC® 及 dsPIC® 平台上面的開發，他把許多複雜艱深 BUCK 觀念用範例和程式帶著讀者一步一步地走進這個無遠弗屆的電源世界，如果您剛開始接觸電源設計，這是一本正本清源的嚮導書引導著你找到您要的目標，如果您已經過接觸電源設計，這是一本讓您快速增強功力的經典，在這個資訊爆炸充斥各種似是而非的網路分享都無法解決您真正的困擾的時代，一本打通電源設計任督二脈的作品對有心從事這類工作的研發人員來說無異是方便法門。

電是人類文明向前大幅邁進的力量，數位化則是提供了更靈活優化的控制方式，大部分的人是享受著這樣的進程而不自知，政道兄對電源控制的理解對上過他的手作課或研討會的學員都是說為什麼不能早點認識這位講師，而他在公司對客戶訓練課程也永遠是最快額滿下次請早，很多中國大陸的粉絲更是翻牆來收看和發問他個人 YouTube 頻道，透過這本書您會看到一個對電了然於胸的人的理解，雖不至於字字血淚，但絕對是字字珠璣。

韓愈在師說裡面寫著 "師者，所以傳道、受業、解惑也" 如同政道兄的名字，電源設計的救贖之道就在這本書了。

有幸能在這樣的優秀的著作寫序真的是狗尾續貂，厚顏了。也期盼下一本書趕緊出來，造福更多有心想在電源設計精進的工程人員。

Microchip 台灣區總經理

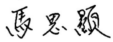

作者序

筆者真正學習數位切換式電源轉換器是從就讀研究所才開始，起步並非很早，因此更多的過程是不斷的自學、請教前輩與親手實際驗證，不斷地充實理論基礎與實務經歷，心中更備感數位電源的深奧與有趣之處。

晃眼間已經 19 年之久，一些特別的念頭也漸漸在心裡頭萌芽：

是否寫一本書？一本學習數位電源轉換器的書？

一本從基礎理論至實務探討的書，讓後進可以有本參考書，從頭到尾學習一遍的的實務參考書？

因此更近一步做了一番整理與探究，發現一個有趣的共同需求、一個有深度的共同難題：數位電源是明顯趨勢，但如何設計與驗證？

有沒有可以直接照圖施工的學習法呢？讓入門門檻得以降低的自主學習的好方法呢？

坊間已有為數不少的數位電源相關書籍，或是網路上也有著許許多多的參考文獻，但這些資料對工程師的學習過程而言（包含自己的自學過程），往往相對片段或是過於著墨單一理論，造成實踐上的斷層與學習不連續，使得時常看起來很簡單，卻無法有效的進階到下一階段，容易引起學習頓挫而放棄。

感謝此期間分享點子與想法的電源好朋友們，大約歷經一年的內容構思與資料收集，於 2020 如此特別一年的農曆過年開始撰寫，選擇『混合式數位與全數位電源控制實戰』為人生第一本書的主題，並於 2020 年底前完成著作。

雖說知易行難，但實際上知難行亦難，藉此機會我想感謝這一路上支持我的家人，假日與晚上時間都用於此書的撰寫與相關實驗上；感謝 Microchip 長官們的支持，尤其感謝大家長大中華區總經理 E.H. Chen 與台灣區總經理 Daniel Ma 的支持；感謝同為電源團隊之組員 Young Kuang 與 Luke Jiang 協助，利用假日時間無私協助校稿。謝謝所有支持這本書的每一個人，謝謝你們。

作者

李进道

前言

　　本書專注於補償控制器理論與計算並實現完整控制迴路設計過程，並且書中處處藏有設計小技巧或經驗，可讓讀者避開一些坑洞，順利開發電源。本書輔以 Buck 轉換器為主要論述基礎，Buck 尤其適合作為入門架構，不僅已被非常的廣泛使用與延伸，包含半橋、全橋、推挽式等等，其補償控制器原理皆為相同，乃至 DC/AC Inverter 亦為 Buck 延伸架構。

　　第 1 章為切換式電源基礎理論與數位控制概論：介紹基本 Buck 轉換器與其延伸架構，並包含控制模式推導，延伸至控制模式與相應補償器設計。

　　第 2 章為模擬的實際操作基礎：透過模擬的方式，驗證基本理論，也能驗證基本設計想法與規格。

　　第 3 章為混合式數位電源的實務設計：以一步步細節的方式，讓讀者不至於缺少任何一個細節而中斷或失敗。

　　第 4 章則進入更複雜的全數位電源控制設計：同一套控制理論貫穿每一章，體驗其中的務實感並成為數位電源的一員！☺

　　第 5 章為延伸應用：說明如何套用本書內容於更多的實務案例中。

書籍範例程式與
相關資源。

歡迎反饋錯誤之
處，協助本書更
趨於完善。

若發現錯誤，將
持續更新於此。

目錄

目錄

符號	意義	單位
η	效率	%
ΔV_{OR}	輸出電壓漣波	V
ΔV_{CESR}	電容等效串聯電阻分量之輸出電壓漣波	V
ΔV_{CESL}	電容等效串聯電感分量之輸出電壓漣波	V
ΔV_{CO}	電容分量之輸出電壓漣波	V
Φ_{ZOH}	ZOH 造成的相位損失	$^{\circ}$ （度）
Φ_{Delay}	控制迴路延遲相位損失	$^{\circ}$ （度）
B_{Sat}	飽和磁通密度	Gauss
C_O	輸出電容量	F
C_{SC}	斜率補償電容	F
C_{HOLD}	ADC 取樣電容	F
D	佔空比	%
DCR_L	電感直流電阻	Ω
f_{PWM} or F_{PWM}	開關切換頻率	Hz
F_N	奈奎斯特頻率	Hz
F_C	交越頻率，頻寬	Hz
F_0 or F_{P_0}	原點極點頻率	Hz
F_{HPF}	高頻極點頻率	Hz
f_{LC} or F_{LC}	LC 諧振頻率	Hz
F_{C_ESR}	電容等效串聯電阻零點頻率	Hz
F_S	ADC 取樣頻率	Hz
G.M.	Gain Margin 增益餘裕	dB
$G_{FB}(s)$	回授線路轉移函數	
$G_{Plant}(s)$	Plant 轉移函數	
$G_{PWM}(s)$	PWM 增益轉移函數	
$G_{VO}(s)$	峰值電流模式 Plant 轉移函數	

$H_{Comp}(s)$	補償控制器轉移函數	
i_L or I_L	電感電流	A
I_O	電源輸出電流	A
I_{BIAS}	OPA 輸入偏壓電流	A
i_{SW}	開關電流	A
K_{FB}	回授線路增益	
K_{ADC}	ADC 模組增益	
K_{PWM}	PWM 模組增益	
K_{iL}	電感電流回授增益	
K_{UC}	微控制器轉換比例增益	
P.M.	Phase Margin 相位餘裕	⁰（度）
P_{AC}	開關總交流損失	W
P_{SRLoss}	同步整流開關導通損失	W
P_{VFLoss}	二極體順向壓降功率損失	W
$R_{DS(ON)}$	開關導通電阻	Ω
R_{Load}	負載電阻	Ω
R_{CESR}	電容等效串聯電阻	Ω
R_{LDCR}	電感之直流電阻	Ω
R_{SC}	斜率補償電阻	Ω
R_{IC}	IC 內部連接線之電阻	Ω
R_{SS}	ADC 取樣開關的等效電阻	Ω
S_r	電感電流上升斜率	A/usec
S_f	電感電流下降斜率	A/usec
S_c	斜率補償之斜率	A/usec
T_{ON} or DT	開關導通時間	sec
T_{OFF}	開關截止時間	sec
T_{PWM}	開關切換週期	sec
$T_{Latency}$	總取樣及迴路計算延遲時間	sec

$T_{OL}(s)$	開迴路轉移函數	
V_S or V_{in}	輸入電壓	V
V_O or V_{out}	輸出電壓	V
V_L	電感電壓	V
V_N	開關節點電壓	V
V_F	二極體順向壓降	V
V_G	開關驅動訊號電壓	V
V_{Ramp}	三角鋸齒波訊號電壓	V
V_{REF}	電壓迴路參考電壓	V
V_{Err}	迴路訊號差量	V or Counts
V_{Comp}	補償控制器輸出	V or Counts
V_{C_PP}	斜率補償之峰對峰電壓	V
W_C	交越角頻率	rad/sec
W_o or W_{P_0}	原點極點角頻率	rad/sec
W_{HPF}	高頻角頻率	rad/sec
W_{Z_ESR}	電容等效串聯電阻零點角頻率	rad/sec
W_{LC}	LC 諧振角頻率	rad/sec
W_{Z_LC}	零點角頻率（消除 LC 諧振角頻率）	rad/sec
W_{P_ESR}	極點角頻率（消除 ESR 零點角頻率）	rad/sec
W_{P_HFP}	高頻極點角頻率	rad/sec
I_C	流經輸出電容之電流	

參考軟硬體

電腦軟體與參考版本：

✧ *MPLAB® Mindi™ Analog Simulator Rev.8.2o*

https://www.microchip.com/mplab/mplab-mindi

✧ *MPLAB® X Integrated Development Environment (IDE) v5.35*

https://www.microchip.com/mplab/mplab-x-ide

✧ *MPLAB® XC Compilers*

https://www.microchip.com/mplab/compilers
XC8 v2.3 & XC16 v1.61

✧ *MPLAB® Code Configurator v3.95.0*

https://www.microchip.com/mplab/mplab-code-configurator

✧ *Digital Compensator Design Tool Rev.1.0.2*

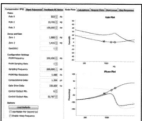

https://www.microchip.com/DevelopmentTools/ProductDetails/DCDT

✧ **SMPS Power Library v1.4.0**

https://www.microchip.com/mplab/mplab-code-configurator

✧ **PowerSmart^{TM}-Digital Control Library Designer Rev. 0.9.12.645**

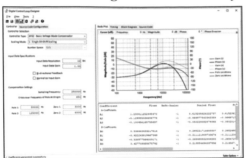

https://microchipdeveloper.com/pwr3201:digital-control-loop-designer-software-development-k

✧ **Bode Analyzer Suite 3.23**

https://www.omicron-lab.com/downloads/vector-network-analysis/bode-100/

硬體設備：

✧ **Vector Network Analyzer - Bode 100**

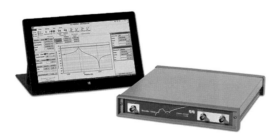

https://www.omicron-lab.com/products/vector-network-analysis/bode-100/

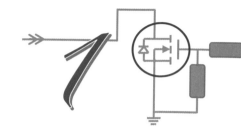

第1章
開關電源基本原理

此章主要以 **Buck** 轉換器介紹開關電源基礎理論與其控制模式，並說明穩定度的基礎分析與驗證，並且盡量簡化數學計算過程，依序完成設計控制迴路的繁雜計算，其中包含電壓模式與峰值電流模式的設計過程。

1.1 BUCK CONVERTER 簡介

Buck Converter（或稱 "Buck 轉換器"、"降壓轉換器"），顧名思義用以將輸入電壓轉換成相對低的輸出電壓。

在說明降壓轉換器之前，不妨先回到一個簡單的問題，降壓過程需要什麼？如圖 1.1.1 所示傳統線性電壓調節器，左圖之輸入與輸出端之間，其實就是 R1 與 R2 之間的分電壓關係，調節 R1 上的電壓降 V_{R1}，即可得到所需要的輸出電壓 V_{out}，V_{out} 計算請參考式子 1.1.1，效率計算請參考式子 1.1.2。

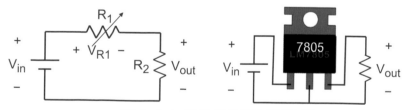

圖 1.1.1 傳統線性電壓調節器

$$V_{out} = V_{in} \times \frac{R_2}{R_1 + R_2}$$ ⋯⋯⋯⋯⋯⋯⋯⋯⋯ 式 1.1.1

$$\eta = \frac{R_2}{R_1 + R_2} = \frac{V_{out}}{V_{in}}$$ ⋯⋯⋯⋯⋯⋯⋯⋯⋯ 式 1.1.2

　　圖 1.1.1 之右圖引用常見的 7805 線性電源穩壓器做為參考，假設輸入 10V，輸出穩壓在 5V，根據式子 1.1.2 計算效率得知約 50%，同時可以理解很重要的一點，輸出功率越大，消耗在線性穩壓器的功率損耗也同時等比例變大，並且以熱能的方式呈現在線性穩壓器上，進而導致線性穩壓器極容易產生高溫，若散熱不良，很可能因此燒毀或造成電源系統不穩定。這也限制了線性電源穩壓器往大功率的發展。

　　聰明的人類開始思考：有沒有高效率的降壓轉換器？例如加個開關如下圖 1.1.2 呢？

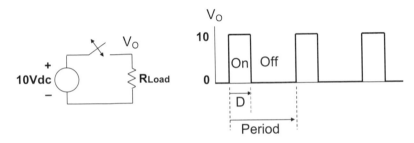

圖 1.1.2 切換式降壓轉換器演進(1)

　　假設此轉換器是一個理想轉換器，開關與電線本身不存在任何損耗。圖 1.1.2 可以觀察到，當開關閉合時，輸入電壓 10Vdc 落在 R_{Load} 兩端，當開關開路時，輸入電壓 10Vdc 與 R_{Load} 斷開，亦即 R_{Load} 兩端電壓恢復成 0V。那麼當佔空比等於 50%時，R_{Load} 上的平均電壓等於 10 x 0.5 = 5Vdc。

　　於是乎達到 7805 穩壓 5Vdc 的功能，並且沒有損耗，太棒了！！但事實真是如此？顯然不是，R_{Load} 兩端的電壓只是平均 5V，並非平穩的直流電壓。這樣的脈波式電壓並非一般負載所需要的，我們需要繼續改進以得到 "平穩的" 直流電壓 5V。

　　聰明的人類繼續思考：既然需要穩定的電壓，那麼加個電容濾波如下圖 1.1.3 呢？

圖 1.1.3 的 R_Load 並聯了一個電容(或稱輸出電容)，原本的脈波電壓得以經由此電容的濾波效果而轉變成了理想的， "平穩的" 直流電壓 5V。於是乎可以高喊太棒了！！但同樣的疑問，事實真是如此？

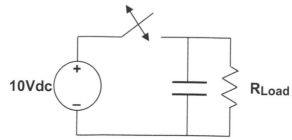

圖 1.1.3 切換式降壓轉換器演進(2)

　　須知道，一般電容本身內部等效串聯電阻相當的小，此節姑且假設為 0 歐姆，那麼可以想像，當脈波電壓對電容充電時，充電電流近乎無窮大，解決了脈波電壓，卻產生了近乎無窮大的脈衝電流，開關很難在這充電過程中幸免於難，而開關因此燒毀了，還怎麼能繼續轉換電壓呢？

　　聰明的人類堅決繼續思考：既然問題出在脈衝充電電流，那麼多加個電感緩和充電電流如下圖 1.1.4 呢？

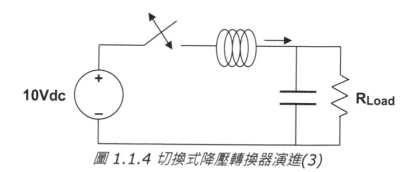

圖 1.1.4 切換式降壓轉換器演進(3)

　　終於可以高喊太棒了嗎？脈衝充電電流因為電感的介入而得到緩解，還會有問題？

　　思考這個問題的答案之前，回顧一下電感的特性即可求得答案。當開關閉合時，電流開始流經電感，進而對電容充電，而電感因為本身磁性導體的存在，當電流流經電感時，同時將能量暫時儲存於電感中，並且根據楞次定律（Lenz's law）的影響，電流流進電感的端點極性為正，電流流出電感的端點極性為負。當開關開路時，此時電感等效上如同一個恆定電流源，進入放電狀態，此時電感的電壓極性相反，電流流出電感的端點極性為正，繼續提供電流給負載與電容。

然而此時開關是開路的狀態，電感是一個電流源並且正在釋放能量，卻沒有迴路讓電流持續流動，眾所皆知，理想的電壓源不允許短路，理想的電流源不允許開路，除非想要有修理不完的電路板，此時電感電流源被強制開路，會發生什麼事呢？

結果顯而易見，能量會自己找出路徑釋放，圖 1.1.4 的結果是開關上發生很高的電壓突波，釋放電感所儲存的能量。此電壓突波最終可能高於開關本身的額定電壓，致使開關燒毀，結果解決了脈衝電流，卻引入了電壓突波，開關還是燒毀，無以持續工作。

聰明的人類堅持下去吧！繼續思考：既然最終問題是因電感電流無法連續而衍伸電壓突波，那麼多加個 Diode（二極體）讓電感電流可以連續，如下圖 1.1.5 呢？

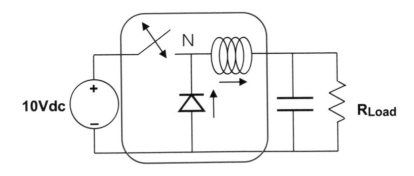

圖 1.1.5 切換式降壓轉換器演進(4)

圖 1.1.5 就是最基本 Switched-mode Buck Converter（切換式降壓轉換器），包含切換式電源最基本構成的三大元件：**開關**，**電感**，**二極體**。圖 1.1.5 上的 N 節點，通稱為開關節點。

讓我們一起來快速回顧一下演進過程，一開始因為需要效率高，所以使用了開關，接著加入電容讓輸出電壓得以平穩，再使用電感讓電容充電電流得以平滑，最後加上二極體，讓電感電流得以連續，避免產生開關突波燒毀開關，進而完成 Buck Converter 的基本需求。

當然人類的創意不僅於此，此節僅是透過簡單地引述方式，讓讀者對 Buck 有最基本的認識，以利後面章節的繼續推進。

1.2 BUCK CONVERTER 基本工作原理與常見延伸架構

圖 1.1.5 中 Buck Converter 的電感與電容的功能，廣義而言可以看成一個低通濾波器。在開關節點 N 的波形是正脈波電壓，經過電感與電容組合而成的低通濾波器，過濾掉開關切換的頻率後，將平均電壓輸出到 R_{Load} 上。更細部的工作原理分析請參考圖 1.2.1。

➢ *高邊開關（MOSFET）導通 "ON" 的時候*
  - *電感 L 流過電流 i_L，電感處於積蓄能量狀態*
  - *低邊二極體處於截止狀態*
  - *此時電感電流 i_L 由公式(1.2.1)表示：*

$$i_L = \frac{V_s - V_o}{L} \times T_{ON} \quad\text{.................................}式\ 1.2.1$$

➢ *高邊開關（MOSFET）截止 "OFF" 的時候*
  - *積蓄於電感的能量通過低邊二極體繼續流動*
  - *低邊二極體處於導通狀態*
  - *此時電感電流 i_L 由公式(1.2.2)表示：*

$$i_L = \frac{V_L}{L} \times T_{OFF} \quad\text{.................................}式\ 1.2.2$$

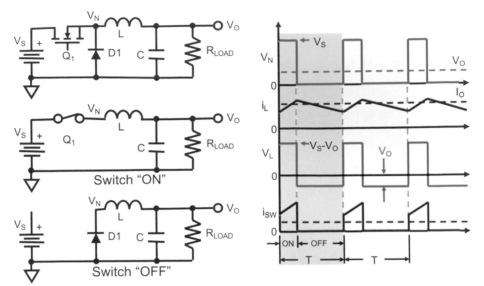

圖 1.2.1 Buck Converter 基本工作原理

　　從圖 1.2.1 我們可以了解幾個要點，首先 V_N 開關節點電壓是脈波 PWM（Pulse Width Modulation）電壓，i_L 電感電流平均值是由輸出電流 i_o 所決定，V_L 電感電壓有正有負，範圍落在（V_S-V_O）與（-V_O）之間，而 i_{sw} 開關電流則是非連續的，輸出電流是連續的（假設進入連續導通模式(Continuous Conduction Mode，CCM)，後面會提到）。

　　其中一個要點 "i_L 電感電流平均值是由輸出電流 I_o 所決定"，換言之，當輸出電流 I_o 縮小到 "等於" 連續導通模式下的平均電流時，此時稱為臨界導通模式(Boundary Conduction Mode，BCM)。當輸出電流 I_o 縮小到 "小於" 連續導通模式下的平均電流時，此時稱為不連續導通模式(Discontinue Conduction Mode，DCM)。

　　假設 V_s、V_o、f_{PWM}、L 電感量等等皆固定不變，式子 1.2.3 說明此時電感的電流漣波等於（V_L／L），為一定固定值。

$$\Delta i_L = \frac{V_L}{L} \times \Delta t \approx Constant .... 式 1.2.3$$

配合圖 1.2.2 可觀察到，隨著 I_o 由無載到滿載，電感有著三種模式的變化：DCM -> BCM -> CCM。

當然從滿載到無載剛好相反：CCM -> BCM -> DCM

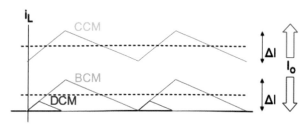

圖 1.2.2 電感電流導通模式

一般而言，工程師在設計電源轉換器之初，需要仔細地考慮各種外在因素，包含體積，成本，效率要求，響應速度等等，其中電感電流導通模式對這些因素的影響，佔有舉足輕重的關鍵地位。後面小節將討論基本差別。了解基本原理之後，讀者是否想...電源架構何其多，光是學一個 Buck 架構，耗費時日，是不是有那麼一點跟不上時代的挫折感？其實別小看了 Buck 架構，從 Buck 所延伸出來的架構非常多，而且廣泛使用，下面列幾個例子供讀者參考。

另外既然同宗同源，那麼基本的控制器設計概念也是一樣的。從學習的角度，不建議單獨學習個別架構，其實可以同時廣泛的學習共同的知識，並知道其差異即可大成。

《莊子》：「吾生也有涯，而知也無涯。以有涯隨無涯，殆已。」是吧！每當筆者傾向鑽牛角尖時，都會想起師父曾經用這段話提醒，互勉之☺。

說到延伸的架構，其實就是改變某些條件以達到某些目的，所以不妨試想其根本目的是什麼呢？

簡單的邏輯推論，所以前面說到的 Buck Converter 有什麼限制？需要被改變？

Buck Converter 基本限制如下：

> *輸入與輸出沒有隔離*
>
>> *電氣隔離對於很多應用是相當重要的考量，甚至是法規的要求，有沒有辦法隔離？*

> *輸出電壓只能低於輸入電壓*
>
>> *若某些應用，輸入電壓的範圍可能包含低於輸出電壓的範圍，怎麼辦？*

> *屬於DC/DC 轉換*
>
>> *若某些應用需要DC/AC 轉換，可改？*

首先隔離問題可使用隔離變壓器，因此聰明的人類就想...那麼"Buck Converter+變壓器" 如何？

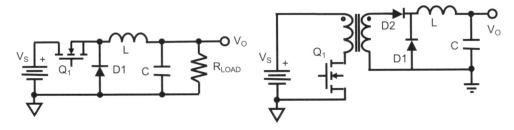

(a) Buck Converter　　　　*(b)Buck Converter+變壓器*

圖 1.2.3 順向式Forward Converter

圖 1.2.3 中，將(a)Buck Converter 加上一顆隔離變壓器變成(b)，還是由那三個關鍵元件 Q_1、D_1 及 L 所組成。

(a)與(b)中的 LC，主要都是將輸入 PWM 電壓濾波成直流，差別是(a)的開關節點直接連接到電源輸入與開關，(b)的開關節點透過變壓器連接到電源輸入與開關（ D2 僅是用來整流，不允許逆電流），因此唯一差別在於變壓器產生的比例變化而已，成了新的架構，稱為順向式 Forward Converter。

另外，為了方便對照(a)圖，筆者於(b)線路中，忽略鉗位線路。

換言之，增加變壓器後，對於一個控制迴路而言，僅僅是增加一個直流增益，分析上，僅需要將原輸入電壓 V_s 乘上此直流增益即可（假設將一次側換算到二次側做控制迴路分析）。

　　因此第一個限制相對容易解決，只要加入隔離變壓器即可，那麼第二個限制呢？輸出電壓只能低於輸入電壓，該怎麼辦？

　　同樣舉個實際例子，典型的 UPS 不斷電系統需要將電池的低壓直流電壓提升到一定程度的高壓直流電壓，並且動態響應要好、功率要大、變壓器的磁利用率要高，常見的 UPS 都會選用推挽式 Push-Pull Converter，如下圖 1.2.4。

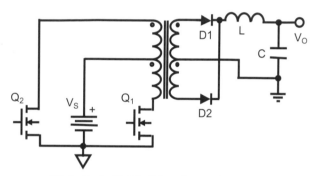

圖 1.2.4 推挽式 Push-Pull Converter

　　是不是似曾相識？對比順向式轉換器，兩者其實很相似，好像把兩個順向式轉換器並聯在一起，兩個開關不能同時導通。

　　前面所提到的順向式轉換器，其主變壓器的主要工作電流基本上只有正方向電流（當 Q_1 導通時，透過主變壓器對外輸出功率），當 Q_1 截止時，主變壓器不再輸出功率。

　　而推挽式轉換器多了 "一組順向式轉換器"，當 Q_1 截止時，換 Q_2 導通，"繼續" 透過主變壓器對外輸出功率，主變壓器的工作電流變成有正有負，大大提升整個輸出功率能力。

　　還有一個小地方不同，推挽式轉換器中，怎麼沒看到續電流二極體（或稱飛輪二極體）？其實轉變到了推挽式轉換器，圖 1.2.4 中的 D1 與 D2，不僅是整流二極體，同時也互為對方的續電流二極體。

　　但問題還沒解決，UPS 不斷電系統需要將電池的低壓直流電壓提升到一定程度的高壓直流電壓呀！？

　　是的，於此同時，變壓器的圈數比（或稱匝數比）便是決定輸出電壓範圍的關鍵，透過變壓器的圈數比，輸入電壓的電壓範圍不再局限於必須高於輸出電壓，甚至設計規格可以做到輸出電壓處於輸入電壓範圍的中間（犧牲轉換效率與加大元件的承受應力）。

　　又例如需要較大輸出功率的高壓轉低壓的 DC/DC 轉換器，人們繼續對降壓型轉換器做變形，以解除更多封印，例如半橋直流轉換器（圖1.2.5）與全橋直流轉換器（圖 1.2.6）。

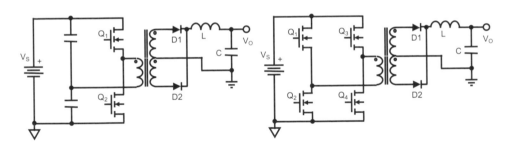

圖 1.2.5 半橋直流轉換器　　　　　圖 1.2.6 全橋直流轉換器

　　所以降壓型轉換器只能輸出電壓低於輸入電壓嗎？

　　廣義而言，有了隔離變壓器後，答案是否定的，可以變形成輸出電壓可升可降的電源轉換器。

　　觀察半橋（圖 1.2.5）與全橋轉換器（圖 1.2.6），輸出都擺放了 D1 與 D2 整流二極體（互為續電流二極體），既然稱為 "整流" 二極體，那麼若然將之移除，會變成交流輸出？剛好變成交流轉換器？

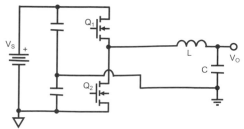

圖 1.2.7 半橋交流轉換器

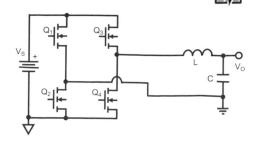

圖 1.2.8 全橋交流轉換器

1

是的，就是這麼巧，交流轉換器還是屬於降壓型轉換器的一員，後面章節談到的補償控制器計算、LC 計算、控制模式等等，都適用以上談到的架構，或者更多降壓型轉換器演變而來的架構也適用。半橋直流轉換器（圖 1.2.5），可以變成半橋交流轉換器（圖 1.2.7）。全橋直流轉換器（圖 1.2.6），可以變成全橋交流轉換器（圖 1.2.8）。

直流轉換器變形成交流轉換器後，因為交流轉換器意味著輸出電壓不應存在直流分量，或者必須抑制到一程度的微小範圍內，因此輸出電容不再是電解電容，並且電容值通常很小，常見幾 uF~數十 uF 不等（與功率大小有關），這會關係到後面章節所提到的輸出電容等效串聯電阻 ESR，與其產生的零點。這個零點通常相對變得很高頻，所以有時工程師不使用極點與其對消，直接忽略這個零點，將對消的極點用於他處。

1.3 同步整流

前兩節所提到的 Buck Converter 中都存在一個二極體，如圖 1.3.1(a)中的二極體。還記得目的？答：用來讓電感電流得以連續，避免產生開關突波燒毀開關！

但聰明的人類發現一個問題，二極體的順向電壓 V_F 對於大電流應用而言，產生的功率損耗很大（$P_{VFLoss} = I_o \times V_F$），為了解決此問題，人

類又開始動腦筋，若選擇低導通電阻的開關來取代二極體，導通時的電壓降比二極體低相當多，效率就能提升，可行乎？

是的，這樣的改造是可行的，並且有個專有名詞 "同步整流"。如圖 1.3.1(b)，D1 二極體被 Q2 MOSFET 所取代，對於導通損耗的影響可以簡單計算得知，假設 Io = 10A，二極體順向導通電壓 V_F = 0.7V，MOSFET $R_{DS(ON)}$導通電阻 = 0.005 歐姆。$P_{VFLoss} = I_o \times V_F$ = 7W，而 $P_{SRLoss} = I_o^2 \times R_{DS(ON)} = 10^2 \times 0.005$ = 0.5W，結果是不是顯而易見呢!？有趣的問題是效率差異這麼大，為何坊間常見的 Buck 轉換器並沒有全部使用同步整流方式？這牽涉一個基本邏輯問題，但凡事物利弊之間並沒有絕對的答案，因為優點與缺點往往同時存在一個個體中，在選擇所需之前，必須先了解 "選項" 之間的差異與優缺點，才能做出適當的選擇。

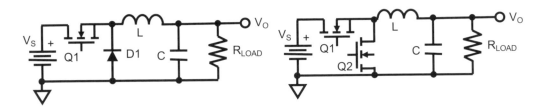

(a) 非同步整流 Buck   (b) 同步整流型 Buck

圖 1.3.1 非同步整流 Buck 與同步整流型 Buck

➢ 非同步整流 Buck Converter 特點

- 二極體順向電壓降基本固定，對於效率影響極大
- 效率差
- 成本低
- 常見於高輸出電壓的應用

➢ 同步整流型 Buck Converter 特點

- MOSFET 具有相對較低的電壓降
- 高效率
- 需要額外的 SR MOSFET 與其驅動線路

● 增加成本

表 1.3.1 非連續與連續模式 Buck Converter 比較表

	非連續模式 Buck	連續模式 Buck
電感電流狀態	DCM	CCM
輸出響應速度	較慢	快（其他章節解釋）
效率	上升	下降（Trr 問題）
電感	電感值較小，尺寸下降，成本降低	電感值較大，尺寸變大，成本上升
整流二極體	快速恢復二極體，成本較低	高速恢復二極體，成本上升

　　然而還有一個常見的問題，當連續導通模式下，Q1 開關導通瞬間，於整流二極體的反向恢復時間（Trr）中流過反向電流，進而因反向電流而產生損耗。因此若電源需要操作在連續導通模式時，需要特別注意二極體的選擇，反向恢復時間需要儘可能的選擇越小越好。

　　同理，當使用同步整流時，由於 Q1 與 Q2 最根本的要求是絕對不能同時導通，因此兩開關 ON/OFF 之間存在一小段 Deadtime 時間，此時電感電流透過 SR MOSFET 的本體二極體（Body Diode）進行續流，但此本體二極體的反向恢復時間（Trr）通常非常大，導致切換損失上升，間接降低了 SR 提高效率的能力，同時也加劇 EMI 干擾，因此必要時，還是得需要一個快速二極體並聯在 SR MOSFET 旁，或是使用 RC 緩衝器 (Snubber)。

再次參考圖 1.3.1(a)，其整體關鍵的損耗在於：

➢ *MOSFET Q1*
  ● *Turn-ON 切換損失*
  ● *導通損失*

➢ *電感 L*
  ● $I_L{}^2 \times DCR_L$ *損失*
  ● *鐵心損失（鐵損，Iron Loss，或稱Core Loss）*

➢ *二極體 D*
  ● *順向壓降導通損失*

1.4 控制模式

典型定頻降壓轉換器之控制模式可區分為電壓與電流模式兩種模式。

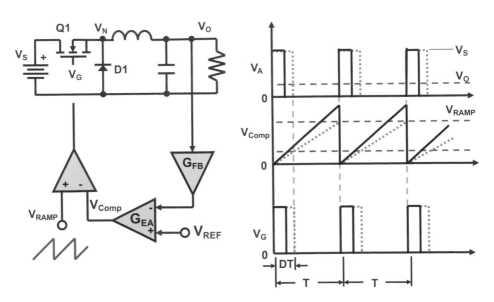

圖 1.4.1 電壓控制模式

　　圖 1.4.1 為電壓控制模式的基本示意圖，顯示了最基本的電壓模式控制概念。只用了單一控制迴路，首先輸出電壓經由$G_{FB}(s)$轉移到控制訊號等級的回授電壓，接著與預設參考電壓（V_{REF}）相減並計算，得出相應的控制量（V_{Comp}），此控制量屬於類比線性電壓，還不能用來驅動開關，因此再藉由後級比較器與一個鋸齒波相比較，得到所需的脈波 PWM（Pulse Width Modulation），透過這樣的一個控制迴路去調節佔空比（Duty），最終讓回授電壓與參考電壓相等，完成穩定輸出電壓的任務。

　　由於只有單一控制迴路，因而此控制迴路的受控體（Plant）就同時包含了一個電感與一個電容，亦即此受控體是一個包含了兩個極點的二階系統。所以控制迴路就必須具備兩個零點相對應，也是為何常見電壓模式的控制環使用所謂 Type-III（3P2Z）作為典型控制器，2Z 是兩個零點的意思。

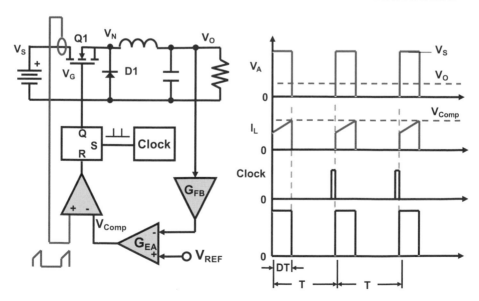

圖 1.4.2 電流控制模式

　　圖 1.4.2 為電流控制模式的基本示意圖，同樣地顯示了最基本的電流模式控制概念。但電流控制模式使用了兩個控制迴路，分成電壓外迴路與電流內迴路。首先電壓外迴路與電壓控制模式一樣，輸出電壓經由 $G_{FB}(s)$ 轉移到控制訊號等級的回授電壓，接著與預設參考電壓（V_{REF}）相減並計算，得出相應的控制量（V_{Comp}），而相異處從此處開始。V_{Comp} 在電壓控制模式中，就是佔空比的意思，只是需要透過與鋸齒波相比較，得到所需的脈波 PWM。但 V_{Comp} 在電流控制模式中，並不再是佔空比的意義，而是變成下一個迴路（內迴路）的控制參考值，亦即電流控制迴路（內迴路）的電流參考值。再藉由後級比較器與電感 "峰值" 電流相比較，得到所需的脈波 PWM（Pulse Width Modulation），透過這樣的一個控制迴路去調節佔空比（Duty），最終讓回授電壓與參考電壓相等，完成穩定輸出電壓的任務。

　　電流控制模式最關鍵的不同點在於將受控體（Plant），從一個二階系統，拆分成內迴路控制電感電流，外迴路控制電容電壓，成了兩個一階系統。而一階系統只需一個零點相對應，也是為何常見電流模式的控制環使用所謂 Type-II （2P1Z）作為典型控制器，1Z 是一個零點的意思。當然若需要更大的相位餘裕，Type-III 還是需要被考慮使用。

　　電流控制模式又可以區分成兩種：平均電流模式與峰值電流模式。

　　兩種電流模式的基本分界線在於電感電流的回授訊號，以怎樣的形式進入電流控制迴路？控制器就需要相應配合使用不同的控制參數。峰值電流控制法（參考圖 1.4.2），顧名思義，此時 V_{Comp} 是 "峰值" 電流參考值，而電感電流就需以 "峰值" 電流的形式進入控制環，與 V_{Comp} "比較"，並完成控制環，算是相當簡單且低成本的方式。

　　而平均電流控制法，此時 V_{Comp} 是 "平均" 電流參考值，電感電流就需以 "平均" 電流的形式進入控制環，與 V_{Comp} "相減後計算得佔空比"，並完成控制環。所以相較於峰值電流控制法，平均電流控制法較為複雜且

較高成本，需要增加一個運算放大器或其他方式，獲得電感電流實時的平均值，然後需要再一個運算放大器做誤差放大與計算，再與一個鋸齒波相比較後得到最終的脈波 PWM，才是一個完整的閉迴路電流控制迴路。

比較一下電壓模式與峰值電流模式的優缺點：

表 1.4.1 電壓模式與峰值電流模式的優缺點比較

	電壓模式	峰值電流模式
優點	✓ 單一控制迴路，易於分析與設計 ✓ 抗雜訊能力高	✓ 屬於電壓模式的改良 ✓ 沿用電壓模式 PWM 比較器，用來比較電感電流 ✓ 電流回授線路簡單可靠，並且同時具備了過電流保護 ✓ 一階控制系統，相位補償迴路簡單 ✓ 直接電流控制使得輸出電感器的影響被降至最低 ✓ 直接電流控制使得均流控制變的相對簡單很多，適用於輸出並聯應用 ✓ 極高的輸入電壓變化的相應響應能力 ✓ 特別適合控制含右半平面零點的電源
缺點	✓ 二階控制系統，相位補償迴路複雜 ✓ 負載的任何變化都必須等輸出變化才知道，然後再由控制迴路來控制與修正，這意味著較慢的響應速度	✓ 雙控制迴路，分析較為複雜 ✓ 抗雜訊能力要求高 ✓ 佔空比超過 50% 時，需要斜率補償 ✓ 功率級中的諧振可能引入控制迴路

	✓ 開迴路增益會隨著 輸入電壓的變化而 改變，使得補償更 趨於複雜化	

　　特別值得一提的一點，電壓模式調節佔空比，必須等到輸出電壓有所變化時，才能檢測到差異，才得以施加控制。那麼我們假設一個場景如下：一個 Buck Converter，其輸入電壓 10V，輸出電壓 5V，假設佔空比約 50%穩定控制中。當輸入電壓突然從 10V 變成 20V，那麼會發生什麼事？

➢　*電壓模式：*

　　輸入電壓變成 20V 之初，輸出電壓尚未改變（有所延遲），電壓控制迴路並無法有效檢測到此變化，因此佔空比並不會改變，直到輸出電壓飆升，電壓控制迴路才發現並反應，最後得以控制並回到穩定的 5V 狀態。

➢　*電流模式：*

　　輸入電壓變成 20V 之初，輸出電壓同樣尚未改變（有所延遲），電壓控制迴路並無法有效檢測到此變化，因此佔空比並不會改變？不不不！！這是電流模式的一個特別優點，以 Buck Converter 為例，還記得前面提到 $i_L=V_L/L$。電流模式亦即 i_L 受到控制而形同一個電流源，此時由於負載並沒有改變，i_L 並不需要改變，而片面改變 V_S 電壓至 20V，電流迴路會自動降低佔空比，降低 ΔV_L，抑制 i_L 的改變，提前反應輸入電壓的變化，速度夠快得話，輸出電壓甚至幾乎不受影響。

一般而言，電壓模式與電流模式的選擇上，有幾個方向可以用來作為基本考量點：

➢　*電壓模式*

- *相對寬的輸入電壓與輸出負載變化範圍*
- *電感電流斜率過於平緩，不適合電流模式時*
- *高功率與高雜訊場用*

- 多輸出電壓應用 (相互之間的調節能力)
➤ 電流模式
- 相應輸入電壓變化‧需要更快的響應速度
- 固定開關頻率下‧需要最快的動態響應
- 電源輸出是一個電流源
- 電源模組間的均流控制
- 變壓器磁通平衡控制
- 較少零件的低成本應用 (峰值電流模式)

1.5 BUCK CONVERTER 功率級設計參考

前幾節簡單介紹了 Buck Converter 基本概念與控制模式。接下來此節將計算功率級的基本參數。但本書僅探討 Buck Converter‧至於 Boost Converter、PFC、LLC...等其他架構‧將在其他書籍繼續討論。

1.5.1. PWM 開關切換頻率選擇

Buck Converter 轉換器之輸出電壓 $V_O = V_S \times (T_{ON} / T_{PWM})$‧可以看出 V_O 與開關導通時間和開關頻率息息相關。然而設計一個轉換器的時候‧我們都知道開關頻率越高‧Buck Converter 的輸出濾波元件 L 與 C 的體積可以相應縮小‧而有趣的問題是‧提高開關頻率一定能縮小整個轉換器的整體體積嗎？其實不盡然‧下式中電路中開關總交流損耗 P_{AC} 可以看出‧交流損耗與開關切換週期 T_{PWM} 成反比。開關頻率越高‧開關損失越大‧這部分的效率相對下降。T_{Cross} 為切換瞬間的電壓與電流交疊時間。

$$P_{AC} = 2 \times V_S \times I_O \times \frac{T_{Cross}}{T_{PWM}} \text{..................................} 式 1.5.1$$

若再加上續流二極體反向恢復時間 Trr 的影響‧連續電流工作模式下‧Trr 恢復期間‧二極體需要承受瞬間逆向漏電流乘上逆向電壓‧產生的損

耗極大，並且伴隨著開關切換頻率提高後，同樣時間內，發生 Trr 情況的次數相對增加，這部分的效率亦相對下降。

損耗的增加，相對的，為了解決因效率變差產生的熱能，很可能需要更大體積的散熱器，所以開關切換頻率越高，並不一定意謂著總體的體積必然縮小，這之間存在著折衷選擇的問題，印應著電源設計的一句名言『處處都是折衷選擇的藝術』。

另外提高開關切換頻率也會影響電磁相容性 EMC(Electromagnetic Compatibility)的測試結果，尤其是開關切換頻率處於其測試頻率範圍內。所以不少工程師刻意選擇低於測試頻率範圍的開關頻率，例如常見於 PFC(Power Factor Correction) 功率因數校正轉換器。

然而材料科技還是持續發展中，更高速的開關與二極體有助於高效能電源轉換器，因此越來越多的 Buck Converter 模組電源的開關頻率高達 MHz 等級，功率密度更是高的令人驚艷。

再者超高功率密度的電源轉換器開發，其開發期間光是頻率、架構、元件的選擇之間往往是牽一髮動全身，甚是挑戰也是有趣。

1.5.2. 輸出濾波電感計算

承如前面章節所提，Buck Converter 中的輸出電感與電容可以看作一組輸出低通濾波器，所以計算控制迴路時，就當作一般低通濾波器來分析處理。

Buck Converter（如圖 1.5.2）中，I_L 的電流斜波的中心點就等於輸出電流 I_o 的平均電流值。當 I_o 持續下降至 ΔI 的一半，電感電流漣波的最低點正好等於零，處於 BCM 電流模式，亦即電感所儲存的能量釋放到零。如果 I_o 再繼續下降，電感即進入不連續電流工作電流模式。

　　電感進入不連續電流工作模式後，受控體 Plant 轉移函數會發生很大的變化，因此需注意開迴路波德圖在 DCM 與 CCM 是不一樣的。簡單而言 Vo 的計算相關式，CCM 模式下，Vo 只跟佔空比有關係，跟輸出電流沒有關聯。當進入 DCM 模式時，假設電感量 L 固定，PWM 頻率也是固定，此時為了讓 Vo 維持固定，佔空比 D 需要隨著輸出 RLoad 改變而調整，換言之，佔空比 D 需要隨著輸出電流 IO 改變而調整。也因為 D 需要跟著改變，需要持續調整來維持 Vo 維持固定，因此暫態響應變差。若有些應用需要高速暫態響應，CCM 是一個很常用的選項之一。

$$D = \frac{T_{ON}}{T_{PWM}}$$ ....式 1.5.2

$$V_O = V_S \times D \quad (CCM)$$ ....式 1.5.3

$$V_O = \frac{V_S \times 2D}{D + \sqrt{D^2 + (\frac{8 \times L}{R_{Load} \times T_{PWM}})}} \quad (DCM)$$ ....式 1.5.4

　　當 I_L 等於零時，有個有趣現象，亦可由此判斷是否進入 DCM。當 $I_L=0$ 時開關節點電壓 V_N 等於 V_O，因此產生衰減震盪現象（或稱振鈴現象），如下圖 1.5.1，其振盪頻率於電感 L 與等效寄生電容（由開關節點往開關 Q1 與二極體 D1 方向看過去的等效寄生電容）所決定。

　　換言之，ΔI 是相當重要的一個規格，計算電感前需要先決定 ΔI，通常 ΔI 越大，電感越便宜，但是輸出漣波變大；通常 ΔI 越小越貴，因為需要更大的感量，連帶可能需要更高品值的鐵芯材質。

　　ΔI 的典型設計值是 20%。

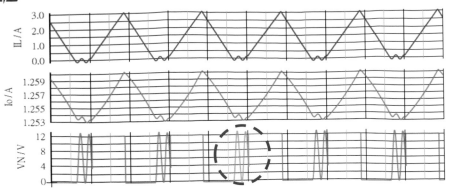

圖 1.5.1 開關節點振鈴現象(DCM)

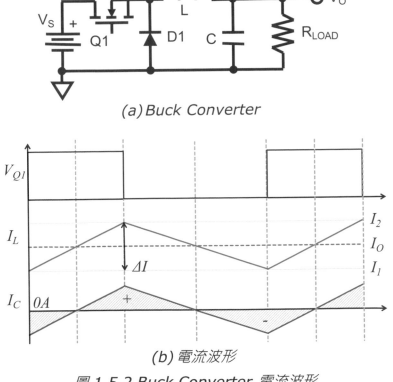

(a) Buck Converter

(b) 電流波形

圖 1.5.2 Buck Converter 電流波形

參考圖 1.5.2，ΔI 定義如下：

$$\Delta I = 0.2 \times I_O = (I_2 - I_1) = \frac{V_L \times T_{ON}}{L} = \frac{(V_S - V_O) \times T_{ON}}{L} \cdots\cdots\cdots 式\ 1.5.5$$

最小 CCM $I_{O(Min\_CCM)}$ 計算：

$$I_{O(Min\_CCM)} = \frac{\Delta I}{2} = \frac{(I_2 - I_1)}{2} = 0.1 \times I_O \cdots\cdots\cdots\cdots\cdots\cdots 式\ 1.5.6$$

目前已假設規格：

V_S=8~18V

V_O=5V

F_{PWM} = 350kHz

$\Delta I_{L\%}$ = 20%

計算得：

$I_{O(Max)}$ = 1A & $I_{O(Min\_CCM)}$ = 0.1A

假設開關沒有電壓降，並且 L 與 I_O 為定值，又：

$$L = \frac{(V_S - V_O) \times T_{ON}}{\Delta I_L} = \frac{(V_S - V_O) \times T_{ON}}{0.2 \times I_O} \cdots\cdots\cdots\cdots\cdots 式\ 1.5.7$$

$$T_{ON} = \frac{V_O \times T_{PWM}}{V_S} \cdots\cdots\cdots\cdots\cdots\cdots\cdots\cdots\cdots\cdots\cdots 式\ 1.5.8$$

$$L = \frac{(V_S - V_O) \times T_{ON}}{\Delta I_L} = \frac{(V_S - V_O) \times V_O \times T_{PWM}}{V_S \times 0.2 \times I_O} \cdots\cdots\cdots 式\ 1.5.9$$

得：

表 1.5.1 Vs v.s. L 電感值計算

	$V_{S(Min)}$ 8V	$V_{S(Max)}$ 18V
L (uH)	26.79	51.59

取 $V_{S(Max)}$ 情況下，至少需要 51.59uH，查詢一般供應商的典型值，可以選用 L=56uH。

此書主要專注在控制迴路的實現，所以電感實際硬體的設計部分，就不在此闡述。

電感的設計除了計算感量,還需要確保 "至少" 110%輸出電流還不會發生磁飽和現象。甚至需要考慮電感量與飽和磁通密度 B_{Sat},會隨著溫度與電流等有所改變,需要保留更大餘裕。另外,若能維持在 CCM,較小的電感量對於系統響應速度是有幫助的,並且配合應用或成本需求,ΔI 設計超過 20%也是很常見的。

1.5.3. 輸出電容選擇與輸出電壓漣波計算

一個典型的 DC/DC 轉換器,輸出電壓漣波 ΔV_{OR} 大小也是一個相當重要的技術指標。

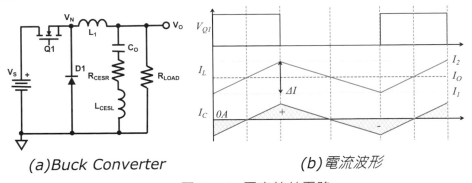

(a)Buck Converter   (b)電流波形

圖 1.5.3 電容等效電路

計算輸出電壓漣波大小之前,需要先理解,圖 1.5.3(b)中的 I_L 流經 C_O 時產生 I_C 流進與流出 C_O,此電流 I_C 對圖 1.5.3(a)中 C_O 進行充放電,進而在 C_O、R_{CESR} 以及 L_{CESL} 產生不同的電壓漣波,把三個電壓漣波(ΔV_{CESR}、ΔV_{CESL}、ΔV_{CO})加起來就是總輸出電壓漣波 ΔV_{OR}。

由於 R_{CESR} 產生的電壓漣波佔了較大比例的輸出電壓漣波,所以估算 ΔV_{OR} 並選擇輸出電容時,必須先詢問電容供應商查得 R_{CESR}。

　　然而一般情況下，ΔV_{CESR} >> ΔV_{CO} >> ΔV_{CESL}
因此很多實務案例都會只計算 ΔV_{CESR}，直接忽略 ΔV_{CESL} 與 ΔV_{CO}。
不過實際應用上，還是建議考慮 ΔV_{CO} 是否足以影響 ΔV_{OR}。
而 ΔV_{CESL} 則一般是 F_{PWM} 相當高頻時才需要考慮，尤其高於 500kHz 以上，
不過通常還是很小，所以本書直接忽略。

　　再經 R_{CESR} x C_O 乘積值（此為常數，建議詢問實際供應商以獲得更實際的參考值，一般為：50~80 x 10^{-6} Ω F）反算合理輸出電容量。

　　目前假設之規格：

Vs=8~18V

F_{PWM} = 350kHz

$\Delta I_{L\%}$ = 20%

$I_{O(Max)}$ = 1A

$I_{O(Min\_CCM)}$ = 0.1A

L_1 = 56uH

ΔV_{OR} = 50mV

　　得計算：

$$R_{CESR} = \frac{\Delta V_{OR}}{\Delta I_{L\%} \times I_{O(Max)}}$$ .... 式 1.5.10

$$R_{CESR} = \frac{0.05V}{0.2 \times 1A} = 0.25\Omega$$ .... 式 1.5.11

$$C_O = \frac{50 \times 10^{-6}}{R_{CESR}}$$ .... 式 1.5.12

$$C_O = \frac{50 \times 10^{-6}}{0.25} = 200uF$$ .... 式 1.5.13

　　經此換算過程得知，R_{CESR} 需小於 0.25Ω，C_O 需大於 200uF。假設 C_O 就選擇 200uF，那麼接下來就可以繼續計算電壓漣波 ΔV_{CO}。

　　參考圖 1.5.3(b)中的 I_C，其中可以區分為+/-電流兩部分，我們先來計算正電流產生的電壓漣波 ΔV_{CO+}。

混合式數位與全數位電源控制實戰

$$\Delta V = \frac{\Delta Q}{C} = \frac{I \times \Delta t}{C} \dots\dots\dots\dots\dots\dots\dots\dots\dots 式\ 1.5.14$$

其中 :

I 代入正電流的平均電流，即 $I=[(\Delta I \times I_{O(Max)})/2]/2 = 0.05A$

Δt 意思是正電流的時間，從圖 1.5.3 中可以看出剛好半週的時間，以 350kHz 為例：

$\Delta t=(1/350kHz)/2 = 1.43us$

$$\Delta V_{CO+} = \frac{0.05 \times 1.43e^{-6}}{200e^{-6}} = 0.3575mV \dots\dots\dots\dots\dots 式\ 1.5.15$$

加上負電流半週後，$\Delta V_{CO}= 2 \times \Delta V_{CO+}=0.715mV$

$\Delta V_{CO}/(\Delta V_{OR}+\Delta V_{CO}) \times 100\%= 1.41\%$

此例而言，1.41%是否足夠低則決定了ΔV_{CO}是否應該被考慮。

當然一般常規，會選擇更大的 C_O 並選擇更小的 R_{CESR}，ΔV_{CO} 就更微乎其微。筆者的建議是，越來越多案例要求更小的輸出電壓漣波 ΔV_{OR}，反覆計算修正還是必要的過程。

1.6 電壓模式 BUCK CONVERTER 控制器設計

1.6.1. 轉移函數

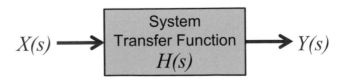

$X(s)$ → | System Transfer Function $H(s)$ | → $Y(s)$

圖 1.6.1 系統轉移函數 H(s)

圖 1.6.1 表示一個單輸入輸出 SISO 系統，其中 H(s)即為其系統轉移函數，X(s)為系統的單一輸入，Y(s)為系統的單一輸出。

其數學表示式如下：

$$Y(S) = H(S) \times X(S) \dotfill 式\ 1.6.1$$

$$H(S) = \frac{Y(S)}{X(S)} \dotfill 式\ 1.6.2$$

對照式子 1.6.2，對於使 H(s)=0 的根，亦即 $Y(S_{Zero})$=0 的根，被稱為"零點"。而使 H(s)=∞（無窮大）的根，亦即 $X(S_{Pole})$=0 的根，被稱為"極點"。

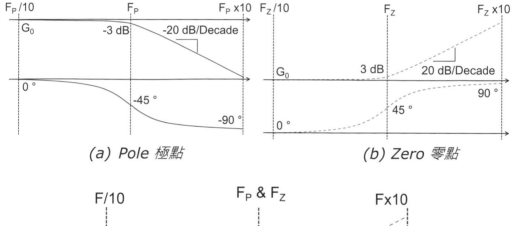

(a) Pole 極點　　　　　　*(b) Zero 零點*

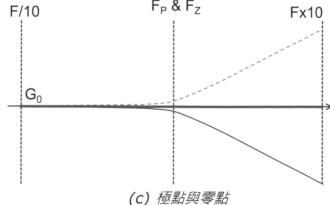

(c) 極點與零點

圖 1.6.2 極點與零點頻率響應圖

圖 1.6.2(a)顯示單一 Pole 極點於頻域的響應，假設極點頻率為 F_P。首先看增益部分，於增益-3dB（開始減 3dB 時）的頻率，便是 F_P，經過此頻率後，增益以每十倍頻-20dB 的斜率往下遞減。接下來看相位的部分，

於（F_P/10）的頻率點開始，相位開始遞減，於 F_P 的頻率點時，會剛好是減少 45 度，接著繼續遞減，直到（F_P x10）的頻率點時，達到最大的減少量（或稱相移量），減少 90 度。

圖 1.6.2(b)顯示單一 Zero 零點於頻域的響應，假設零點頻率為 F_Z。首先一樣先看增益部分，於增益 3dB（開始增加 3dB 時）的頻率，便是 F_Z，經過此頻率後，增益以每十倍頻 20dB 的斜率往上遞增。接下來看相位的部分，於（F_Z/10）的頻率點開始，相位開始遞增，於 F_Z 的頻率點時，會剛好是增加 45 度，接著繼續遞增，直到（F_Z x10）的頻率點時，達到最大的增加量（或稱相移量），增加 90 度。

從上述分析結果可以看出極點與零點的頻率響應特性剛好相反，圖 1.6.2(c)顯示當放置一個極點與一個零點在同一頻率時，兩者可以完全抵消。此特性很重要，建議讀者熟記，後面章節談論控制器設計時，皆是以這些原理作為基礎，將整體系統的轉移函數 "調整" 成我們想要的模樣。

> 在系統之中放置一個 Pole 極點，意味著對系統的某個頻段減少增益，增加相位延遲現象。而在系統之中放置一個 Zero 零點，意味著對系統的某個頻段增加增益，減少相位延遲現象。

1.6.2. **Buck Converter** 開迴路穩定條件

圖 1.6.3 為一簡單 Buck Converter 系統方塊圖，首先將 V_o 以負迴授方式反饋回控制器，並且 V_{Err} =V_{Ref} - V_o，其中補償器 Compensator 取得即時的 V_{Err} 後，計算出相應的 V_{Comp}（為一線性連續訊號），接著透過 PWM 產生器將 V_{Comp} 轉變成 PWM 脈波形式（為一數位非連續信號），進而控制 Buck Converter 功率級，調節輸出電壓 V_o。

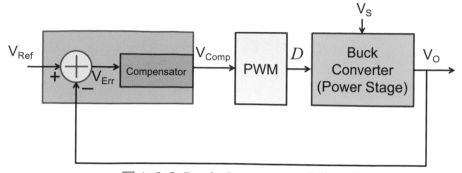

圖 1.6.3 Buck Converter 系統方塊圖

　　整個迴路是一個閉迴路控制系統，我們將各區塊的轉移函數符號加入圖 1.6.4 中供參考如下：

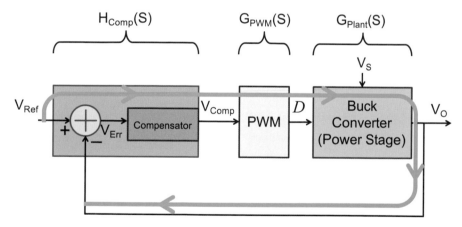

圖 1.6.4 Buck Converter 轉移函數圖

　　從 $H_{Comp}(s)$ 的 " ＋輸入" 到 "-回授" 兩點，看進去的開迴路轉移函數為 $T_{OL}(s)$：

$$T_{OL}(S) = H_{Comp}(S) \times G_{PWM}(S) \times G_{Plant}(S)$$ ....式 1.6.3

閉迴路計算式：

$$V_O(S) = \frac{T_{OL}(S)}{1+T_{OL}(S)} \times V_{Ref}(S)$$ ....式 1.6.4

從式子 1.6.4 可以做簡單的控制穩定度分析，假設 $T_{OL}(s)$ 趨近於∞：

$$V_O(S) = \frac{\infty}{1+\infty} \times V_{Ref}(S) = 1 \times V_{Ref}(S) \quad\text{...........................} \ 式\ 1.6.5$$

整個控制迴路讓 $V_O(s) = V_{Ref}(s)$，完成一個控制迴路最終的目的，輸出等於參考命令。整個系統處於可控制且穩定狀態。

接下來我們換個角度看式子 1.6.6，假設，$T_{OL}(s)$ 趨近於-1，那麼：

$$V_O(S) = \frac{-1}{1+(-1)} \times V_{Ref}(S) = \infty \times V_{Ref}(S) \quad\text{.........................} \ 式\ 1.6.6$$

整個控制迴路讓 $V_O(s) = \infty \times V_{Ref}(s)$，相信這是每個電源工程師的惡夢，最不想碰到的情況，$V_O(s)$ 完全失去控制，這個系統處於不可控且發散的狀態。

因此所謂系統穩定度的判斷，這裡給出一個最基本的判斷機制：

$T_{OL}(s)$ 不能等於-1

若不等於-1，但接近-1呢？這問題區分為 "-" 和 "1" 兩個部分。

"-" 可以看做 180 度相位差，而 "1" 可以看做增益（比例）。

聰明的讀者已經聯想到，探討系統穩定時，為何常聽到下面兩個參數：

➢ *P.M. (Phase Margin，相位餘裕)：*
  增益0dB 時，相位與 -180 度的差量，必須至少有45 度的餘裕。

➢ *G.M. (Gain Margin，增益餘裕)：*
  相位 -180 度時，增益與0dB 的差量，一般最好有10dB 的餘裕。

系統要發散，兩個條件都必須成立：增益為 1(=0dB)，相差 180 度 (= - 180 度)。若只有一個條件成立，系統只會因外在擾動而震盪不穩定，但系統最終還是會趨於穩定，不會發散，系統不至於崩潰。

因此 P.M.意思是增益等於 0dB 的條件已經成立，為避免發散或崩潰，必須確保相位不是-180 度，大於 45 度是基本的設計準則。

　　G.M.意思是相位等於 -180 度的條件已經成立，為避免發散或崩潰，必須確保增益不是 0dB，差距 10dB 是常用的設計法則。（有些應用需要更大的 G.M.，因此此值並非固定）

1.6.3. 系統響應速度

　　電源工程師時常面臨一個問題：系統響應速度！

　　因為此速度間接或直接影響很多電源指標，例如：負載調整率，包含輸出過衝或跌落的幅值以及恢復時間的長短。其中兩個關鍵設計參數佔有舉足輕重之地：P.M.與 F_C（交越頻率，亦即系統頻寬）。

　　此章節目的在於簡單說明 P.M.、F_C 與系統響應速度，但也想提醒讀者，不應過度迷失在極大化提高 P.M.與 F_C 來加速系統響應速度，切記，很多事實證明，我們實際生存的世界，並非完美，把更多因素加進來以後，會發現，一昧使用單一方式對系統響應速度加速，反而可能使系統變得不可靠，例如對 "未知" 負載的應變是否會發散？又例如對雜訊的反應是否過於敏感？這都是工程師應該全面考慮的。

　　言歸正傳，我們用最基本的時域系統步階響應分析系統響應速度的影響參數，如下圖 1.6.5。

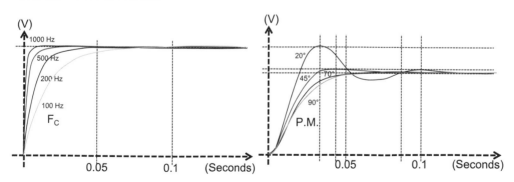

(a) 響應速度與 F_C 系統頻寬　　　(b) 響應速度與 P.M. 相位餘裕

圖 1.6.5 系統步階響應速度 v.s. F_C 與 P.M. 之關係圖

假設一個步階響應測試，要求系統輸出達到某個電壓值，不同的 F_C 系統頻寬如何產生相應不同的響應速度？

參考圖 1.6.5(a)模擬圖，可以看出 F_C 頻率越高(100Hz ~ 1000Hz)，系統輸出達到設定目標的時間就可以縮短，亦即提高追隨系統命令的速度可以藉由提高 F_C 頻率來完成。

然而 F_C 頻率最高也是有個極限，先假設排除外在限制條件因素，基本上 F_C 合理的最高頻率應當是（F_{PWM} / 10），也就是開關頻率的 1/10。

此頻率越高，系統響應速度越快，但也可能引發幾個設計上的麻煩，衍伸其他設計難度問題，須多加注意防範：

➢　*系統處於越高頻時，相位落後越嚴重*

　　因此 F_C 頻率越高，P.M. 相對越低，對於後面章節提到數位電源控制迴路，無疑是很大的挑戰

➢　*F_C 頻率越高，對於中高頻段雜訊的反應顯得多餘*

　　可能使系統產生不必要的震盪，產品的可靠度檢驗變的繁瑣

➢　*控制系統在計算時，通常假設輸入阻抗為零，輸出為純電阻*

　　並假設外部容抗與感抗應遠小於電源轉換器本身，然而實際應用例如充電器輸出容抗問題或是 PFC 輸入阻抗問題，高 F_C 搭配較低的 P.M.，很容易導致系統震盪，甚至發散。

　　對於類比控制電源而言，F_C 合理的最高頻率應當是（F_{PWM} / 10），也就是開關頻率的十分之一。但對於數位控制電源而言，由於需要 ADC（類比數位轉換器）取樣而衍伸的奈奎斯特頻率（F_N: Nyquist frequency）影響，筆者建議 F_C 較佳的最高頻率應當是（F_{PWM} / 20），設計條件允許的情況下，最高頻率應當是（F_{PWM} / 15）。

接著我們同樣假設一個步階響應測試，要求系統輸出達到某個電壓值，觀察不同的 P.M.相位餘裕如何產生相應不同的響應速度？

參考圖 1.6.5(b)模擬圖，可以看出當 P.M.越大（20 度～90 度）時，系統輸出達到設定目標的過程中，系統的震盪現象得以放緩，進而受到抑制，亦即解決系統震盪可以藉由提高 P.M.來完成。

當（0 度 < P.M. < 45 度）時，系統會有短暫震盪，持續時間隨著 P.M.越小而越增長，並且通常其的震盪幅度會因此超出產品規格，不能採用。故如同前面章節所提，最少需要滿足 45 度以上。

但聰明如的你是不是也同時觀察到另一個現象？雖然 90 度的時候，系統不存在震盪現象，但系統響應速度也同時受到壓抑，系統反應變得緩慢。因此，較佳的選擇應落在（45 度 < P.M. < 70 度）之間，這是理論值。但同時我們也需要考慮生產時所帶來的元件誤差問題，因此筆者習慣優先考慮（50 度 < P.M. < 70 度）之間。50 度可以有更高的響應能力，70 度可以有效減緩特殊條件下的震盪現象，提高系統可靠度。

1.6.4. 開迴路轉移函數 $T_{OL}(s)$

參考圖 1.6.4，於 1.6.2 小節中提到，$T_{OL}(s)$ 不能等於-1 是最根本的控制原則，所以圖 1.6.4 雖是個閉迴路控制系統，但我們只需要確保開迴路轉移函數 $T_{OL}(s)$的 P.M.與 G.M.符合穩定條件即可。

換言之，根據 P.M.與 G.M.穩定條件，我們即可先 "預設" $T_{OL}(s)$應該是長什麼樣子，不是嗎？

接續式子 1.6.3，得下列方程式：

$$H_{Comp}(s) = \frac{T_{OL}(S)}{G_{PWM}(S) \times G_{Plant}(S)} \dots\dots\dots\dots\text{式 1.6.7}$$

$H_{Comp}(s)$補償控制器轉移函數便是本書的重點之處，也是我們所需要求得的函數。

當 $T_{OL}(s)$ 根據 "預設" 而成為已知的答案，接著取得系統中的 $G_{Plant}(s)$ 與 $G_{PWM}(s)$，即可反算出我們所需要的補償器轉移函數，亦即完成整個迴路的控制參數。

此節目標即為探討理想的 $T_{OL}(s)$，那麼基本上，一個理想的 $T_{OL}(s)$ 至少應該具備哪些條件呢？

➢ *G.M. 最好有 10dB 以上*

➢ *P.M. 必須 45 度以上*

➢ *P.M. 最好可調整，以便微調響應速度與系統敏感度*

➢ *別忘了還有一件很重要的任務：最終輸出電壓與參考電壓的誤差*
   必須盡可能很小！

換句話說，最終 $T_{OL}(s)$ 呈現出來的理想波德圖，需要符合以上條件。接下來，我們便來一一探討如何符合以上條件。

反著來看，針對 "最終輸出電壓與參考電壓的誤差必須盡可能達到很小" 的需求，聰明的人類很快想到一個可行辦法，假如透過 $H_{Comp}(s)$ 的控制，$T_{OL}(s)$ 最終是一個積分器如何？

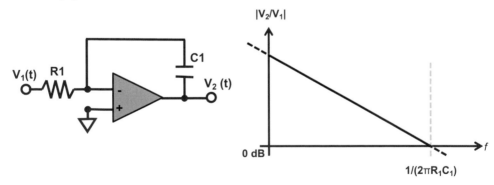

(a) OPA 積分器　　　　　*(b) 積分器增益波德圖*

圖 1.6.6 OPA 積分器與增益波德圖

一個典型的 OPA 積分器，參考圖 1.6.6(a)所示。圖 1.6.6(b)簡單呈現 OPA 積分器的增益波德圖。當頻率近乎零時，增益可近乎無窮大。

　　這意味著，直流穩態時，一點點小小的誤差都可以被放大並累加，控制系統就能根據這個放大後的誤差去調整控制量，然而常有工程師對 "無窮大" 一詞產生疑惑，放大這麼多倍，輸出還能受到控制？不是發散了？

　　關鍵在於，對一個電源控制系統而言，被放大的是系統輸入的相對差值＝$(V_{Ref} - V_O)$，當此差值因放大而受到控制，最終還是會反向趨近於 0，而對 0 放大無窮大倍還是等於 0，又有何妨呢？您說是吧。

　　頻率低於 $1/(2\pi R_1 C_1)$ 之前，整體增益都是正的，也就是輸入訊號被放大的意思。直到頻率等於 $1/(2\pi R_1 C_1)$ 時，增益等於 0dB，也就是一倍的意思。再之後，當頻率高於 $1/(2\pi R_1 C_1)$，增益為負，輸出訊號開始縮小（或稱衰減），頻率越高，衰減更多。假設 $T_{OL}(s)$ 最終是就是一個積分器，以圖 1.6.7 同時顯示出增益與相位。

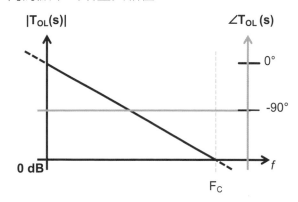

圖 1.6.7 $T_{OL}(s)$ 積分器

此時 $T_{OL}(s)$ 轉移函數為：

$$T_{OL}(S) = \frac{\omega_0}{s} \quad \text{...} 式\ 1.6.8$$

　　增益分析如同前面所說明，擾動頻率高於 F_C 之前，系統輸入的相對差值＝$(V_{Ref} - V_O)$ 都會被放大並控制，符合理想 $T_{OL}(s)$ 的幾個條件之一：

➤　*最終輸出電壓與參考電壓的誤差必須盡可能很小*

那麼此時 G.M.與 P.M.多少呢？

圖 1.6.7 中的 P.M.為 | -180° - (-90°) | = 90°

G.M.則是無法直接得知，因為系統並沒有發生-180°的位置，當然這是理想，實際狀況下，系統在高頻處最終會發生 -180° 的情況，此處暫時不討論，至少 G.M.可以肯定是足夠的，又符合了下列兩個條件：

➢ *G.M.最好有10dB 以上*

➢ *P.M.必須45 度以上*

接下來的問題便是，如何符合最後一個條件：

➢ *P.M.最好可調整，以便微調響應速度與系統敏感度*

假設 P.M.設計目標是 70°，那麼我們就需要想辦法在 F_C 頻率點，使其相位能夠多 "延遲" （90° -70°）= 20°。還記得 1.6.1 我們簡單探討了極零點的定義與特性？簡單複習一下：在系統之中放置一個極點，意味著對系統的某個頻段減少增益，增加相位延遲現象。而在系統之中放置一個零點，意味著對系統的某個頻段增加增益，減少相位延遲現象。

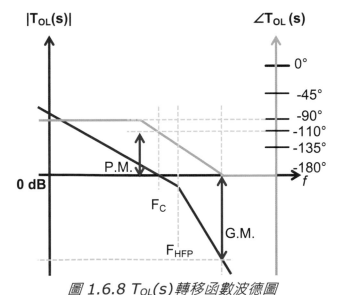

圖 1.6.8 $T_{OL}(s)$轉移函數波德圖

您是否聯想到什麼了呢？是的！既然需要延遲相位，在 $T_{OL}(s)$ 中，除了積分器，那就再加上一個極點如何？結果如圖 1.6.8。

於系統中擺放一個高頻極點（F_{HFP}: High Frequency Pole）後，其相位於(F_{HFP} /10)開始產生衰減，遞減幅度是每十倍頻衰減 45°。其相位於(F_{HFP} x10)的時候衰減 90°，整體相位落後至 180°。

當 F_{HFP} 擺放得宜時，增益曲線經過 F_C 頻率時，恰好再衰減 20°，即可得到想要的 P.M.設計目標＝70°。G.M.也可以從圖 1.6.8 中快速得知，並且符合設計規範。此時 $T_{OL}(s)$ 已經符合前面所列的幾個條件，成為了一個理想的 $T_{OL}(s)$，其轉移函數為：

$$T_{OL}(S) = \frac{\omega_0}{s} \times \frac{1}{1+\frac{s}{\omega_{HFP}}}$$.....................................式 1.6.9

從式子 1.6.9 可以看出，一個理想的 $T_{OL}(s)$，其實就是包含著兩個極點（ω_0，ω_{HFP}）的轉移函數。

接下來我們可以進行計算幾個重要頻率，首先換算頻寬 ω_C：

$$\omega_C = 2\pi F_C$$ ....式 1.6.10

順著計算 ω_{HFP}：(其中 -110°部分，可根據實際應用作調整)

$$\omega_{HFP} = -\frac{\omega_C}{tan(-110°-(-90°))} = -\frac{\omega_C}{tan(-20°)}$$............................式 1.6.11

最後求得 ω_0，也就是一開始放置的積分器頻率。

$$\omega_0 = \omega_C \times \sqrt{1 + (\frac{\omega_C}{\omega_{HFP}})^2}$$...式 1.6.12

至此，我們已經求得理想的開迴路轉移函數 $T_{OL}(s)$。

1.6.5. PWM 增益轉移函數 G_PWM(s)

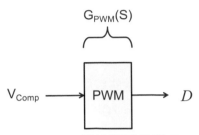

圖 1.6.9 PWM 增益轉移函數 G_PWM(s)

從圖 1.6.9 可以看出，PWM 增益轉移函數 $G_{PWM}(s)$基本上就是將補償器的線性電壓輸出轉變為 PWM 佔空比的輸出比例。

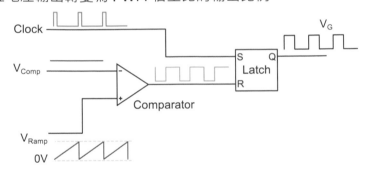

(a) PWM 模組

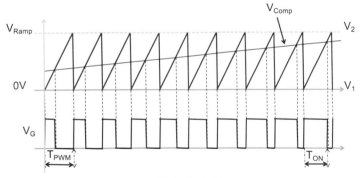

(b) 佔空比

圖 1.6.10 PWM 模組與時脈圖

　　圖 1.6.10(a)中，V_{Comp} 來自補償器的線性電壓輸出，V_G 為最後的 PWM 佔空比輸出。此 PWM 模組由幾個重要區塊組成：

➤ *比較器：*

透過比較器，比較鋸齒波與 V_{Comp} 兩輸入訊號，產生相應的脈波，但此時還不能稱為 PWM

➤ *鋸齒波產生器：*

產生鋸齒波供比較器參考用

➤ *SR 閂鎖器（SR Latch）：*

比較器輸出於狀態臨界處容易出現高頻反覆切換現象，需要此 SR 閂鎖器限制 "逐週期 Cycle By Cycle"，而 SR 閂鎖器的輸出即可用於 PWM 輸出 V_G

➤ *Clock 時脈：*

同時作為 SR 閂鎖器的設置訊號與鋸齒波產生器的重置訊號，進而控制 PWM 頻率

　　原理往往就是這麼樸實無華，且枯燥 ☺

　　那麼問題又來了，所以 PWM 增益轉移函數 $G_{PWM}(s)$ 是什麼？

　　參考圖 1.6.10(b)，鋸齒波產生器的電壓範圍為：$0 \sim V_{Ramp}$。

　　我們可以更廣義的假設為：$V_1 \sim V_2$。此例子中 $V_1 = 0V$，$V_2 = V_{Ramp}$。

　　V_{Comp} 的電壓範圍也必須被限制在 $V_1 \sim V_2$ 之間才有意義，同時也代表著佔空比的範圍 0%～100% 之間。

　　當 V_{Comp} 等於 V_1 時，對應佔空比等於 0%，當 V_{Comp} 爬升至 V_2 時，對應佔空比等於 100%。

　　可得 $G_{PWM}(s)$ 如下式：

$$G_{PWM}(s) = \frac{(100\% - 0\%)}{(V_2 - V_1)} = \frac{1}{V_{Ramp}} \quad \text{...............................} \textit{式 1.6.13}$$

　　至此，我們已經理解何謂 $G_{PWM}(s)$，並求得其轉移函數。

1.6.6. Plant 轉移函數 G_Plant(s)

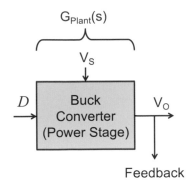

圖 1.6.11 Plant 轉移函數 G_Plant(s)

上圖 1.6.11，說明了 Plant 轉移函數 G_Plant(s)輸入與輸出訊號，輸入訊號為佔空比，輸出訊號為輸出電壓。廣義而言，可以說是 "Control-To-Output：控制量對輸出" 轉移函數。

圖 1.6.12(a)顯示 Plant 轉移函數 G_Plant(s)的電路圖，其中電感包含了 L_1 與電感本身的直流電阻 R_{LDCR}，電容包含了 C_O 與電容本身的等效串聯電阻 R_{CESR}，輸出假設為一個純電阻性負載 R_{LOAD}。

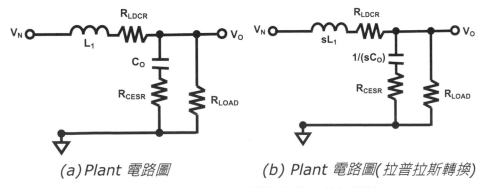

(a) Plant 電路圖   (b) Plant 電路圖(拉普拉斯轉換)

圖 1.6.12 Plant 電路圖與拉普拉斯轉換

對電感與電容取拉普拉斯（Laplace）轉換後，可得圖 1.6.12(b)。

　　經過拉普拉斯轉換後，電感 L_1 變成感抗 sL_1，電容 C_O 變成容抗 $1/(sC_O)$，電阻則不變。電路分析起來就相當輕鬆了，無論電阻或感抗或容抗，都能當作一般電阻般的看待，V_O 與 V_N 的關係式就變得簡單明瞭了，簡單的電阻串並聯分壓定律就能開始解析。而 V_O 與 V_N 的關係式就是本節所需要推導的 Plant 轉移函數 $G_{Plant}(s)$。V_O 與 V_N 的關係式如下：

$$V_O(s) = \frac{R_{LOAD}//\left(R_{CESR}+\frac{1}{s\times C_O}\right)}{s\times L_1+R_{LDCR}+R_{LOAD}//\left(R_{CESR}+\frac{1}{s\times C_O}\right)} \times V_N(s) \quad\text{式 } 1.6.14$$

　　其中（$R_{LDCR} << R_{LOAD}$），因此計算時，通常是可以被忽略的。
　　得 Plant 轉移函數 $G_{Plant}(s)$ 如下：

$$G_{Plant}(s) \approx \frac{(s\times R_{CESR}\times C_O)+1}{(s^2\times L_1\times C_O)+(s\times \frac{L_1}{R_{LOAD}})+1} \quad\text{式 } 1.6.15$$

　　還記得我們先前提過，讓轉移函數為零的 "根" 為零點，讓轉移函數為無窮大的 "根" 為極點嗎？
　　再看一次式子 1.6.15，是不是有什麼特別聯想了呢？是的，分子的根為零點，因為是一階函式，所以是一個零點。而分母的根為極點，因為是二階函式，所以存在兩個極點。
　　所以我們繼續簡化 $G_{Plant}(s)$ 式子如下：

$$G_{Plant}(s) \approx \frac{(s\times R_{CESR}\times C_O)+1}{(s^2\times L_1\times C_O)+(s\times \frac{L_1}{R_{LOAD}})+1} = \frac{\frac{s}{\omega_{Z\_ESR}}+1}{\left(\frac{s}{\omega_{LC}}\right)^2+\frac{1}{Q}\times\left(\frac{s}{\omega_{LC}}\right)+1} \quad\text{式 } 1.6.16$$

$$\omega_{Z\_ESR} = \frac{1}{R_{CESR}\times C_O} \quad\text{式 } 1.6.17$$

$$\omega_{LC} = \frac{1}{\sqrt{L_1\times C_O}} \quad\text{式 } 1.6.18$$

$$Q = \frac{R_{LOAD}}{\omega_{LC}\times L_1} \quad\text{式 } 1.6.19$$

　　Q 又稱為阻尼比，從式子 1.6.19 可以看出，Q 與負載 R_{LOAD} 成正比。

$G_{Plant}(s)$中的零點其實就是電容與其等效串聯電阻所產生的零點。而其中的兩個極點,則是由 LC 濾波器本身所產生,是兩個頻率重疊的雙極點。由於是雙極點,因此若為電壓控制模式下,設計補償器時,需選用 Type 3 以上的控制器,因為需要兩個以上的零點,用來對消雙極點,才能確保 P.M.足夠。

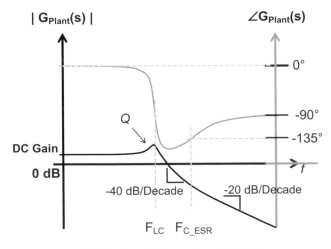

圖 1.6.13 $G_{Plant}(s)$波德圖

圖 1.6.13 呈現的是 $G_{Plant}(s)$波德圖,LC 元件在 Buck Converter 中的角色,前面提過,基本上可以看作一個 LC 濾波器,並且是個低通濾波器。因此其波德圖可以看到,橫軸頻率低於 F_{LC} 的頻段,增益都是固定的,除了 F_{LC} 頻率點附近,這點稍後討論,而高於 F_{LC} 的頻段,則增益開始衰減,並且是以每十倍頻減少 40dB 的斜率下降,這是因為單一個極點所產生的衰減斜率是(-20dB/Decade),兩個極點所產生的衰減斜率會疊加成(-40dB/Decade)。

而後因為輸出電容本身的等效串聯電阻 R_{CESR} 所衍伸的零點,其頻率為 F_{C_ESR},經過此頻率點後,一個零點可以跟一個極點對消,因此兩個極

點被一個零點消去一個極點，剩下的一個極點讓增益衰減速度回到（-20dB/Decade）。相位的部分，一開始為 0°，經過兩個極點時，相位開始趨近-180°，因為一個極點會造成系統落後 90°，兩個極點便是落後 180°。然而到達-180°前，由於一個 R_{CESR} 的零點介入，所以高頻段最後剩下一個極點，因此最終相位是落後 90°。然而上述增益與相位的說明，似乎缺少了什麼？對的，少了兩個關鍵訊息：

➢ *LC 低通濾波器，增益為何不是0dB？不只濾波，還兼放大？*
➢ *F_{LC} 頻率點的增益，為何凸起？*

　　針對第一個疑問：LC 低通濾波器，其初始與低頻增益為何不是 0dB？

　　一個正常的 LC 低通濾波器，低頻增益當然是 0dB 才對，但注意看圖 1.6.12(a)，$G_{Plant}(s)$轉移函數還包含了輸入值 V_N。

　　比對圖 1.6.11 與 1.6.12，假設 Buck Converter 的開關是一個理想的開關元件，不存在任何壓降損失，那麼當開關導通時，V_N 等於 V_S。當開關截止時，V_N 等於 0V。

　　換言之，前面求解 $G_{PWM}(s)$ 時，提到 $V_1{\sim}V_2$ 對應著輸出佔空比 0%~100%，亦即對應著 V_N 等於 0V~V_S 的平均值，只是這地方是個開關節點，因此電壓只有兩種狀態：0V 與 V_S。

　　V_N 本身存在一個直流增益（DC Gain），其公式如下：

$$DC\ Gain = 20\ log_{10}(\frac{V_S}{V_2-V_1}) \dots\dots\dots\dots\dots\dots\dots 式\ 1.6.20$$

　　從式子 1.6.20 中可以看出，此直流增益的存在，引來了一個麻煩，當輸入電壓改變時，此直流增益正比於輸入電壓，造成系統增益改變，試想：當輸入電壓變高，增益曲線往上升，頻寬變大，但相位並沒有改變，造成 P.M.下降或甚至不足，致使系統不穩定問題。當輸入電壓變低，增益曲線往下降，頻寬變小，系統響應變差。

當輸入電壓不是固定值，有個輸入範圍時，計算時該選擇哪個電壓值？此時可以這麼思考：哪個條件對於系統穩定是 "最差" 的情況下！？輸入電壓越高，增益越大，換言之，輸入電壓越高，因為頻寬一直跟著被提高，影響了系統穩定度，問題更嚴重，而輸入電壓變低，僅是響應速度變慢，不至於使系統不穩定或者發散。顯而易見，計算時需要以最高輸入電壓作為計算基礎。

關於輸入電壓對於頻寬的影響，還是有方法可以解決，這在後面混合式數位與全數位控制的章節（3.3.3 與 4.2.5）會提到：自適應增益控制（AGC：Adaptive Gain Control）。

簡單來說，便是系統需要量測輸入電壓，並根據實際的輸入電壓，反向調整控制器增益，使得整體系統增益維持不變。

此方法不分類比或數位控制迴路，都可以使用，並且對於一些對頻寬要求很精準的應用，或是對於輸入範圍很大的應用，特別有意義。

針對第二個疑問：F_{LC} 頻率點的增益，為何凸起？

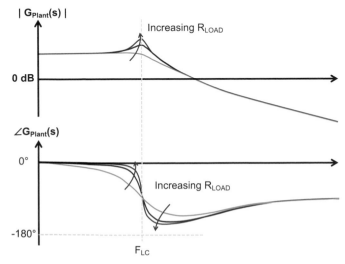

圖 1.6.14 阻尼比對 $G_{Plant}(s)$ 的影響

原因來自於阻尼比：$Q = \frac{R_{LOAD}}{\omega_{LC} \times L_1}$（同式子 1.6.19），阻尼比與負載阻值 R_{LOAD} 有很大的關聯性，其關係為正比。

請注意，有個小地方容易混淆，R_{LOAD} 越小＝負載電流越大（功率輸出越大），R_{LOAD} 越大＝負載電流越小（功率輸出越小）。

仔細觀察圖 1.6.14 中阻尼比對 $G_{Plant}(s)$ 的影響。上圖中，隨著 R_{LOAD} 變大（負載電流越小），Q 跟著提高，使得 F_{LC} 頻率處增益尖峰變的更高，與此同時的下方相位圖，相位變化速度變得更快。相位變化過快，更重要的是相位掉得更深，容易造成臨界不穩定狀況。

因此過大的 Q 值，有時會讓 P.M. 難以修正到理想範圍，選擇 Q 值時，需要多加留意。

以上，我們已經理解 $G_{Plant}(s)$ 的特性，並求得其轉移函數。

1.6.7. 補償控制器轉移函數 $H_{Comp}(s)$

還記得式子 1.6.7 嗎？$H_{Comp}(s) = \frac{T_{OL}(S)}{G_{PWM}(S) \times G_{Plant}(S)}$

補償控制器轉移函數 $H_{Comp}(s)$ 的計算便是基於式子 1.6.7，承接前面三個小節，我們依序得到了：

➤ 理想的開迴路轉移函數 $T_{OL}(s)$：$T_{OL}(s) = \frac{\omega_0}{s} \times \frac{1}{1 + \frac{s}{\omega_{HFP}}}$

➤ 開關 PWM 轉移函數 $G_{PWM}(s)$：$G_{PWM}(s) = \frac{(100\% - 0\%)}{(V_2 - V_1)} = \frac{1}{V_{Ramp}}$

➤ LC 濾波器轉移函數 $G_{Plant}(s)$：$G_{Plant}(s) = \frac{\frac{s}{\omega_{Z\_ESR}} + 1}{\left(\frac{s}{\omega_{LC}}\right)^2 + \frac{1}{Q} \times \left(\frac{s}{\omega_{LC}}\right) + 1}$

有了以上三個轉移函數，接下來就能開始推導補償控制器轉移函數 $H_{Comp}(s)$ 了！

基本上只要整理三個轉移函數 $\dfrac{T_{OL}(S)}{G_{PWM}(S) \times G_{Plant}(S)}$，就能得到 $H_{Comp}(S)$。

對於喜歡玩數學方程式的讀者，不妨可以直接推導試試。

筆者接下來用物理的推理方式解釋，能同時結合數學推導與物理推理，也是人生一大樂趣，不是嗎？當然結果必須是一樣的。☺

首先回想一下 $T_{OL}(S)$ 的意義是什麼？別忘了，就是理想的開迴路轉移函數，意思是最終系統所需要呈現的轉移函數，並且 "其餘都是不需要的"。因此，保持這一個原則，事情就能變得簡單又明瞭：將不需要的極零點消除掉！！其中，$G_{PWM}(S)$ 僅包含了增益量，並沒有包含任何極零點，故不在極零點對消掉的考慮對象內。$G_{Plant}(S)$ 則包含了一個零點與兩個極點。如圖 1.6.15，$G_{Plant}(S)$ 的一個零點與兩個極點並非理想的開迴路轉移函數 $T_{OL}(S)$ 所需要的極零點，因此 $H_{Comp}(S)$ 將需要提供一個極點與兩個零點來跟 $G_{Plant}(S)$ 對消，並且 $H_{Comp}(S)$ 還將需要 $T_{OL}(S)$ 需要的兩個極點：F_0 與 F_{HFP}。

依此類推，將 $H_{Comp}(S)$---波德圖合併圖 1.6.15，得圖 1.6.16。

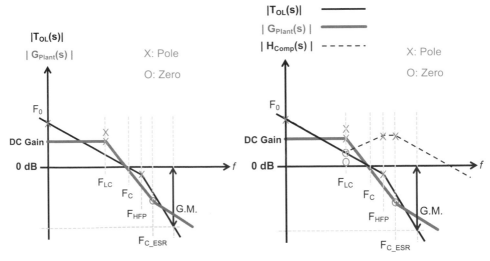

圖 1.6.15 $T_{OL}(S)$ v.s. $G_{Plant}(S)$　　　圖 1.6.16 系統各區塊波德圖

同一頻率直線上的極零點可以直接對消，由 $H_{Comp}(s)$ 左而右為：

➢ F_0 極點：產生頻寬 F_C 所需的原點處極點

➢ F_{LC} 雙零點：對消 $G_{Plant}(s)$ 中的 LC 雙極點

➢ F_{HFP} 極點：調整系統 P.M. 所需的高頻極點

➢ F_{C_ESR} 極點：對消 $G_{Plant}(s)$ 中電容等效串聯電阻的零點

總結一下 $H_{Comp}(s)$，一共包含了三個極點與兩個零點，一般稱為三型控制器，或稱 Type-3 控制器，其中的 3 指的是極點數量，並且零點需要比極點少一個。依此類推，近期興起的 Type-4 則是四個極點與三個零點。總結 $H_{Comp}(s)$ 的增益曲線波德圖如下：

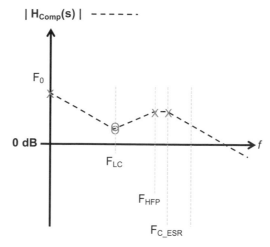

圖 1.6.17 補償控制器 $H_{Comp}(s)$ 增益曲線波德圖

據此，我們已經用簡單的推理方式求得 $H_{Comp}(s)$ 中所有的極零點。假如讀者是喜歡數學推導模式，亦可以直接推算出下式：

$$H_{Comp}(s) = \frac{\frac{\omega_0}{s} \times \frac{1}{1+\frac{s}{\omega_{P\_HFP}}}}{\frac{1}{V_{Ramp}} \times \left[V_S \times \frac{1+\frac{s}{\omega_{P\_ESR}}}{1+\frac{1}{Q}\times\left(\frac{s}{\omega_{Z\_LC}}\right)+\left(\frac{s}{\omega_{Z\_LC}}\right)^2} \right]} \quad \text{式 1.6.21}$$

接著整理一下式子，可得下式：

$$H_{Comp}(s) = \frac{\omega_{P\_0}}{s} \times \frac{1+\frac{1}{Q}\times\left(\frac{s}{\omega_{Z\_LC}}\right)+\left(\frac{s}{\omega_{Z\_LC}}\right)^2}{\left(1+\frac{s}{\omega_{P\_ESR}}\right)\times\left(1+\frac{s}{\omega_{P\_HFP}}\right)}$$ .... 式 1.6.22

$$\omega_{P\_0} = \frac{V_{Ramp}\times\omega_0}{V_S} = \frac{V_{Ramp}}{V_S} \times \omega_C \times \sqrt{1 + (\frac{\omega_C}{\omega_{P\_HFP}})^2}$$ .... 式 1.6.23

最後可以整理出下式：

$$H_{Comp}(s) = \frac{\omega_{P_0}}{s} \times \frac{\left(1+\frac{s}{\omega_{Z_{LC}}}\right)\times\left(1+\frac{s}{\omega_{Z_{LC}}}\right)}{\left(1+\frac{s}{\omega_{P_{ESR}}}\right)\times\left(1+\frac{s}{\omega_{P_{HFP}}}\right)} = \frac{\omega_{P_0}}{s} \times \frac{\left(1+\frac{s}{\omega_{Z1}}\right)\times\left(1+\frac{s}{\omega_{Z2}}\right)}{\left(1+\frac{s}{\omega_{P1}}\right)\times\left(1+\frac{s}{\omega_{P2}}\right)}$$

.... 式 1.6.24

到了式子 **1.6.24**，是不是很眼熟呢？

數一下 s 的數量，分子兩個零點，分母三個極點！是不是剛好就是我們稍早前直接用推論的方式找到的三型控制器呢！

1.6.8. 電壓控制模式補償控制線路參數與計算

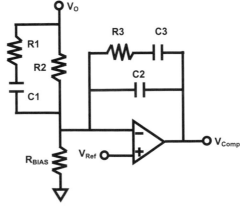

圖 1.6.18 Type-3 (三型)類比OPA 控制器

接下來就剩下最後一個繁瑣的步驟：反覆計算與微調補償控制線路參數，也就是需要計算出圖 1.6.18 中所有的電阻與電容值。所謂微調的意思，是因為計算的結果很可能在廠商的電阻電容產品列表上找不到，需要折衷取相近值。將 Type-3 (三型)轉移函數 H$_{Comp}$(s)代入電阻電容：

$$H_{Comp}(s) = \frac{V_{Comp}}{V_O} = -\frac{1}{s \times R_2 \times (C_2 + C_3)} \times \frac{1 + s \times R_3 \times C_3}{1 + s \times R_1 \times C_1} \times \frac{1 + s \times (R_1 + R_2) \times C_1}{1 + s \times R_3 \times \frac{C_2 \times C_3}{C_2 + C_3}}$$

.... 式 1.6.25

比對式子 1.6.24 與式子 1.6.25，即：

$$\omega_{P\_0} = \frac{1}{R_2 \times (C_2 + C_3)}$$ .... 式 1.6.26

$$\omega_{Z1} = \frac{1}{R_3 \times C_3}$$ .... 式 1.6.27

$$\omega_{Z2} = \frac{1}{(R_1 + R_2) \times C_1}$$ .... 式 1.6.28

$$\omega_{P1} = \frac{1}{R_1 \times C_1}$$ .... 式 1.6.29

$$\omega_{P2} = \frac{1}{R_3 \times \frac{C_2 \times C_3}{C_2 + C_3}}$$ .... 式 1.6.30

很清楚可以區分出補償控制線路參數與各極零點的關係，但同時也出現一個問題，各極零點之間有耦合關係。假如調整單一個電阻或電容，會發現所影響的並非單一個極點或單一個零點。這也表示最終計算結果，極零點也必然會發生位移，而並非完全理想的 T$_{OL}$(S)。單一 OPA 的控制器，Type-3 已是極限。若需要 Type-4 或是更高的控制器，或是需要精準的極零點控制，便需要選擇數位的控制方式了。有了以上式子，接下來進行計算電阻電容值，以下的計算順序供讀者參考，計算順序有一定方法，若隨意挑選計算，容易因上述耦合關係而計算不出來。一般先計算 R$_{BIAS}$，並且需考量 OPA 的輸入偏壓電流 I$_{BIAS}$，I$_{BIAS}$ 典型值約 100uA，得：

$$R_{BIAS} = \frac{V_{Ref}}{I_{BIAS}}$$ .... 式 1.6.31

有了 R$_{BIAS}$，一個簡單的分電壓計算，就能輕鬆反算 R2：

$$R2 = R_{BIAS} \times \frac{V_O - V_{Ref}}{V_{Ref}}$$ .... 式 1.6.32

> 若參考電壓 V$_{Ref}$ 直接等於輸出電壓 V$_O$，R$_{BIAS}$ 可以不需要使用，R$_2$ 可直接選用一個典型常用電阻即可，例如 10KΩ。

輸出分電壓電阻計算後，接下來便依序計算 R1、C1、C2、C3、R3：

$$R1 = R_2 \times \frac{f_{Z2}}{f_{P1} - f_{Z2}}$$ .... 式 1.6.33

$$C1 = \frac{1}{2 \times \pi \times f_{P1} \times R1}$$ .... 式 1.6.34

$$C2 = \frac{f_{Z1}}{2 \times \pi \times f_{P\_0} \times f_{P2} \times R2}$$ .... 式 1.6.35

$$C3 = \frac{1}{2 \times \pi \times f_{P\_0} \times R2} - C2$$ .... 式 1.6.36

$$R3 = \frac{1}{2 \times \pi \times f_{Z1} \times C3}$$ .... 式 1.6.37

計算到了這一個步驟，基本上已經完成整個電壓模式 Buck Converter 控制迴路之計算，接下來可以透過模擬或是實際動手實驗，驗證計算是否正確。

1.7 峰值電流模式 BUCK CONVERTER 控制器設計

讀者可回顧 1.4 節，該節簡單介紹與解釋電壓模式與電流模式的差異與優缺點，而 1.6 節主要是探討電壓模式 Buck Converter 的控制器設計，其僅需要一個控制環，而由於只有單一控制環，因此需要 Type-3（三型）補償控制器控制一個 LC 二階系統。

此 1.7 節探討峰值電流模式 Buck Converter 的控制器設計，參考圖 1.7.1 峰值電流模式 Buck Converter 方塊圖。

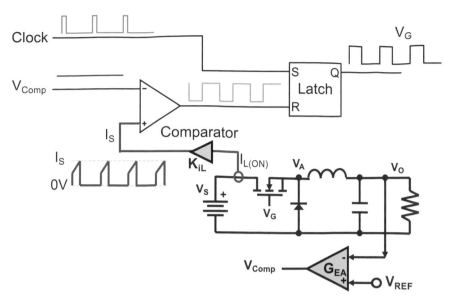

圖 1.7.1 峰值電流模式 Buck Converter 方塊圖

此方塊圖包含了兩個迴路：

➤　外迴路（電壓控制迴路）

此外迴路類似於電壓模式下的電壓控制迴路。先穿越時空，回到電壓模式下，V_{COMP} 於比較器與 "鋸齒波" 比較，而後產生佔空比，換言之，V_{COMP} 意義上就是 "佔空比"，直接控制電源輸出。

而峰值電流模式下，V_{COMP} 於比較器與 "電感儲能電流" 做比較，而後同樣產生佔空比，但有一點非常不一樣，此時 V_{COMP} 意義上變成了 "電感電流參考命令 $I_{L(REF)}$"，真正決定 "佔空比" 大小的，是電感電流的回授訊號，也就是電感電流本身，透過電流迴路直接決定佔空比，不再是電壓迴路直接決定佔空比。

➤　內迴路（電感電流控制迴路）

此內迴路將 V_{COMP}（亦即 $I_{L(REF)}$）與 "電感儲能電流" 做比較，而後產生佔空比，直接控制電源輸出。

從以上的說明，更白話文一點，讀者可以這麼理解，內迴路（電感電流控制迴路）負責穩定電感電流，也就是控制對象就是一顆電感而已，不包含電容（一階系統），此時電感形同一個純電流源；外迴路（電壓控制迴路）負責穩定電容電壓，也就是控制對象是一個可調電流源與一顆電容，不直接包含電感（亦如同一階系統），此時電容形同一個純電壓源。

其中電感電流的爬升斜率正比於輸入電壓 V_S，因此輸入電壓改變時，直接影響佔空比，即快速的對輸入電壓的響應，因此峰值電流模式，特別適合用在相對輸入變化嚴苛的應用，能極快消除輸入電壓變化而衍生的暫態響應。簡化峰值電流控制模式表示如下圖 1.7.2。

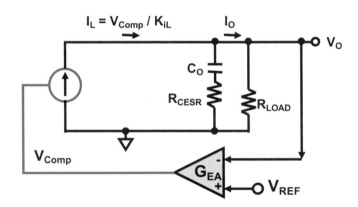

圖 1.7.2 峰值電流模式 Buck Converter 等效電路圖

1.7.1. 斜率補償（Slope Compensation）

談到峰值電流模式控制法，就需要先瞭解一個特有的震盪問題：次諧波震盪。並且因應次諧波震盪問題，解決方法便是導入斜率補償（Slope Compensation）。此節將探討其原因與解決方案。

參考圖 1.7.3，當 I_L 等於 V_{Comp}（$=I_{REF}$）時，PWM 開關訊號關閉（降至 0V），直到新的週期開始，PWM 開關訊號再次輸出驅動訊號。

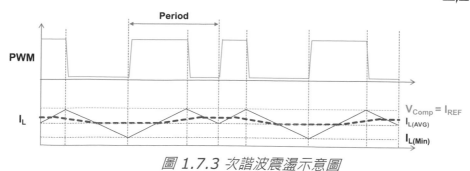

圖 1.7.3 次諧波震盪示意圖

假設 V_{Comp} 並無改變的情況下，I_L 持續頂到 V_{Comp} 後關閉 PWM，週而復始，直到佔空比大於 50%時，系統會開始出現如圖所示之不穩定現象，此不穩定現象被廣泛稱為次諧波震盪。

其明顯表徵為 PWM 佔空比開始呈現一大一小的狀態，並且無法停止，直到 "某條件" 的到來，後面再討論 "某條件" 是什麼。

當次諧波震盪發生時，I_L 頻率轉變成 F_{PWM} 的一半（一大一小 PWM 組合成另一個頻率），$I_{L(AVG)}$平均值不再是穩定值，延伸此現象，電容上的電壓漣波主要就是與 I_L 成正比，因此輸出電壓會多出此頻率的電壓漣波，此電壓漣波頻率是 F_{PWM} 的一半，並且無法用控制的方法解決，嚴重影響輸出電壓的品質。

> 實務案例中常見 PWM 佔空比尚未到達 50%，但卻發現次諧波震盪已經開始？這是由於實務案例中，電感電流經過電流回授電路後，發生失真的現象，導致諧波震盪的發生時間點提前至佔空比 50%之前，甚至是 40%也是有可能的。

那麼所謂 "某條件" 到底是什麼呢？

當系統穩定時，每一週期內的電感電流 I_L，其起始值與結束時的電流值會保持一致，如圖 1.7.4(a)。

此時佔空比 D：

$$D = \frac{S_f}{S_r + S_f}$$ .... 式 1.7.1

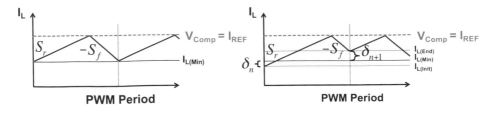

(a) 穩定狀態　　　　　　(b) 震盪狀態

圖 1.7.4 次諧波震盪條件

　　當電感電流 I_L 的結束時的電流值 "大於" 起始值時，系統開始震盪，並且無法收斂，如圖 1.7.4(b)。其中，$I_{L(Min)}$ 指系統靜態穩定時，電感最小電流，參考圖 1.7.4(a)。

　　而 $\delta_{(n)}$ 則定義為 $I_{L(Min)}$ 減電感初始電流 $I_{L(Init)}$，即：參考圖 1.7.4(b)。

$$\delta_{(n)} = I_{L(Min)} - I_{L(Init)}$$ .... 式 1.7.2

而 $\delta_{(n+1)}$ 則定義為電感最終電流 $I_{L(End)}$ 減 $I_{L(Min)}$，即：參考圖 1.7.4(b)

$$\delta_{(n+1)} = I_{L(End)} - I_{L(Min)}$$ .... 式 1.7.3

所以震盪產生的條件便是：

➤ 單一 PWM 週期內，當發生 $\delta_{(n+1)}$ "大於" $\delta_{(n)}$ 時，系統開始震盪，其關係式如下：

$$\delta_n = -\delta_{(n+1)} \frac{S_f}{S_r}$$ .... 式 1.7.4

　　其中電感電流上升斜率為 S_r，電感電流下降斜率為 S_f，當系統於 V_{Comp} 上加入一個負斜率補償，使系統趨於穩定，得圖 1.7.5。

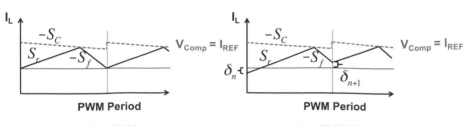

(a)穩定狀態　　　　　*(b)震盪狀態*

圖 1.7.5 次諧波震盪與斜率補償

系統引入的斜率補償斜率定義為 S_c。

引入此 S_c 斜率後，靜態穩定條件下，佔空比 D 的計算不變，參考式子 1.7.1。但震盪狀態下的 $\delta(n)$ 需修正為：

$$\delta_n = -\delta_{(n+1)} \frac{S_f - S_c}{S_r + S_c} \quad \text{.................式 1.7.5}$$

而條件既為 $\delta(n+1)$ "大於" $\delta(n)$ 時系統才會震盪，那麼也就說，從式子 1.7.5 歸納出的穩定條件可表示為：

$$\frac{S_f - S_c}{S_r + S_c} < 1 \quad \text{...式 1.7.6}$$

加入斜率補償後，系統穩定下的佔空比為 D_M，則 S_c 的穩定條件為：

$$D_M = \frac{S_f}{S_r + S_f} \quad \text{.................................式 1.7.7}$$

$$S_c > \frac{S_f(2 \times D_M - 1)}{2 \times D_M} \quad \text{.................................式 1.7.8}$$

至此，我們就能透過此條件（式子 1.7.8），反算便能得知，斜率補償 S_c 的實際數值大小需要多大，才能讓系統恢復穩定狀態。

注意一點，式子 1.7.8 只針對 Buck 架構，若使用其他架構，例如 Boost、SEPIC 等，需要參考式子 1.7.9。

$$S_c > \frac{S_r(2 \times D_M - 1)}{2 \times (1 - D_M)} \quad \text{.................................式 1.7.9}$$

聰明的你，是否也想到一個有趣的問題？

於 V_{Comp} 加上一個負斜率解決次諧波震盪問題，那麼是否可以反過來，於回授訊號上加上一個正斜率訊號，同樣達到 S_c 的穩定條件，可行嗎？

答案是肯定的、可行，並且可實現！

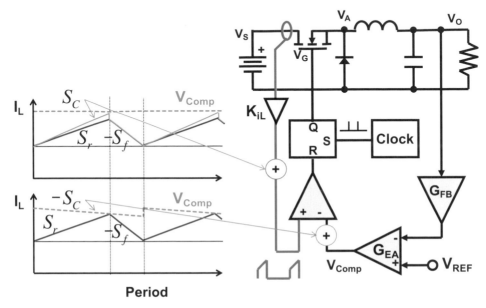

圖 1.7.6 斜率補償引入位置

參考圖 1.7.6，斜率補償的引入位置，有兩個地方可供設計者依據實際狀況而選擇，一者置於 V_{Comp} 的位置上，加上"負"斜率補償，V_{Comp} 變成非直線的反鋸齒波；另一位置可以置於回授位置上，加上"正"斜率補償，使電感電流斜率加大，兩種方法都可以於同樣的佔空比下，關閉 PWM 輸出，達到穩定系統的目的。

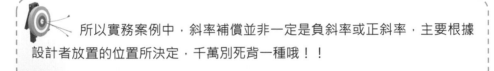

所以實務案例中，斜率補償並非一定是負斜率或正斜率，主要根據設計者放置的位置所決定，千萬別死背一種哦！！

常見計算補償斜率還有兩種方法：

➢ *引入一個斜率補償，使得諧振峰值的 Q 可以減少至 1*

➢ *引入一個斜率補償，並其斜率為電感電流下降斜率的 50%，這也*
是當前最常被選用的簡便方法

第二個方法相當簡單實用，亦因為簡單，於此就不再贅述。

第一個方法值得推敲推敲，適合驗算斜率是否合理。

此處引用 Ridley 博士相關論文研究結論，有興趣驗證的讀者，請自行查詢 Ridley 博士的相關論文與文獻。

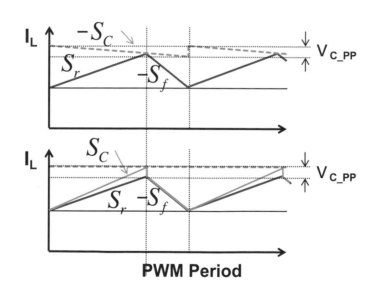

圖 1.7.7 斜率補償 V_{C_PP}

假設 V_{C_PP} 為斜率補償 S_c 的峰對峰電壓，參考圖 1.7.7，其表示式為：

$$V_{C\_PP} = -\frac{(0.18-D) \times K_{iL} \times T_{PWM} \times V_s \times n^2}{L} \dots\dots\dots\dots 式 1.7.10$$

其中：

K_{iL} 為電感電流回授增益，假設使用比流器方式，其圈數比為 1:100，比流器的輸出電阻為 20Ω，則 K_{iL} 為 20/100 = 0.2。

T_{PWM} 為 PWM 週期時間，假設為 1/350kHz。

V_S 為輸入電壓，假設為 8V。

n 為架構本身主變壓器的圈數比，假設非隔離，沒有變壓器，n=1。

L 為架構主電感，假設為 56uH。

D 為佔空比，假設輸出為 5V，D 約為 62.5%。

得 V_{C_PP}：

$$V_{C\_PP} = -\frac{(0.18-D) \times K_{iL} \times T_{PWM} \times V_S \times n^2}{L} = 36.33mV$$

一般建議增加設計餘裕 2~2.5 倍，因此建議 V_{C_PP} 約 90mV。

假設於電感電流回授訊號上加上 "正" 斜率補償，使電感電流斜率加大，如圖 1.7.8：

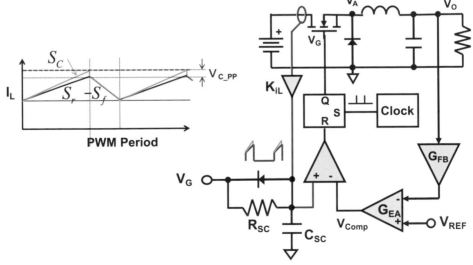

圖 1.7.8 正斜率補償方式之斜率補償

　　圖 1.7.8 是一種最典型的補償線路方式，只需要一顆二極體，以及一組 RC 充電線路。二極體是用來快速放電，RC 則是利用 PWM 驅動電壓對 RC 充電，進而產生一個 RC 充電上升斜率電壓，此上升斜率電壓將原本的電流回授訊號墊高，其充電 RC 常數的換算公式：

$$V_{C\_PP} = V_O \left(1 - e^{-\frac{T_{PWM}}{R_{SC} \times C_{SC}}} \right) \text{.. 式 1.7.11}$$

R_{SC} 建議至少產生 100uA 的電流以上，假設驅動電壓為 5V，建議：$R_{SC} \le$ (5V/100uA)，取 4.99KΩ。

移動式子 1.7.11 可得 C_{SC} 的計算公式：

$$C_{SC} \le \frac{-T_{PWM}}{R_{SC} \times ln\left(1 - \frac{V_{C\_PP}}{V_O} \right)} \text{.. 式 1.7.12}$$

代入求解，可得 C_{SC} 約需 $\le$ 31.24nF，可取常見的 27nF。

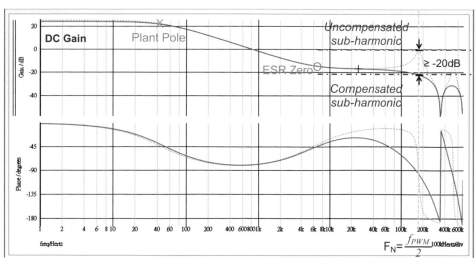

圖 1.7.9 斜率補償波德圖

　　此時是否有個疑問？補償有效很容易驗證，但補償的設計餘裕怎麼驗證是否足夠？

這是個很有趣的問題，筆者見過不少案例，加入斜率補償後，發現系統不震盪，然後工程師就認定設計結束了，殊不知...怎麼知道是不是只有一台不震盪？還是可以量產一百萬台都沒問題？

　　我們可以用波德圖來做最後的驗證，圖 1.7.9 中有兩種曲線，虛線指 Plant 但不含斜率補償控制，實線部分則是同樣的 Plant 且包含斜率補償控制。此例假設 F_{PWM} 為 PWM 開關頻率等於 350kHz，於圖中可以找到奈奎斯特頻率 F_N：

$$F_N = F_{PWM}/2 = 175kHz$$

　　此頻率下，若未做斜率補償，增益將有機會回到 0dB，造成系統震盪，而震盪頻率就是 F_N，也就是 $F_{PWM}/2$，是不是跟前面說到的頻率互相呼應呢？問題都是一樣的，解釋方式可以很多種面向。較佳的情況下，建議讀者量測波德圖，並且確認 F_N 頻率點，其增益是否靠近 0dB，即可判斷斜率補償是否成功，或者餘裕是否足夠。

　　建議設計餘裕可以預留-10dB ~ -20dB。

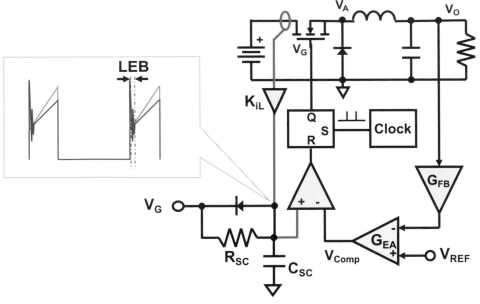

圖 1.7.10 前緣遮罩（Leading-Edge Blanking）

在此還需注意一點，使用比較器會面臨一個問題，動作速度快，反之就是對於訊號相當敏感，當開關導通的瞬間，由於線路上寄生電感等影響，電感電流訊號的上升起始點往往同時存在不小的電壓尖波，容易使得比較器誤動作，此時就需要用到具有前緣遮罩（或稱上升邊緣遮蔽、前沿消隱等：Leading-Edge Blanking）的功能的晶片，能快速解決此方面的問題，如圖 1.7.10 所示。

1.7.2. 峰值電流模式 Plant 轉移函數 $G_{VO}(s)$

於前一節的圖 1.7.9 中可以看到其中包含三個特殊頻率點：

➢ *Plant 自帶的一個極點*

➢ *電容等效串聯電阻之零點*

➢ *峰值電流模式下的 F_N 頻率點*

第三項已經於前一節討論過了，接下來探討一下電壓環路看到的 Plant 長什麼樣子？如同電壓控制模式一樣，有了 Plant 數學模型，求得控制補償控制器就易如反掌了。

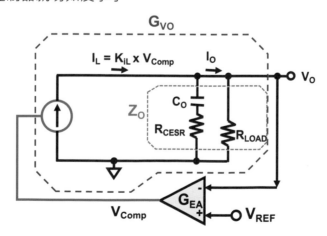

圖 1.7.11 輸出電壓控制特性 G_{VO}

參考圖 1.7.11，輸出電壓 V_O 可由下式計算得到：

$$V_O(s) = K_{iL} \times V_{Comp}(s) \times Z_O(s) \text{......................} 式 1.7.13$$

因此輸出電壓控制轉移函數 $G_{VO}(s)$為：

$$G_{VO}(s) = \frac{V_O(s)}{V_{Comp}(s)} = K_{iL} \times Z_O(s) \text{......................} 式 1.7.14$$

可得 Plant 的輸出電壓控制轉移函數 $G_{VO}(s)$為：

$$G_{VO}(s) = K_{iL} \times Z_O(s) = K_{iL} \times R_{LOAD} \times \frac{1+s \times R_{CESR} \times C_O}{1+s \times (R_{CESR}+R_{LOAD}) \times C_O} \text{....}$$
$$\text{......................} 式 1.7.15$$

化簡得：

$$G_{VO}(s) = G_0 \times \frac{1+\frac{s}{\omega_Z}}{1+\frac{s}{\omega_P}} \text{......................} 式 1.7.16$$

其中：

$$\omega_Z = \frac{1}{R_{CESR} \times C_O} \text{......................} 式 1.7.17$$

$$\omega_P = \frac{1}{(R_{CESR}+R_{LOAD}) \times C_O} \approx \frac{1}{R_{LOAD} \times C_O} \text{......................} 式 1.7.18$$

此兩頻率 w_P、w_Z，即為 Plant 轉移函數 $G_{VO}(s)$自帶的一個極點 F_P 與一個零點 F_Z，如下圖 1.7.12。

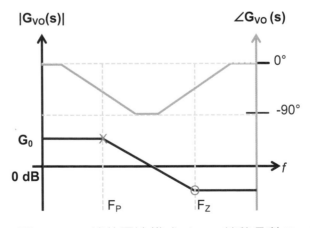

圖 1.7.12 峰值電流模式 Plant 轉移函數 $G_{VO}(s)$

1.7.3. 峰值電流模式補償控制器轉移函數 $H_{Comp}(s)$

從 Plant 轉移函數 $G_{VO}(s)$ 可以看出是一個單極點系統，因此補償控制器只需一個零點與其對消即可，所以多數選擇二型（Type-2）補償控制器，包含兩個極點一個零點。

若讀者需要更高的相位餘裕，可選用三型（Type-3）補償控制器，包含三個極點兩個零點。峰值電流模式補償控制器一般還是選用二型補償控制器，本書也以二型（Type-2）補償控制器為設計範例。

如同電壓控制模式時的推導過程，首先需要知道系統開迴路的設計目標，即系統開迴路增益(Open Loop Gain) $T_{OL}(s)$：

$$T_{OL}(s) = H_{Comp}(s) \times G_{VO}(s) \quad\text{.................................... 式 1.7.19}$$

前面已經求得 $G_{VO}(s)$，只要再確認系統開迴路增益 $T_{OL}(s)$，即可求得補償控制器轉移函數 $H_{Comp}(s)$：

$$H_{Comp}(s) = \frac{T_{OL}(s)}{G_{VO}(s)} \quad\text{.. 式 1.7.20}$$

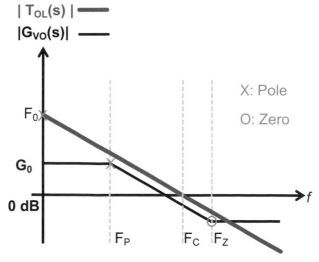

圖 1.7.13 $T_{OL}(s)$ 積分器

參考圖 1.7.13，將理想的 $T_{OL}(s)$加入圖中，其就是一個簡單積分器，單一個極點，沒有零點，並且這個極點也同時是決定頻寬的關鍵。

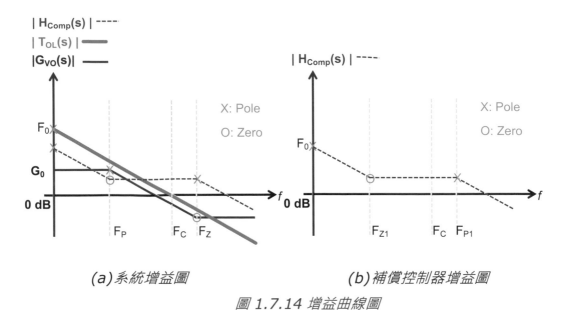

(a)系統增益圖　　　　　　　*(b)補償控制器增益圖*

圖 1.7.14 增益曲線圖

圖 1.7.14(a)中，理想的 $T_{OL}(s)$中，並不存在 F_P 與 F_Z，所以我們需要一個補償控制器與 Plant 轉移函數中的 F_P 與 F_Z 對消，讓 $T_{OL}(s)$僅剩下一個 F_0。根據這樣的對消想法，參考圖 1.7.14(b)，補償控制器轉移函數中，便需要包含：

➢ *原點極點 F_0：決定直流增益（DC Gain）與系統頻寬 F_C*

➢ *零點 F_{Z1}：對消 Plant 轉移函數中低頻的極點 F_P*

➢ *極點 F_{P1}：對消 Plant 轉移函數中電容 ESR 的零點 F_Z*

一共是兩個極點，一個零點。

在此，提供一個通用的快速設計順序參考：（注意這個通則通常可以得到 70~75 度的 P.M.，但是僅指類比控制，不包含數位控制導致的相位損失，並且也不包含奈奎斯特頻率導致的二次相位損失，因而此方法較不適合需要精準 P.M.的場合）

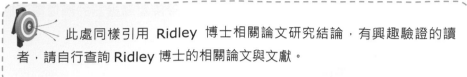

此處同樣引用 Ridley 博士相關論文研究結論，有興趣驗證的讀者，請自行查詢 Ridley 博士的相關論文與文獻。

1

➢ *步驟1：設置系統頻寬 F_C*

通常類比最大是 F_{PWM} 的 1/10，而數位控制迴路則建議最大頻率是 F_{PWM} 的 1/20

➢ *步驟2：補償控制器的零點 F_{Z1}*

可設置於 Plant 轉移函數中低頻的極點 F_P，即：

$$\omega_P = \frac{1}{R_{LOAD} \times C_O} \quad\text{.. 式 1.7.21}$$

$$F_{Z1} = F_P = \frac{1}{2 \times \pi \times R_{LOAD} \times C_O} \quad\text{........................ 式 1.7.22}$$

另一個建議是可以放置於 F_C 的 1/5，據此 P.M. 可以有所提升：

$$F_{Z1} = \frac{F_C}{5} \quad\text{... 式 1.7.23}$$

➢ *步驟3：補償控制器的極點 F_{P1}*

可設置於 Plant 轉移函數中電容 ESR 的零點 F_Z，即：

$$\omega_Z = \frac{1}{R_{CESR} \times C_O} \quad\text{.. 式 1.7.24}$$

$$F_{P1} = F_Z = \frac{1}{2 \times \pi \times R_{CESR} \times C_O} \quad\text{.......................... 式 1.7.25}$$

➢ *步驟4：補償控制器的原點極點 F_0*

$$F_0 =$$

$$\frac{1.23\, F_C\, K_{iL}\, (L + 0.32\, R_{LOAD}\, T_{PWM}) \sqrt{1 - 4\, F_C{}^2\, T_{PWM}{}^2 + 16\, F_C{}^4\, T_{PWM}{}^4} \sqrt{1 + \frac{39.48\, C_O{}^2\, F_C{}^2\, L^2\, R_{LOAD}{}^2}{(L + 0.32\, R_{LOAD}\, T_{PWM})^2}}}{2\, \pi\, L\, R_{LOAD}}$$

$$\text{.. 式 1.7.26}$$

➢ *步驟5：斜率補償設計（參考 1.7.1 節）*

以上五個步驟，用以協助讀者快速完成一般降壓轉換器的峰值電流控制補償器。

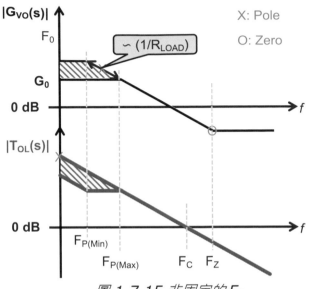

圖 1.7.15 非固定的 F_P

另外，由於 $F_{Z1} = F_P = \dfrac{1}{2 \times \pi \times R_{LOAD} \times C_O}$，$F_P$ 與 R_{LOAD} 成反比，所以當負載變動時，會使著系統低頻增益跟著變動，負載最重（R_{LOAD} 最小時），F_P 達到最高 $F_{P(Max)}$；反之，負載最輕（R_{LOAD} 最大時），F_P 達到最低 $F_{P(Min)}$。所以參考圖 1.7.15 時會發現實際狀況下，系統低頻的增益是一個區域範圍，實際位置主要由 R_{LOAD} 決定。

雖然系統低頻的增益是一個區域範圍，並且由 R_{LOAD} 決定，但頻寬 F_C 不應跟著變動，須保持固定，因此注意設計的時候，區域範圍的頻率範圍不應該包含頻寬 F_C。

1.7.4. 峰值電流控制模式補償控制線路參數與計算

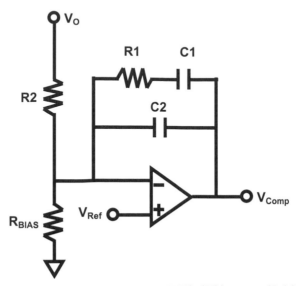

圖 1.7.16 Type-2 (二型)類比 OPA 控制器

　　參考圖 1.7.14(b)，再次快速回顧一下 $H_{Comp}(s)$ 的轉移函數包含的兩個極點（F_0 與 F_{P1}）與一個零點（F_{Z1}），並且於上一小節已經了解如何計算得三個頻率，接下來又是最後一個繁瑣的步驟：反覆計算與微調補償控制線路參數，也就是需要計算出圖 1.7.16 中所有的電阻與電容值。

　　所謂微調的意思，是因為計算的結果很可能在廠商的電阻電容產品列表上找不到，需要折衷取相近值。圖 1.7.16 是一個典型的 Type-2 (二型)類比 OPA 控制器線路，其轉移函數可表示為：

$$H_{Comp}(s) = \frac{V_{Comp}}{V_O} = -\frac{\frac{1}{s \times (C_1 + C_2)} \times \frac{1 + s \times R_1 \times C_1}{1 + s \times R_1 \times \frac{C_1 \times C_2}{C_1 + C_2}}}{R_2} \dots\dots\dots\dots\dots 式\ 1.7.27$$

$$H_{Comp}(s) = -\frac{1}{s \times R_2 \times (C_1 + C_2)} \times \frac{1 + s \times R_1 \times C_1}{1 + s \times R_1 \times \frac{C_1 \times C_2}{C_1 + C_2}} = -\frac{\omega_0}{s} \times \frac{1 + \frac{s}{\omega_{Z1}}}{1 + \frac{s}{\omega_{P1}}} \dots\dots\dots$$

$$\dots\dots\dots\dots\dots\dots\dots\dots\dots\dots\dots\dots 式\ 1.7.28$$

其中 ω_0 與 F_0(or f_0)：

$$\omega_0 = 2 \times \pi \times f_0 = \frac{1}{R_2 \times (C_1 + C_2)}$$ .... 式 1.7.29

$$f_0 = \frac{1}{2 \times \pi \times R_2 \times (C_1 + C_2)}$$ .... 式 1.7.30

其中 ω_{Z1} 與 F_{Z1}(or f_{Z1})：

$$\omega_{Z1} = 2 \times \pi \times f_{Z1} = \frac{1}{R_1 \times C_1}$$ .... 式 1.7.31

$$f_{Z1} = \frac{1}{2 \times \pi \times R_1 \times C_1}$$ .... 式 1.7.32

其中 ω_{P1} 與 F_{P1}(or f_{P1})：

$$\omega_{P1} = 2 \times \pi \times f_{P1} = \frac{1}{R_1 \times \frac{C_1 \times C_2}{C_1 + C_2}}$$ .... 式 1.7.33

$$f_{P1} = \frac{1}{2 \times \pi \times R_1 \times \frac{C_1 \times C_2}{C_1 + C_2}}$$ .... 式 1.7.34

有了以上換算公式，我們就可以開始計算 RC 值了！

一般先計算 R_{BIAS}，並且需考量 OPA 的輸入偏壓電流 I_{BIAS}，I_{BIAS} 典型值約 100uA，得：

$$R_{BIAS} = \frac{V_{Ref}}{I_{BIAS}}$$ .... 式 1.7.35

有了 R_{BIAS}，一個簡單的分電壓計算，就能輕鬆反算 R2：

$$R2 = R_{BIAS} \times \frac{V_O - V_{Ref}}{V_{Ref}}$$ .... 式 1.7.36

> 若參考電壓 V_{REF} 直接等於輸出電壓 V_O，R_{BIAS} 可以不需要使用，R2 可直接選用一個典型常用電阻即可，例如 10KΩ。

輸出分電壓電阻計算後，接下來便依序計算 C2、C1、R1：

$$C2 = \frac{f_{Z1}}{2 \times \pi \times f_0 \times f_{P1} \times R2}$$ .... 式 1.7.37

$$C1 = \frac{1}{2 \times \pi \times f_0 \times R2} - C2 = \frac{1}{2 \times \pi \times f_0 \times R2} \times \left(1 - \frac{f_{Z1}}{f_{P1}}\right) \quad \text{式 1.7.38}$$

$$R1 = \frac{1}{2 \times \pi \times f_{Z1} \times C1} \quad \text{式 1.7.39}$$

計算到了這一個步驟，基本上已經完成整個峰值電流模式 Buck Converter 控制迴路之計算，接下來可以透過模擬或是實際動手實驗，驗證計算是否正確。

1.8 全數位電源控制

前面幾節都是針對類比控制方式作為設計基礎，並且已經求得控制環所需的極點與零點，此節將針對前面的類比計算結果，直接轉換成數位的參數，利用數位的計算方式，完成同樣的迴路響應效果。在轉換開始之前，筆者建議，讀此節時，時時保持一個疑問：

數位與類比的差異？

常聽到很多全數位控制討論說到：根據理論算出類比電源的補償器極點與零點，然後透過 Z 轉換變成數位的參數，再加上數位計算，打完收工！

過程是這樣沒錯，但真有這麼簡單？為何結果往往不如預期？難道數位與類比之間不只是 Z 轉換？工程師尚未參透這之間的奧妙前（挑戰前），這樣想法並非對錯問題，而是當設計面臨挑戰時，只能兩手一攤而無所適從，視茫茫而髮蒼蒼。

1.8.1. 數位控制簡介與差異

開始討論數位控制的第一步，首先比較一下類比電源與數位電源的方塊圖，從方塊圖中可以簡單快速的理解差異。

圖 1.8.1 主要比較電壓控制模式下，基本的類比電源控制方式與數位電源控制方式，左右圖之間比較，可以看出基本控制流程是一致的，從回授進補償控制器，再經過 PWM 模組輸出 PWM 波形至開關上。

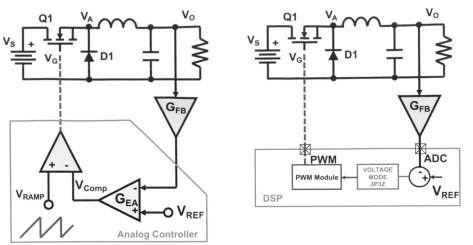

圖 1.8.1 電壓模式類比與數位電源方塊圖對比

主要不一樣幾點，整理如下：

➢ ADC（Analog-to-Digital Converter）模組

DSP（或稱 MCU）無法直接計算類比電壓，需要先透過 ADC 轉換回授訊號的數位量，此模組看似簡單，但 ADC 有如一個控制器的眼睛去看世界，因此跟整個電源特性息息相關，並且有增益改變，後面有專門小節探討其問題與改善方式。

➢ PWM 模組

同樣都需要 PWM 模組，但數位 PWM 模組的特點在於並非透過實際比較器，而是一個數位計數器做比較，因此有解析度的限制，並且有增益改變，後面有小節探討其增益改變與修正。

➢ 數位 3P3Z 補償控制器

讀者是否發現…作者寫錯字？電壓模式不是應該是 Type-3（三型控制器）？應該是 3P2Z 呀！怎麼多了一個 Z（零點）？其實是一樣的，後面小節會提到，類比補償控制器轉數位時，會需要經過 Z 轉換，目前最常用的 Z 轉換方法就屬雙線性轉換（Bilinear Transform），會使得公式中多一個虛假的零點，實際量測不會出現，因此習慣上，類比電源稱 Type-3（三型）控制器，而數位控制稱 3P3Z 控制器。

➤ 補償控制計算時間

傳統類比電源是透過 OPA 計算與控制，其計算時間相對於數位控制計算時間而言，那可以說如同瞬間一般，但 DSP 只能按部就班，一步一腳印的計算並控制電源，這個時間差也是相異處，而且很麻煩！後面有小節探討其造成的相位改變與如何改善。

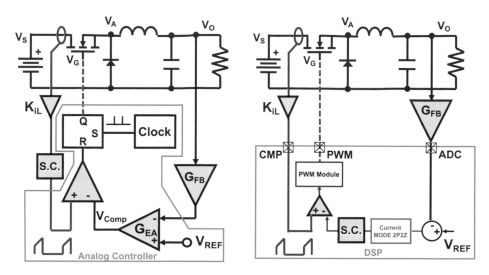

圖 1.8.2 峰值電流模式類比與數位電源方塊圖對比

圖 1.8.2 主要比較峰值電流控制模式下，基本的類比電源控制方式與數位電源控制方式，同樣做左右圖之間比較，可以看出基本控制流程也是一致的，從回授進補償控制器，再經過比較器比較補償器輸出與電感電流，而後輸出 PWM 波形至開關上。

主要不一樣幾點，整理如下：（部分內容與電壓模式相同）

> ADC（類比數位轉換器 Analog-to-Digital Converter）模組

DSP（或稱 MCU）無法直接計算類比電壓，需要先透過 ADC 轉換回授訊號的數位量，此模組看似簡單，但 ADC 有如一個控制器的眼睛去看世界，因此跟整個電源特性息息相關，並且有增益改變，後面有專門小節探討其問題與改善方式。

> PWM 模組

同樣都需要 PWM 模組，但數位 PWM 模組的特點在於並非透過實際比較器，而是與一個數位計數器做比較，因此通常會有解析度的限制，並且增益不同，後面有小節探討其增益改變與修正。此處是峰值電流模式控制，使用實際比較器關閉數位計數器產生的 PWM，解析度得以恢復類比電源一般，不過實質上還是會受限於 DSP 內部頻率的極限解析度，影響程度與 PWM 頻率有關。

> 數位 2P2Z 補償控制器

讀者是否發現…作者寫錯字？電流模式不是應該是 Type-2（二型控制器）？應該是 2P1Z 呀！怎麼多了一個 Z（零點）？其實是一樣的，後面小節會提到，類比補償控制器轉數位時，會需要經過 Z 轉換，目前最常用的 Z 轉換方法就屬雙線性轉換（Bilinear Transform），會使得公式中多一個虛假的零點，實際量測不會出現，因此習慣上，類比電源稱 Type-2（二型）控制器，而數位控制稱 2P2Z 控制器。

> 補償控制計算時間

傳統類比電源是透過 OPA 計算與控制，其計算時間相對於數位控制計算時間而言，那可以說如同瞬間一般，但 DSP 只能按部就班，一步一腳印的計算並控制電源，這個時間差也是相異處，而且很麻煩！後面有小節探討其造成的相位改變與如何改善。

➤ 斜率補償

　　一般類比控制方式，相對簡單也是最常見的做法，便是於電流回授訊號上，加上正斜率補償訊號，但其缺點是一旦設計後，電源工作期間無法變更斜率。而使用 DSP 則可以更彈性，Microchip 部分 PIC16 與 dsPIC33 內部整合了斜率補償模組，可以直接串接於比較器參考值之前與補償器輸出之後，外部硬體不再需要硬體斜率補償器，並且隨時可以根據不同電感電流斜率做最佳化調整，優化電源動態響應速度之性能。

➤ 比較器

　　數位控制在峰值電流控制模式下，還是得借助實際比較器的幫忙，所以同樣使用實際比較器，但注意類比控制器與 DSP 時常供電電壓不同，通常訊號因此比例不同，所以整個電流迴路增益 K_{iL} 可能因此不同。

➤ 前緣遮罩（或稱上升邊緣遮蔽、前沿消隱等：Leading-Edge Blanking）

　　由於比較器動作非常的快，因此相對也容易受到干擾而誤動作，需要前緣遮罩功能避免誤動作。傳統類比電源也有前緣遮罩，但時間固定。而數位控制通常是可以根據硬體特性微調遮罩時間。

1.8.2. K_{UC} 微控制器轉換比例增益

　　前一小節常提到：全數位電源增益改變，到底增益發生什麼變化？

　　這裡先定義類比控制轉換成數位控制後的增益變化為 K_{UC}。K_{UC} 的觀念極為重要，接下來我們一起來按部就班剖析 K_{UC} 的由來。再次引用圖 1.8.1，並加上一點點訊號範圍作為註解，成了新圖 1.8.3。

　　此為電壓控制模式，左圖為類比控制方式，右圖為數位控制方式。

　　其中 G_A 為從 V_O 到類比控制 IC 引腳前的分壓電阻比例，此比例我們假設為 1。

其中 G_D 為從 V_O 到數位控制 DSP 引腳前的分壓電阻比例，根據實際狀況有所不同，我們姑且也先假設為 1。

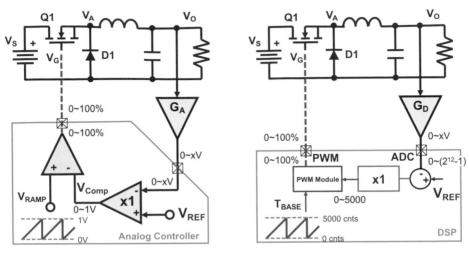

圖 1.8.3 電壓模式類比與數位電源方塊圖對比

繼續先分析左邊類比控制方塊圖，為了方便分析比較，我們連補償控制器都修改成單純短路（倍率為 1，不含極點與零點的補償控制器）。

由於 $G_A=1$，補償器 $H_{CompA}(s)=1$，那麼從 V_O 開始到 V_{Comp} 的倍率皆為 1。

並且假設 $V_{REF}=1$，V_{RAMP} 範圍為 0~1V（與 PWM 頻率沒有關聯）。

所以 $V_O=0V$ 時，$V_{RAMP}=V_{REF}-0=1V$，輸出佔空比＝100%。

然而 $V_O=1V$ 時，$V_{RAMP}=V_{REF}-1=0V$，輸出佔空比＝0%。

換言之，$V_O=0~1V$，對應之輸出佔空比＝0~100%。

接下來分析右邊的數位控制方塊圖，類比補償器 $H_{CompA}(s)=1$ 轉換到數位補償器 $H_{CompA}(z)=1$，一樣沒變，因為不帶任何極點與零點。

同樣從 V_O 輸出開始分析，由於 $G_D=1$，ADC 輸入為 0~xV 的範圍，過了 ADC 之後呢？

假設使用 12 位元解析度的 ADC，ADC 參考電壓為 3.3V，K_{ADC} 轉換公式為：

$$K_{ADC} = \frac{2^{ADC\ Resolution} - 1}{ADC\ Reference\ Voltage} = \frac{4095\ counts}{3.3V} \quad\text{.............................式 1.8.1}$$

所以 V_O 輸出到 V_{Comp} 間，存在 K_{ADC} 的增益變化。

然而數位控制沒有所謂 V_{RAMP}，需要一個計時器 T_{BASE}，產生所需的基礎頻率，假設 PWM 為 200kHz，其 DSP 的 PWM 解析度為 1ns，可得（1/200KH）/1ns = 5000 counts。

所以計時器 T_{BASE} 是一個固定每 1ns 就累加 1，直到 5000 後重置，如此反覆成一個頻率 200kHz，範圍 0~5000 counts 的數位鋸齒波。

當數位 PWM 輸入為 0 count 時，輸出佔空比=0%。

當數位 PWM 輸入為 5000 counts 時，輸出佔空比=100%。

可以得出數位 PWM 的 K_{PWM} 增益為：

$$K_{PWM} = \frac{1}{PWM\ Period\ Counts} = \frac{1}{5000} \quad\text{..式 1.8.2}$$

類比的開迴路例子顯示，V_O=0~1V，對應之輸出佔空比=0~100%。

數位的開迴路例子顯示，V_O=0~1V，對應之輸出佔空比=0~V_O x K_{ADC} x K_{PWM} x 100%。

對應之輸出佔空比變成了 0~24.82%。

這就是 K_{UC} 的由來，由於數位控制器使用不同的模組方式，雖然控制原理相同，但轉換過程中會產生不同倍率的現象，這些不同倍率的現象需要整理出來，並且計算出整體增益變化，接著反算出 K_{UC}。換言之，K_{UC} 之目的就是用來抵消這些衍伸而來的增益，讓系統整體開迴路增益不管類比或數位都是一樣的。那麼完整的 K_{UC} 怎麼算呢？

剛剛的推論，我們前面也先假設 G_D 為 1，但實際狀況通常不會為 1，這裡定義一個新參數 K_{FB}，意思是回授電壓的分壓比例：

$$K_{FB} = \frac{G_D}{G_A} \quad\text{...式 1.8.3}$$

事實上，前面章節計算電壓模式類比控制器時，都是假設 $G_A = 1$。這樣的好處是計算簡單，並且轉換成數位時，很容易得 $K_{FB} = G_D/G_A = G_D$。

可得電壓模式下，電壓迴路的微控制器轉換比例增益 K_{UC} 為：

$$K_{UC} = {}^{1}/_{(K_{FB} \times K_{ADC} \times K_{PWM})} \quad \text{式 1.8.4}$$

之後將 K_{UC} 乘進數位補償器中，即可抵消數位控制的衍伸增益，系統整體開迴路增益不管類比或數位都恢復為一致。

電壓模式有此增益，其他模式同樣會有，以下探討峰值電流模式下電壓迴路的 K_{UC} 增益。

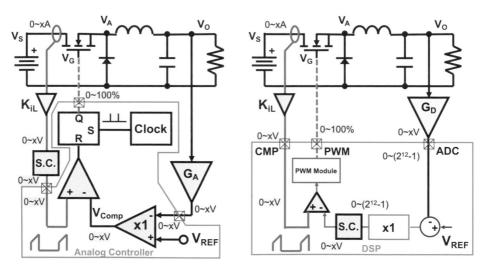

圖 1.8.4 峰值電流模式類比與數位電源方塊圖對比

於圖 1.8.4（峰值電流模式類比與數位電源方塊圖）中加上訊號的變化註解，可以看到右邊數位控制方式的方塊圖中，回授訊號由類比電壓值變成數位數值，再透過斜率補償區塊變回類比電壓值，最後透過比較器峰值電流控制變成電流值。

其中斜率補償區塊其實包含兩個功能：

➢ *DAC（數位類比轉換器 Digital-to-Analog Converter）：*

將數位補償器計算出的數位數值轉換成類比電壓，後方比較器才得以接著作比較，DAC 轉換過程會額外產生一個倍率增益。

➢ *負斜率補償*

DAC 轉換成類比電壓的同時，在訊號上疊加一個負斜率補償電壓訊號，輸出含斜率補償的 V_{Comp} 訊號給後方比較器。

為了方便讀者理解，筆者對電流迴路簡化，得簡化後的圖 1.8.5。

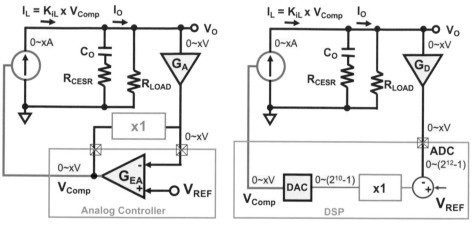

圖 1.8.5 峰值電流模式類比與數位電源方塊圖對比（簡化）

前面章節計算峰值電流模式類比控制器時，同樣假設 GA = 1。這樣的好處是計算簡單，並且轉換成數位時，很容易計算得 KFB=GD/GA=GD。

比較圖 1.8.5 左右不同處時，為求方便分析，假設 $G_A = 1$，並且斜率補償不影響計算 K_{UC}，先忽略斜率補償。補償器的增益也不在 K_{UC} 的計算範圍內，因此圖 1.8.5 左右兩邊的補償器同樣假設為不含極點與零點的 1 倍增益補償器。

先分析左邊類比控制方塊圖，所以 $V_O=0V$ 時，假設 $V_{REF}=1V$，$V_{Comp}=V_{REF}-0V=1V$，$I_L=K_{iL} \times V_{Comp} = K_{iL} \times 1 = K_{iL}$。

假設 $V_O=1V$ 時，$V_{Comp}=V_{REF}-1V=0V$，$I_L=K_{iL} \times 0 = 0$。

換言之，$V_O=0\sim1V$，對應之電感電流=$0\sim K_{iL}$。

接下來分析右邊的數位控制方塊圖，類比補償器 $H_{CompA}(s)=1$ 轉換到數位補償器 $H_{CompA}(z)=1$，一樣沒變，因為不帶任何極點與零點。

同樣從 $V_O=0\sim1V$ 輸出開始分析，假設 $G_D=1$，ADC 輸入則同為 $0\sim1V$ 的範圍，過了 ADC 之後呢？

假設使用 12 位元解析度的 ADC，ADC 參考電壓為 3.3V，K_{ADC} 轉換公式為：

$$K_{ADC} = \frac{2^{ADC\ Resolution}-1}{ADC\ Reference\ Voltage} = \frac{4095\ counts}{3.3V} \quad\text{............................ 式 1.8.5}$$

所以 V_O 到補償器輸出（DAC 之前）之間，存在 K_{ADC} 的增益變化。

接著經過 DAC 轉換成類比電壓 V_{Comp}，而 DAC 存在另一個增益變化 K_{DAC}：

$$K_{DAC} = \frac{DAC\ Reference\ Voltage}{2^{DAC\ Resolution}-1} = \frac{3.3}{2^{10}-1} = \frac{3.3}{1023} \quad\text{...................... 式 1.8.6}$$

其中假設 DAC 解析度是 10 位元，並且參考電壓是 3.3V。

類比的開迴路例子顯示，$V_O=0\sim1V$，對應之電感電流=$0\sim K_{iL}$。

數位的開迴路例子顯示，$V_O=0\sim1V$，對應之電感電流=$0\sim K_{iL} \times K_{ADC} \times K_{DAC}$。

剛剛的推論，我們前面先假設 G_D 為 1，但實際狀況通常不會為 1，所以同樣的需要修正回授電壓的分壓比例 K_{FB} 增益：

$$K_{FB} = \frac{G_D}{G_A} \quad\text{.. 式 1.8.7}$$

整體數位的開迴路例子重新表示：

$V_O=0\sim1V$，對應之電感電流=$0 \sim K_{iL} \times K_{FB} \times K_{ADC} \times K_{DAC}$。

可得峰值電流模式下，電壓迴路的微控制器轉換比例增益 K_{UC} 為：

$$K_{UC} = \frac{1}{(K_{FB} \times K_{ADC} \times K_{DAC})} \text{..} 式\ 1.8.8$$

之後將 K_{UC} 乘進數位補償器中，即可抵消數位控制的衍伸增益，系統整體開迴路增益不管類比或數位都恢復為一致的。

注意，以上計算忽略另一個增益問題：數值飽和限制。

例如 ADC 輸出最大理論值為 $2^{12}-1=4095$，補償控制器的輸出最大值假設同樣 12 位元數，就會同為 4095，而 DAC（假設使用 10bits DAC）輸入最大理論值為 $2^{10}-1=1023$。

將補償控制器得輸出（0~4095）直接填入 DAC，會發生什麼事？明顯增益大於 1。

然而補償控制通常是 15 位元（16bits DSP），將 0~32767 填入 DAC，增益多少？

最佳的做法是需要於計算過程中做位元數轉換，例如 32767 等於補償器的最大值，1023 等於 DAC 的最大值，所以補償器要填寫 DAC 前，應乘上 1023/32767，確保增益維持 1。若不做這樣的修正（於實際案例中，可以很需要縮短計算時間，或是其他理由），就必須知道原先類比推導的增益可能有偏移的現象，若差異過大就需要考慮另外手動修正。

1.8.3. ADC 對於控制迴路之影響

所有的控制系統都有輸入與輸出，一個典型固定輸出電壓型的 Buck Converter，其控制系統的輸入就是輸出電壓的回授訊號誤差量，輸出電壓進 DSP 計算之前需要 ADC 模組的協助，轉換成數位數值，才能與參考

混合式數位與全數位電源控制實戰

值相減以求得回授訊號誤差量，其中衍伸的增益已經於上一節討論過，這一節要討論的是 ADC 對於控制迴路之影響。

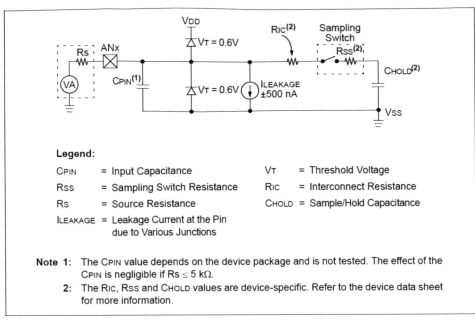

圖 1.8.6 12-Bit ADC Analog Input Model
（參考Microchip 文件DS70005213G P.46）

　　圖 1.8.6 為例子，為 Microchip dsPIC33CK 系列 ADC 模組的線路圖（參考 Microchip 文件 DS70005213G P.46）。

　　圖中可以清楚看到從 ADC 引腳往晶片內部看進去，首先算是寄生電容 C_{PIN}，此電容通常不大，並且跟包裝外型有關，接著通常會有鉗位二極體，限制引腳的最高與最低電壓，並聯的電流源是指漏電流，注意漏電流符號是正負，因此也可能反向往上，再接下去兩個串聯電阻，其中 R_{IC} 是指 IC 內部連接線之電阻，R_{SS} 是指取樣開關的等效電阻，最後才連接到取樣電容 C_{HOLD}。

　　漏電流雖然很小，但是 ADC 引腳上若使用一個極大阻值的電阻接地，有可能因而產生一定的直流偏電壓，若該直流偏電壓達一定程度，間接可能導致程式誤判而有所誤動作。因此，尤其是高溫使用場合下，應注意漏電流參數，注意互相搭配的電阻值餘裕，避免誤動作發生的可能性。

1

　　一個完整的 ADC 轉換週期包含三個步驟，依序為：

➢　*ADC 通道配置切換*

　　此時取樣開關保持 OFF 狀態，MCU 內部進行 ADC 通道配置切換，準備進行取樣，但尚未取樣。

➢　*ADC 通道取樣*

　　此時取樣開關保持 ON 狀態，同時 ANx 引腳上的電壓對 C_{HOLD} 充電或放電，假設時間充足，最終 C_{HOLD} 的電壓會等於 ANx 引腳上的電壓。

➢　*ADC 通道轉換*

　　此時取樣開關保持 OFF 狀態，C_{HOLD} 維持電壓不變，ADC 模組開始將 C_{HOLD} 電壓轉換成數位數值，轉換完成後，一次 ADC 取樣與轉換即算完成。

　　然而關於 ADC 通道取樣，看似再普通不過的一件小事，往往就是這一句話而有點困難："假設時間充足"！

　　眾所皆知，電容充電（式 1.8.9）與放電（式 1.8.10）公式如下：

$$V_{CHOLD}(t) = VA \times (1 - e^{(\frac{-t}{R \times C})}) \quad\text{式 1.8.9}$$

$$V_{CHOLD}(t) = VA \times e^{(\frac{-t}{R \times C})} \quad\text{式 1.8.10}$$

其中 $R = R_S + R_{IC} + R_{SS}$，$C = C_{HOLD}$。

　　當充放電時間不足時，便會發生取樣電壓偏離實際電壓，造成系統誤判等等衍伸的問題。因此取樣時間的設置是相當重要的一個大前提，設置過短的取樣時間，很難保證系統可靠度。換言之，系統最小的取樣時間，就是 R（= R_S + R_{IC} + R_{SS}）需要達到最小值，而 C_{HOLD} 通常假設是固定的（Microchip 這方面相對可靠，若其他品牌，建議預留餘裕）。

　　然而相對於 R_S、R_{IC} 與 R_{SS} 算是很小且固定，因此可以假設為定值，所以整個充放電時間常數主要受制於 R_S 的大小。或許讀者會想，有什麼關係，一次沒充放平衡，下次量電壓差距已經縮短，接下來就很快可以平衡了，這樣的想法有個漏洞，若有很多 ADC 引腳等著被轉換呢？回顧上面提到 ADC 三個主要步驟的第一個：ADC 通道配置切換。

　　因為 ADC 模組數量有限，通常需要在多個通道間切換使用，多個通道共用同一個 ADC 取樣區塊，如圖 1.8.7。假設單純只在這兩個通道間切換，若 R_S 過大，但取樣時間卻過短，那麼 C_{HOLD} 上的電壓永遠無法有效等於真正應該被轉換的電壓。這有另一個專有名詞解釋這現象：串擾（Crosstalk）。原本不相關的兩 AD 通道，因為共用 C_{HOLD}，導致兩者之間互相干擾，有些人稱為殘影現象，意指同一種現象。更甚之，若 R_S 過大，甚至可以在 AN 引腳上，量到近似 C_{HOLD} 的瞬間電壓。

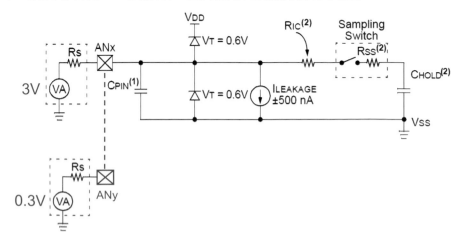

圖 1.8.7 多通道取樣

控制迴路最注重 "即時性" ,所以需要很高速的 ADC 轉換怎麼辦?緩不濟急啊!

所以有些 MCU 的 ADC 提供專用(Dedicated ADC Core)ADC 核心給比較重要的通道,而共用(Shared ADC Core)ADC 核心給次要的通道。如圖 1.8.8。使用專用通道時,對於 ADC 速度才有辦法提升到模組本身極致的速度。

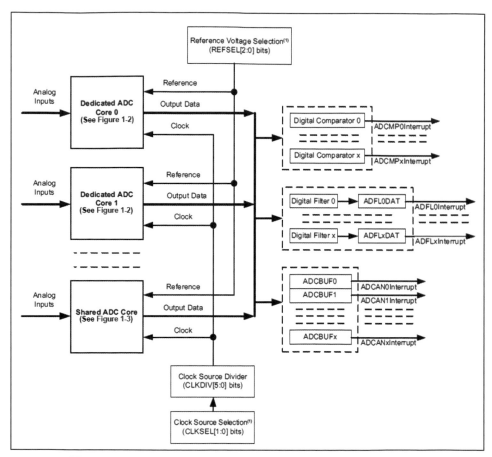

圖 1.8.8 12-Bit High-Speed, Multiple SARs ADC Block Diagram
(參考 Microchip 文件 DS70005213G P.3)

假設每次 ADC 取樣的間隔時間固定為 Ts。

參考圖 1.8.9，縱軸表示電壓，橫軸表示次數。實線曲線表示實際訊號，長柱型線條為 ADC 一次取樣與轉換值，又稱為零階保持（Zero-Order Hold）簡稱 ZOH。

圖中還有一條虛線曲線，長得跟實際訊號一樣，但總是落後(Ts/2)的時間。這一條虛線曲線是指 MCU 經過 ADC 將實際訊號取樣與轉換後，MCU 所看到的 "實際訊號"，MCU 並不知道落後(Ts/2)的時間，這會在控制迴路中造成一個很麻煩的困擾。

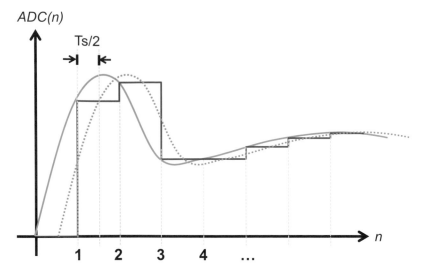

圖 1.8.9 ZOH 取樣示意圖

還記得前面章節推算補償控制器時，提到相位餘裕 P.M. ？是的，這裡所說的困擾就是 P.M.會因為使用 ADC 而自然折損 ϕ_{ZOH}，公式如下：

$$\phi_{ZOH} = 360° \times F_C \times T_S$$ .... 式 1.8.11

假設系統頻寬 F_C 為 10kHz，T_S 為 1/350kHz，則：

$$\phi_{ZOH} = 360° \times \frac{10K}{350K} \approx 10.29°$$ .... 式 1.8.12

意思是說，於類比世界下設計的補償控制器，轉到數位的世界後，其相位餘裕 P.M.會因為使用 ADC 而自然折損 10.29 度，換言之，若類比設計時，相位餘裕 P.M.未達 55.29 度（45+10.29 = 55.29 度），那麼系統轉到數位控制後，從一個穩定系統變成非穩定系統。

從式子 1.8.11 來分析，這是一個物理上的自然限制，改善方式只能縮小系統頻寬 F_C 與取樣間隔時間 T_S，從而縮小自然折損的相位餘裕 Φ_{ZOH}。

而 T_S 最小就是 T_{PWM}，也就是 PWM 週期時間，因此加大 PWM 頻率，能有效改善相位餘裕 P.M.。

再者就是 P.M.與 F_C 之間的取捨了，因此通常數位補償器的 F_C 的最大值為 $F_{PWM}/20$（當 $T_S = T_{PWM}$），若 T_S 不等於 T_{PWM}，則數位補償器的 F_C 的最大值為（$1/T_S$）/20。

讀者此時心中應該有個很大的問號，為何類比電源通常 F_C 的最大值為 $F_{PWM}/10$，怎麼數位就是除以 20？

這需要從奈奎斯特（Nyquist）頻率 F_N 說起，而且這個頻率從現在開始將與我們形影不離，時不時出現虐一下我們的設計結果。

當一個數位控制系統的取樣頻率 F_S（=$1/T_S$）決定之後，奈奎斯特頻率 F_N 也同時會被決定，其關係式如下：

$$F_N = \frac{F_S}{2}$$ .... 式 1.8.13

奈奎斯特頻率 F_N 影響了什麼？為何如此關鍵？

筆者多年前教課起，時常習慣鼓勵學員，於撰寫多極點與多零點的數位控制器之前，不妨先練習寫一個單極點低通濾波器，其中幾個原因值得讀者推敲一下：

➤ *單極點相對簡單，適合驗證基本數位化理論基礎與程式撰寫能力*

➤ *單極點之低通濾波器理論基礎，容易找到對應的實際硬體參考*

例如 RC 濾波器，非常方便獲得並量測實際 RC 濾波器的波德圖做比較驗證

➤ 將一個簡單的類比 RC 濾波器轉變成數位 RC 濾波器

（單極點濾波器），結果一致的同時，就表示學員已經具備基礎類比轉數位的能力，其中包含 K_{UC} 計算與應用！

➤ 越簡單的東西越容易看出差異

從單個極點數位化過程，可以看出奈奎斯特頻率 F_N 影響了什麼？

假設有個 RC 低通濾波器，其 R1=68kΩ，C1=4.7nF，如下圖：

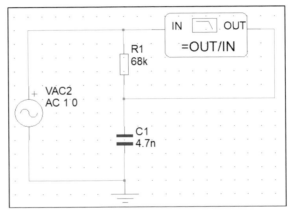

圖 1.8.10 單極點 RC 濾波器測試接線圖（Mindi 模擬繪製）

於 RC 濾波器前加入一個交流訊號源，並透過 R1 兩端量測輸入與輸出之間的關係，就是 RC 濾波器的波德圖量測方式。關於 Mindi 細節，請參考第二章實作部分。

此 RC 濾波器的轉移函數可以表達如下：

$$H_{RC}(s) = \frac{1}{1+(s \times R_1 \times C_1)}$$ .... 式 1.8.14

其中極點頻率為：

$$f_{P\_RC} = \frac{1}{2\pi \times R_1 \times C_1} = 498Hz$$ .... 式 1.8.15

還沒實驗之前，已經知道實驗結果應該如下：

> 此低通濾波器的增益曲線，應於頻率498Hz 之前，維持0dB

> 頻率等於498Hz 時，增益應為 -3dB

> 頻率等於498Hz 時，相位應為 -45°

> 過了頻率498Hz 之後，增益曲線以-20dB/Decade 的斜率下降

> 高頻處，相位最終落後 -90°

　　參考模擬結果如圖1.8.11，完全符合RC濾波的特性。事實上，直接使用波德圖設備去量測實際 RC 低通濾波器，結果也會是一樣的。較有趣的是轉成數位低通濾波器，長什麼樣子呢？對 $H_{RC}(s)$做 Z 轉換（後面小節解釋如何轉換），得 $H_{RC}(z)$：

$$H_{RC}(z) = \frac{B_0 + B_1 \times Z^{-1}}{1 + A_1 \times Z^{-1}}$$ .... 式 1.8.16

（式子 1.8.16 中 A_x，B_x，Z^{-1} 等等，所表達的意義於後面小節解釋）

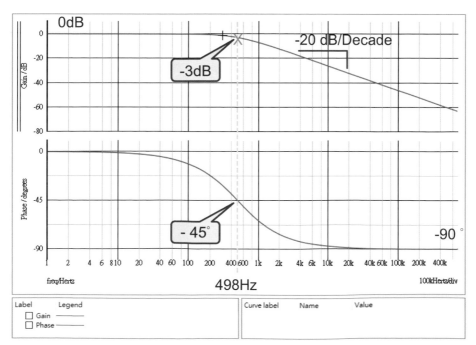

圖 1.8.11 低通濾波器模擬結果

數位濾波器的輸入就是 ADC 引腳輸入，輸出使用 DAC（Digital-to-Analog Converter 數位類比轉換器）輸出類比電壓到 DAC 引腳上，訊號從 ADC 模組進入，經過式子 1.8.16 的計算，結果填寫入 DAC，於 DAC 引腳上獲得最終濾波器輸出結果。

因此量測 R1 兩側可得類比 RC 低通濾波器的波德圖，而量測 ADC 與 DAC 兩引腳可得數位低通濾波器的波德圖，結果如下圖 1.8.12。

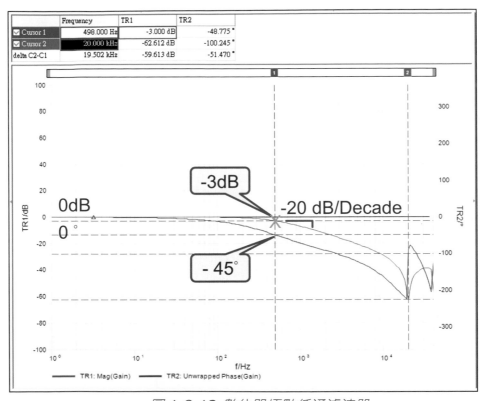

圖 1.8.12 數位單極點低通濾波器

檢查一下，是否還是符合類比 RC 低通濾波器的特性？

➤ *此低通濾波器的增益曲線，應於頻率 498Hz 之前，維持 0dB*
   結果：符合！

> *頻率等於498Hz 時，增益應為 -3dB*
> *結果：符合！*

> *頻率等於498Hz 時，相位應約為 -45°*
> *結果：符合！*

> *過了頻率498Hz 之後，增益曲線以-20dB/Decade 的斜率下降*
> *結果：一開始符合，但... 越是高頻，斜率越掉越快？*

> *高頻處，相位最終落後 -90°*
> *結果：不符合！越是高頻，相位越落後？*

　　最後兩點結果並不完全符合預期 RC 低通濾波器的特性，原因就來自於奈奎斯特頻率 F_N 的影響！！事實上奈奎斯特頻率 F_N 所引起的問題，是當輸入頻率於奈奎斯特頻率 F_N 時，相位會落後到-180°，其影響範圍是（$F_N/10$）開始就加速落後，到 F_N 剛好是-180°。因此，從波德圖可以很輕易地看出來，此圖 1.8.12 的 F_N 就是 20kHz，至此讀者可猜猜，為何是 20kHz？

　　是的，是因為 F_S=40kHz（兩倍頻的關係）。

　　筆者刻意降低 ADC 取樣頻率 F_S，讓讀者可以感受到一件重要的事，當 ADC 取樣頻率變低時，系統會因為取樣定律奈奎斯特頻率 F_N 的緣故，"提早" 落後到-180°，同時也就影響到了相位餘裕 P.M.，這樣讀者是否明白了呢？所以合理的設計，取樣頻率 F_S 應當要遠離系統頻寬 F_C 十倍頻以上，以避免更大的相位餘裕損失。也因此，數位控制系統的最大頻寬限制應當是（$F_N/10$），也就是：

$$F_{C\_Max(Digital)} = \frac{F_N}{10} = \frac{F_S}{20}$$ .... 式 1.8.17

　　依理論而言，系統頻寬低於（$F_S/20$）是相對容易設計所需的相位餘裕，而當系統頻寬大於等於（$F_S/15$）時，已經處於極限範圍，將非常難設計出足夠的相位餘裕。

　　然而 Murphy's Law 告訴我們，越不想發生的事越會發生！此時屋漏偏逢連夜雨，奈奎斯特頻率 F_N 不僅影響相位餘裕，還有一項非常重要卻常被電源工程師所忽略的問題，導致系統輸出發生震盪，卻找不出原因。

　　被忽略的關鍵原因是因為絕大多數的電源工程師是硬體背景多居，學習過程中以類比世界為主，殊不知數位控制器有其他限制，而 "不小心" 忽略了，因此筆者特地簡單說明另一個問題，被稱為：混疊效應。

　　筆者想讓讀者可以試想一下，是否也遇過類似的鬼故事！？每個人或多或少應該都無聊到觀察車子的輪子，有沒有發現過一個有趣的現象？咦..真奇怪！明明車子往前跑，但怎麼輪子看起來往後轉？

　　而這又跟電源控制有什麼關係呢？

　　關係可大了，記得前文提過，ADC 如同電源系統的眼睛，此時車子如同一個電源系統，假設眼睛只能看到輪子旋轉速度與方向，看不到車子，控制系統也就是我們的大腦該做何反應？可想而知，若車子往前進，但眼睛看到輪子往後轉，控制系統會給出錯誤的控制命令！！

　　簡單的解釋是混疊效應現象，可從下圖 1.8.13(a)說起。

　　其中連續且持續的正弦訊號為 ADC 輸入訊號，頻率 F_{SIGNAL}，而區段正弦訊號是 ADC 取樣後的數位波形，取樣頻率 F_S。

　　當 ADC 取樣頻率 F_S 比輸入訊號頻率 F_{SIGNAL} 大九倍時，ADC 基本上已經可以清楚還原正弦波的樣子，唯獨解析度不是很高，相對存在一些誤差，但還能接受。

　　隨著 F_S 下降或 F_{SIGNAL} 上升（相對關係），直到 $F_N \approx F_{SIGNAL}$ 時，參考圖 1.8.13(b)。ADC 取樣後的波形，上下開始隱含著低頻的包絡線（Envelope），如同取樣到另一個低頻訊號，此訊號會進入控制系統。

　　接著繼續讓 F_S 下降或 F_{SIGNAL} 上升（相對關係），直到 $F_S \approx (F_{SIGNAL}/2)$時，參考圖1.8.13(c)。ADC取樣後的波形，上下出現相當明顯的低頻包絡線（Envelope），此低頻訊號不僅低頻且明顯，振幅還相當大，此訊號同樣會進入控制系統。

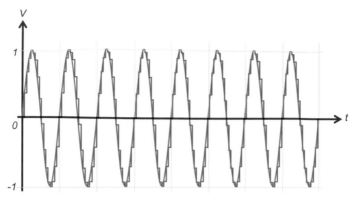

$(a) F_S \approx 9x\ F_{SIGNAL}$

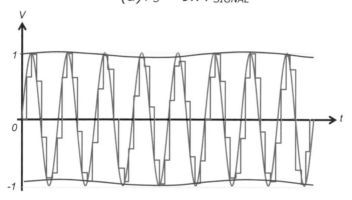

$(b) (F_S/2)=F_N \approx F_{SIGNAL}$

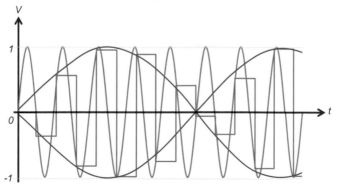

$(c) F_S \approx F_{SIGNAL}/2$

圖 1.8.13 輸入訊號頻率與ADC 取樣頻率之關係

我們重新整理一下這樣的關係，如下圖 1.8.14，可發現，當輸入訊號的頻率高於 ADC 採樣的奈奎斯特頻率時，會在低於奈奎斯特頻率的某頻率點，映射出另一個疊影頻率，輸入訊號的頻率 "越是高於" 奈奎斯特頻率，所映射出的疊影頻率就 "越低" 。

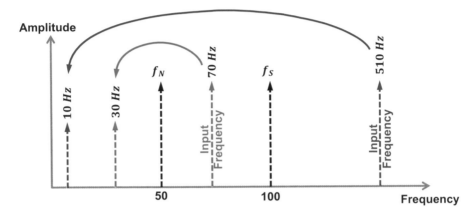

圖 1.8.14 混疊效應示意圖

此低頻訊號會造成一個鬧鬼現象，因為該低頻其實是假的，實際輸入訊號並不存在這個頻率，但經過 ADC 之後，產生了這個低頻訊號，補償控制將無從分辨真假，只能乖乖的試著消除它，導致系統輸出反而因此無端跑出一個低頻振盪問題。

有沒有很好奇，所以眼睛看輪子，到底怎麼回事呢？

事實上輪子旋轉就是一種頻率，眼睛就是我們人體的一個類比取樣器，假設取樣頻率就是 100Hz（真實大概沒這麼高），那麼隨著輪子旋轉頻率越轉越高，開始高於眼睛的奈奎斯特頻率時，其實眼睛已經看不清高頻，只看到輪子用一種很奇怪的低頻旋轉著，加上該低頻的相位與眼睛延遲的關係，進而交互影響，有些頻率看起來正轉，有些頻率看起來成了反轉，就是這麼簡單。☺ 所以該怎麼解決呢？

那簡單呀，能不能寫個數位濾波器，將高頻過濾掉呢？

這是一種很正常的推論，但卻無法解決問題，因為關鍵是眼睛看到後，大腦才去做濾波的動作，因果關係已經存在，眼睛只能看到果（低頻訊號），而無法辨別這個果是混疊效應而來的果，還是本來就存在的因，若是本來就存在，被過濾掉反而不正確。

既然數位濾波器並無法解決問題，那就把 F_S 上升到遠高於 F_{SIGNAL}，就好了呀！是的沒錯，最好的辦法就是 $F_S >> F_{SIGNAL}$，但現實中，系統取樣頻率是受到限制的。

所以筆者習慣做法，訊號進 ADC 前，不應存在高於 F_N 的頻率訊號，換言之，ADC 引腳前，應當存在一個低通濾波器（通常使用 RC 低通濾波器即可），過濾高於 F_N 的頻率訊號，減輕混疊效應影響。

> 另一常見的問題：RC 低通濾波器的搭配值應該多少？
> 這是個非常有趣的問題，搭配值需要特別注意一點，RC 低通濾波器的 C 電容值應當遠大於 C_{HOLD}，才能確保對 C_{HOLD} 充放電期間，不影響 ADC 引腳電壓（假設與 ADC 引腳之間的串聯電阻非常的小）。
> C 決定了之後，F_N 是設計者應當已知的頻率，那麼反算出 R 就是易如反掌之事了，您說是吧？
> 筆者習慣 ADC 引腳上的電容，至少大於（C_{HOLD} x100）以上。

1.8.4. Z 轉換與控制迴路計算

訊號進入 ADC 引腳後，經過 ADC 模組轉換為數位數值，並且參考圖 1.8.9，還記得 ADC 模組還包含一個特性：零階保持（Zero-Order Hold）簡稱 ZOH。訊號經過 ZOH 的轉變之後，不再是連續的，每隔 T_S 的間隔時間才能再得到更新值，所以數位控制系統存在一個不同於連續時間軸的領域。連續時間軸通稱為時域（Time-domain or t-domain），經過拉氏轉換（Laplace Transform）轉換至 S 領域（s-domain），再經過 Z 轉換（Z Transform）將一連串離散的實數或複數訊號，從時域轉為復頻域表示，稱為 Z 域（Z-domain）。

一般常用的 Z 轉換有三種方式：

➢ *前向歐拉法 Forward Euler Method*

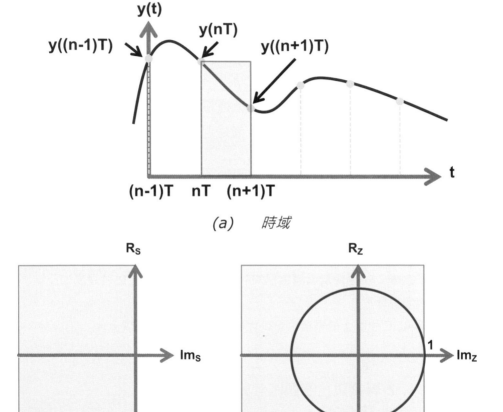

(a)　時域

(b)　系統根軌跡圖與奈奎斯特圖

圖 1.8.15 前向歐拉法 Forward Euler Method

Forward Euler Method 非常簡便，但其數值誤差相當大，從圖 1.8.15(a)時域取樣圖可以看出，與實際值之間可能存在明顯誤差。

其 Z 轉換式為：

$$S = \frac{Z-1}{T}$$ .... 式 1.8.18

　　一般回授系統的環路增益變化時，系統極點的變化所繪製出來的圖稱為根軌跡軌圖，也就是複數 S 域上畫出在系統參數變化時，回授系統閉迴路極點的可能位置，其穩定理論告訴我們，開環增益從零變到無窮大時，如系統根軌跡圖所示的根軌跡全部落在左半 S 域，其控制系統根所表示的系統是穩定的。

　　圖 1.8.15(b)左邊是原 S 域的根軌跡軌圖，所有極點都在左半平面，屬於一個穩定系統，經過前向歐拉法做 Z 轉換，映射到 Z 域的結果於右圖（奈奎斯特圖），根據奈奎斯特圖穩定理論，映射的範圍必須在單位圓中，系統才是穩定，但由於前向歐拉法做 Z 轉換會失真，穩定系統映射到了單位圓外，並非不穩定，而是無法再使用簡單的單位圓分析法分析。

➤　*後向歐拉法 Backward Euler Method*

　　Backward Euler Method 也是非常簡便，但其數值誤差也是相當大，從圖 1.8.16(a)時域取樣圖可以看出，與實際值之間可能存在明顯誤差。

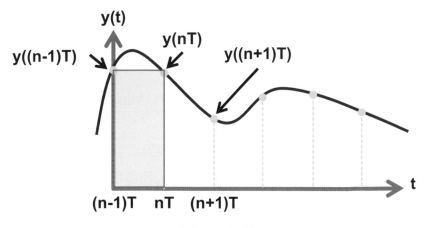

(a)　時域

圖 1.8.16 後向歐拉法 Backward Euler Method

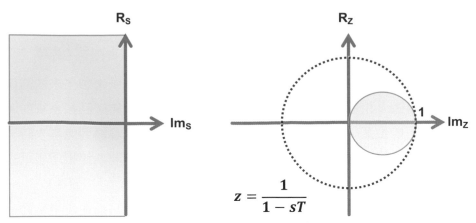

(b) 系統根軌跡圖與奈奎斯特圖

圖 1.8.16 後向歐拉法 Backward Euler Method(續)

其 Z 轉換式為：

$$S = \frac{1-Z^{-1}}{T}$$ .... 式 1.8.19

圖 1.8.16(b)左邊是原 S 域的根軌跡軌圖，所有極點都在左半平面，屬於一個穩定系統，經過後向歐拉法做 Z 轉換，映射到 Z 域的結果於右圖（奈奎斯特圖），根據奈奎斯特圖穩定理論，映射的範圍必須在單位圓中，系統才是穩定，但由於後向歐拉法做 Z 轉換會失真，穩定系統映射到了單位圓中更小的圓，因而無法再使用簡單的單位圓分析法分析。

➤ *梯形積分法 Trapezoidal Integration Method (或稱 bilinear transformation 雙線性變換法)*

梯形積分法或稱雙線性變換法，不同於前面兩個 Z 轉換法，透過積分逼進真實值，因此誤差最小，從圖 1.8.17(a)時域取樣圖可以看出，與實際值之間的誤差明顯縮小。

其 Z 轉換式為：

$$S = \frac{2 \times (Z-1)}{T \times (Z+1)}$$ .... 式 1.8.20

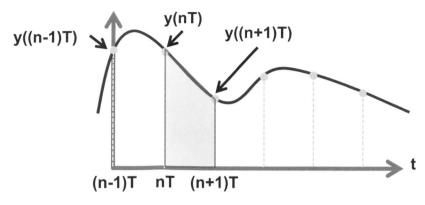

(a) 時域

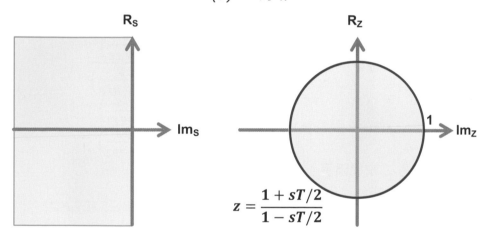

(b) 系統根軌跡圖與奈奎斯特圖

圖 1.8.17 梯形積分法 Trapezoidal Integration Method

圖 1.8.17(b)左邊是原 S 域的根軌跡軌圖,所有極點都在左半平面,屬於一個穩定系統,經過梯形積分法做 Z 轉換,映射到 Z 域的結果於右圖(奈奎斯特圖),根據奈奎斯特圖穩定理論,映射的範圍必須在單位圓中,系統才是穩定,經過梯形積分法做 Z 轉換後無失真,穩定系統映射到了單位圓上,從而可繼續使用簡單的單位圓分析法分析。筆者剛學校畢業時,當時適用於電源的數位控制器之計算能力相當有限,由於計算時間冗長,

影響穩定度（後面會說明），因此選擇 Z 轉換方式時必須考量計算時效，因而選擇較精簡但會失真的前兩個方法。

拜科技發展所賜，現今工程師已經無此遺憾與困擾，數位控制器之計算能力大幅上升，以 Microchip dsPIC33 的 C 系列為例，ADC 取樣到 3P3Z 計算完成，可於 600ns 內完成。所以讀者大可放心地採用梯形積分法作為主 Z 轉換的方式，當然凡事必有例外，若特殊情況需要縮短計算時間，那麼前兩種方式還是可行的。

ADC 將連續訊號轉成非連續的 Z 域，控制轉移函數也需要轉換到 Z 域，以電壓模式為例，參考式子 1.6.24，類比補償控制轉移器函數 $H_{Comp}(s)$ 如下：

$$H_{Comp}(s) = \frac{\omega_{P\_0}}{s} \times \frac{\left(1 + \frac{s}{\omega_{Z\_LC}}\right) \times \left(1 + \frac{s}{\omega_{Z\_LC}}\right)}{\left(1 + \frac{s}{\omega_{P\_ESR}}\right) \times \left(1 + \frac{s}{\omega_{P\_HFP}}\right)}$$

$$= \frac{\omega_{P\_0}}{s} \times \frac{\left(1 + \frac{s}{\omega_{Z1}}\right) \times \left(1 + \frac{s}{\omega_{Z2}}\right)}{\left(1 + \frac{s}{\omega_{P1}}\right) \times \left(1 + \frac{s}{\omega_{P2}}\right)}$$

代入下方 Z 轉換因子：

$$S = \frac{2}{T_S} \times \frac{(Z-1)}{(Z+1)} = \frac{2}{T_S} \times \frac{1-z^{-1}}{1+z^{-1}}$$ .... 式 1.8.21

可以得到新的數位補償控制器轉移函數 $H_{Comp}(z)$ 如下：

$$H_{Comp}(z) = \frac{Y(z)}{X(z)} = \frac{B_3 \times z^{-3} + B_2 \times z^{-2} + B_1 \times z^{-1} + B_0}{-A_3 \times z^{-3} - A_2 \times z^{-2} - A_1 \times z^{-1} + 1}$$ .... 式 1.8.22

還記得前面提過，Type3（三型）控制器轉成數位後，會多一個零點？從式子 1.8.22 可以觀察到，分子與分母都是三階，所以各自存在三個根，而分母代表極點，分子代表零點，其中零點就是因此 "多一個"，此零點不會呈現於波德圖上，但畢竟數學式存在，因此數位系統習慣不稱為 Type3（三型）控制器，而改稱為 3P3Z 控制器。

其中式子 1.8.22 的 A_k 與 B_k 等參數都是常數係數，後面會提到計算公式，暫時跳過，一般習慣定義 A_k 於分母，屬於輸出計算參數；習慣定義 B_k 於分子，屬於輸入計算參數。

而 z^{-k} 並不是一個數值，是運算子的概念，z 是指數位系統中的相對次數順序關係，k 為順序排序，例如 z^{-1} 指往前第一次的數值，z^{-2} 指往前第二次的數值，依此類推 z^{-k} 指往前第 k 次的數值。次數之間的間隔時間就是 T_s 取樣時間。

這樣的轉移函數還需多一點點改變，變成 DSP 數位形式，也就是差分方程式，將式子 1.8.22 左右交叉相乘，得差分方程式如式子 1.8.23：

$$Y(z) - A_3Y(z)z^{-3} - A_2Y(z)z^{-2} - A_1Y(z)z^{-1} =$$
$$B_3X(z)z^{-3} + B_2X(z)z^{-2} + B_1X(z)z^{-1} + B_0X(z) \ldots\ldots\ldots 式\ 1.8.23$$

將 z^{-k} 融入式子中，例如 $Y(z) \times z^{-1} = Y(n\text{-}1)$，意思是往前第一次的 Y(n)值。依此類推 $Y(z) \times z^{-k} = Y(n\text{-}k)$指往前第 k 次的 Y(n)數值，單獨 Y(n)才是 "當次" 的數值。

更新差分方程式如下：

$$Y(n) - A_3Y(n-3) - A_2Y(n-2) - A_1Y(n-1) =$$
$$B_3X(n-3) + B_2X(n-2) + B_1X(n-1) + B_0X(n) \ldots 式\ 1.8.24$$

然而數位補償控制器轉移函數 $H_{Comp}(z)$中，Y(z)是我們想要計算求得的答案，X(z)為控制器的輸入，以電壓模式 Buck Converter 為例，Y(z)即為 Duty 佔空比，X(z)回授誤差。式子 1.8.24 的 Y(z)留在左邊，其餘都移到右邊，更新如下：

$$Y(n) = B_3X(n-3) + B_2X(n-2) + B_1X(n-1) + B_0X(n) +$$
$$A_3Y(n-3) + A_2Y(n-2) + A_1Y(n-1) \ldots\ldots\ldots\ldots\ldots\ldots 式\ 1.8.25$$

簡單口語翻譯一下式子 1.8.25：

『本次輸出 Duty 佔空比＝B3x 往前第三次誤差＋B2x 往前第二次誤差＋B1x 前一次誤差＋B0x 本次誤差＋A3x 往前第三次輸出佔空比＋A2x 往前第二次輸出佔空比＋A1x 前一次輸出佔空比』

有此翻譯文，應該已經很快抓到重點？

是的！整個數位控制迴路要做的，就是這些而已，DSP 要做的計算就是每隔 T_S 時間進行取樣讀值 V_{O_ADC}，並計算誤差 $X(n)=(V_{REF}-V_{O\_ADC})$，再代入式子 1.8.25，即可求得當次的輸出 Duty 佔空比。

以 Microchip SMPS Lib 為例，使用者可設定 dsPIC33 每隔 T_S 時間進行取樣讀值，並於 ADC 轉換完成後進入相應 ADC 中斷，而進入 ADC 中斷後，即可計算誤差 $X(n)=(V_{REF}-V_{ADC})$，隨後呼叫 Microchip 數位電源 SMPS Lib（第四章說明如何使用），Lib 的組合語言副程式便執行圖 1.8.18 的複合動作，完成整個差分方程式計算，求得 Y(n)。由於是使用組合語言撰寫，所以執行效率非常高，非常建議使用。

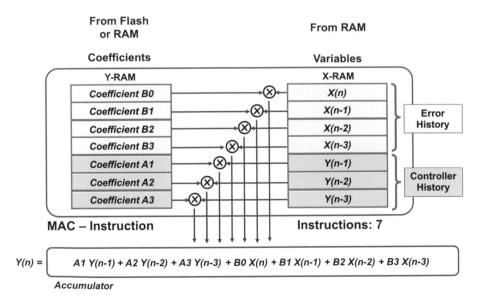

圖 1.8.18 線性差分方程式計算

關於圖 1.8.18 的複合動作有幾個：

➤ *依序使用乘法與加法複合指令 MAC 七次，計算出 Y(n)*

➤ *這次的 X(n) 就是下一次的 X(n-1)，因此計算後，需要捨棄 X(n-3)，並需要遞迴搬移 X(n)、X(n-1)、X(n-2) 至 X(n-1)、X(n-2)、X(n-3)*

➤ *Y(n) 需要被限制最大與最小範圍，例如最大 Duty 與最小 Duty*

➤ *這次的 Y(n) 就是下一次的 Y(n-1)，因此計算後，需要捨棄 Y(n-3)，並需要遞迴搬移 Y(n)、Y(n-1)、Y(n-2) 至 Y(n-1)、Y(n-2)、Y(n-3)*

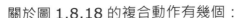

注意，其中 dsPIC33 Accumulator 可以是 40bits（超飽和功能），也可以是 32bits，由使用者決定。

筆者最愛這功能，因為 40bits 能解決飽和計算誤差，以 16 位元 Q15 為例（下一小節解釋 Q15），最大值是 32767，當 32767+1000-1000 應該等於多少呢？一般 DSP 會計算出 31767，因為 32767+1000 還是等於 32767，這是不得已的，已經飽和了，無法再加上去，但這一加一減反而變小，造成最大 Duty 附近時可能因此震盪，尤其筆者開發 UPS 時感受特別深，最小值反之亦然。當使用超飽和功能，計算過程中允許暫存至 40bits，就能避免這樣的問題。

　　整個控制迴路計算還真的就是這麼簡單，隨著極點與零點的增加與減少，僅僅是影響式子的長度變長或縮短，其中推算原理都是一樣的，讀者不妨自己試試推算 Type2(二型) 補償控制器呢！結果就是式子 1.8.22 與式子 1.8.25 中的 3 的相關項次消失（因為少一階），結果如下：

$$H_{Comp\_2P2Z}(z) = \frac{Y(z)}{X(z)} = \frac{B_2 \times z^{-2} + B_1 \times z^{-1} + B_0}{-A_2 \times z^{-2} - A_1 \times z^{-1} + 1}$$ .... 式 1.8.26

$$Y(n) =$$
$$B_2X(n-2) + B_1X(n-1) + B_0X(n) + A_2Y(n-2) + A_1Y(n-1)$$
.... 式 1.8.27

喔喔！忘了一點，那 A_k 與 B_k 參數呢？其中的 A_k 與 B_k 分別為：

$$A_1 = -\frac{\left[-12 + T_S^2\omega_{P1}\omega_{P2} - 2T_S(\omega_{P1} + \omega_{P2})\right]}{(2 + T_S\omega_{P1})(2 + T_S\omega_{P2})}$$ .... 式 1.8.28

$$A_2 = -\frac{\left[12 + T_S^2\omega_{P1}\omega_{P2} - 2T_S(\omega_{P1} + \omega_{P2})\right]}{(2 + T_S\omega_{P1})(2 + T_S\omega_{P2})}$$ .... 式 1.8.29

$$A_3 = \frac{(-2 + T_S\omega_{P1})(-2 + T_S\omega_{P2})}{(2 + T_S\omega_{P1})(2 + T_S\omega_{P2})}$$ .... 式 1.8.30

$$B_0 = \frac{[T_S\omega_{P0}\omega_{P1}\omega_{P2}(2 + T_S\omega_{Z1})(2 + T_S\omega_{Z2})]}{[2\omega_{Z1}\omega_{Z2}(2 + T_S\omega_{P1})(2 + T_S\omega_{P2})]}$$ .... 式 1.8.31

$$B_1 = \frac{\{T_S\omega_{P0}\omega_{P1}\omega_{P2}[-4 + 3T_S^2\omega_{Z1}\omega_{Z2} + 2T_S(\omega_{Z1} + \omega_{Z2})]\}}{[2\omega_{Z1}\omega_{Z2}(2 + T_S\omega_{P1})(2 + T_S\omega_{P2})]}$$ .... 式 1.8.32

$$B_2 = \frac{\{T_S\omega_{P0}\omega_{P1}\omega_{P2}[-4 + 3T_S^2\omega_{Z1}\omega_{Z2} - 2T_S(\omega_{Z1} + \omega_{Z2})]\}}{[2\omega_{Z1}\omega_{Z2}(2 + T_S\omega_{P1})(2 + T_S\omega_{P2})]}$$ .... 式 1.8.33

$$B_3 = \frac{[T_S\omega_{P0}\omega_{P1}\omega_{P2}(-2 + T_S\omega_{Z1})(-2 + T_S\omega_{Z2})]}{[2\omega_{Z1}\omega_{Z2}(2 + T_S\omega_{P1})(2 + T_S\omega_{P2})]}$$ .... 式 1.8.34

是不是眼花繚亂還是心花怒放呢？別擔心，第四章會說明如何套用 Microchip DCDT 工具，自動計算這些參數供使用者參考，如右圖 1.8.19 所示。

| Bode Plots | Calculations | Nyquist Plots | Root Locus | Step Response |

Compensator Coefficients

☐ Normalization

a0	1.000000
a1	1.305148
a2	-0.188098
a3	-0.117050

b0	3.015956
b1	-2.710976
b2	-3.008395
b3	2.718537

☐ Implement Kuc Gain

PWM

| Bits of Resolution | 12.203648 |
| Gain | 2.120e-04 |

| Kuc Gain | 5.004151 |

圖 1.8.19 DCDT 自動計算參數

1.8.5. Q 格式

上一小節已經完整描述 DSP 的計算流程，但有個問題暫時被忽略，若使用定點運算器，那麼浮點數的計算該如何處理？不太可能參數都剛好是整數，並且就算是整數，16 位元都拿來表示整數，例如 8 等於 2 的 3 次方，浪費整整 13 位元的解析度，計算誤差會非常大。

因此一般我們使用所謂 Q 格式的計算方式，這節僅是解釋何謂 Q 格式以及計算的過程，實際應用時，現在的 DSP 本身與工具都可以做到自動搭配使用，工程師已經不用像筆者以前一樣，自己得小心 Q 格式有沒有錯亂。理解 Q 格式之前，我們可以先理解計算過程的 "相對值與絕對值" 關係，舉個例子，我們都知道 V=I x R 對吧，用實際例子來看，假設是 1A x 10Ω=10V，當 R 變成 0.1Ω，那麼式子應變成 1A x 0.1Ω = 0.1V。

此時我們假設幾個基底值參數：
V_{Base}=10V
I_{Base} =1A
R_{Base}=10Ω

1A x 10Ω=10V 可以修改成 $(1 \times I_{Base}) \times (1 \times R_{Base}) = 1 \times V_{Base}$，所以當 R 變成 0.1Ω，也就是縮小 0.1 倍，是不是剛好是 $(1 \times I_{Base}) \times (0.1 \times R_{Base}) = 0.1 \times V_{Base}$。

為了更好理解，我們整理一下式子，$(I_Q \times I_{Base}) \times (R_Q \times R_{Base}) = V_Q \times V_{Base}$，其中兩邊恆等式關係保值不變，並且：
V_Q：相對於 V_{Base} 的比例值
I_Q ：相對於 I_{Base} 的比例值
R_Q：相對於 R_{Base} 的比例值

聰明的你是不是已經猜到筆者要說什麼呢？再給個提示：
$I_Q \times R_Q = V_Q$

猜到了嗎？多動腦有益於預防頭腦變鈍哦！

是的，事實上基底值是人為根據恆等式的關係所定義出來的固定值，也就是 "絕對值關係" 。而比例值則是用來記錄相對於基底值的比例變化值，也就是 "相對值關係" 。既然絕對值是不變的（人為根據實際應用去定義基底值），那麼計算過程根本不需要基底值，只要計算相對值即可。當我們知道電阻縮小 0.1 倍，電流不變，自然就知道電壓會縮小 0.1 倍，不需要知道基底值是多少。當需要知道實際值時，再計算 V_Q x V_{Base}= V，就能得知實際值囉！

繼續猜猜，跟數位控制有什麼關係？跟 Q 格式八竿子打不著呀！！

咱們故事繼續說下去，假設 ADC 有 12 位元解析度，而其參考電壓為 3.3V，再假設輸出電壓 100V，經過電阻分壓，到了 ADC 引腳電壓為 1V，再經過 ADC 轉換後，得到約數位數值 1241 counts。

基本上 DSP 根本不知道 1241 代表什麼，也不需要知道，因為輸出電壓跟此值就是存在一個固定比例（前面解釋過等於 K_{FB} x K_{ADC}），且 DSP 計算時根本不需要知道實際值是多少，只需要相對值即可，例如控制迴路的 V_{REF} 數位值就是 1241 counts，DSP 只需要想辦法與 1241 之間的誤差盡可能快速縮小，DSP 需要知道 1241 代表什麼？

所以數位控制迴路的計算過程都是忽略基底絕對實際值，相關計算都是根據相對比例值，而此比例值就存在著浮點問題，Q 格式法就是用來解決比例值的浮點問題。

有些讀者可能有個疑問，補償控制器是在類比設計好的，使用的都是實際數值，到了數位卻忽略實際數值，不會有比例問題？

這是個很棒的問題，再給個提示：K_{UC}。

筆者只有說計算過程忽略，並沒有說數位控制器全然忽略，中間比例差異已經被 K_{UC} 修正了，還記得嗎？忘了趕緊翻回 K_{UC} 計算章節回顧一下。☺

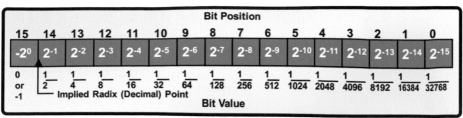

圖 1.8.20 Q15 示意圖

1

　　假設使用 16 位元定點 DSP，亦即 DSP 能夠用來表達數值大小的位元是 16 位元，由於需要扣掉一個位元用來表達正負數，所以真正能夠表達數值大小的位元只有 15 位元。

　　參考圖 1.8.20，簡單表示 Bit 0～Bit 15，其中 Bit 15 用來表達正負數，稱為符號位元。圖中的小數點位置介於 Bit 14 與 Bit 15 之間，所以所有的數值都是小於 1，並且表達有號數（或稱有符號數）的格式是遵循 2 的補數格式（2's Complement Format）。

　　其中：

➢　*最小值：0xFFFF = 0b1111 1111 1111 1111 = -1*
　　計算方式為：$-2^{15}+2^{14}+2^{13}+…+2^0 = -32768$
　　也就是最小值是 -32768，代表著 -1

➢　*最大值：0x7FFF = 0.999969482422*
　　計算方式為：$2^{15}+2^{14}+2^{13}+…+2^0 = 32767$
　　也就是最大值是 32767，代表著 0.999969482422
　　注意最大並非是 1

➢　*數值 0 在 Q15 表示方式下還是 0，沒有改變*
　　所以 Q 格式下，大於 0 就是正數，小於 0 就是負數，不會產生混淆的況狀。

所以 Q 格式表達的是數值的比例而不是真實數值，亦即不是表達絕對數值。關於 Q 格式表達的比例大小，算法可以參考上面計算方式。

有些讀者可能這時又有疑問了：那基底值是多少呀？

這問題很容易回答，繼續以輸出電壓為例，假設輸出電壓 100V 在 ADC 引腳上的電壓是 1V，而 ADC 引腳的最大電壓限制是 3.3V，那麼相對於 3.3V 的 ADC 引腳電壓，輸出電壓是 330V，那麼輸出電壓 V$_{Base}$ 不就是 330V？（不含 K$_{FB}$ 與 K$_{ADC}$ 比例）

由於 330V 是最大的容許電壓範圍，所以此範圍內的 Q 比例值就應該都是小於 1，剛好符合我們使用 Q15，15 個位元全用來表示浮點的設計初衷。☺另外 Q15 x Q15 = Q30，這樣對於 32 位元的累加器不方便，因為 32 位元應該是 Q31，避免搞混小數點的位置，所以很多 DSP 支援自動進一位的功能，例如 dsPIC33 支援這樣的功能，當執行 Q15 x Q15 會等於(Q15 x Q15)x2^1=Q31，通常這樣的功能並非強制性，使用者自行決定使用與否，反之，使用者需要隨時注意是否開啟或關閉，否則答案可是了差一倍。

1.8.6. 計算延遲影響

前面式子 1.8.11 提及過：$\phi_{ZOH} = 360° \times F_C \times T_S$，補償控制器從類比轉到數位控制器後，因為 ADC 的緣故造成 P.M.相位餘裕損失。

然而還有一個壞消息跟一個好消息還沒公佈：

➢ *壞消息：*

相位餘裕損失除了 ϕ_{ZOH}，還有另一個稱為 ϕ_{Delay}

$$\phi_{Delay} = 360° \times F_C \times k \times T_S \text{.................................... 式 1.8.35}$$

ϕ_{Delay} 幾乎跟 ϕ_{ZOH} 一模一樣，唯一多了一個 k 參數。

> *好消息：*

上式 1.8.35 中的 k 參數最大為 1，最小為 0，所以最差情況 k=1，而最佳情況則 k=0。但千萬別高興太早，因為數位控制理論下，k "不可能" 等於 0。

由於 Φ_{Delay} 幾乎跟 Φ_{ZOH} 一模一樣，所以除了 k 之外，能改善的方式可以參考 Φ_{ZOH}，本小節不再贅述，我們在此節討論一下從 k 改善的可能性。

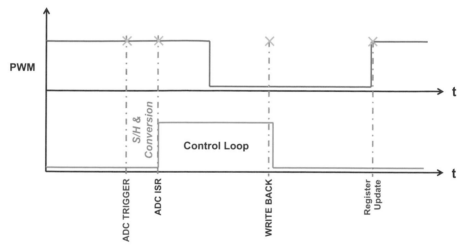

圖 1.8.21 控制迴路計算的時間點與長度

參考圖 1.8.21，上下兩個方波，上面為主 PWM 驅動波形示意圖，下面為相對於 PWM 波形，控制迴路計算的時間點與長度。

假設 PWM 佔空比為 50%，首先固定於 1/2 On-Time 的位置進行 ADC 取樣、保持與轉換（S/H & Conversion），當 ADC 完成轉換後，進入 ADC 中斷服務函式 ISR，接著便執行控制迴路計算（例如 3P3Z 計算），計算後 DSP 會更新佔空比 "暫存器"（注意，此時僅是更新暫存器，實際佔空比尚未改變，因為此週期尚未結束），而後便退出 ADC 中

斷服務函式，直到下一週 PWM 的上升緣瞬間，PWM 模組開始輸出新的佔空比，完成一次完整的控制週期。

接著，假設所有的動作都不變，唯一改變 ADC 取樣的時間點，移動並固定到於 1/2 Off-Time 的位置，然後見證奇蹟的時刻就到了！請看下面示意圖 1.8.22：

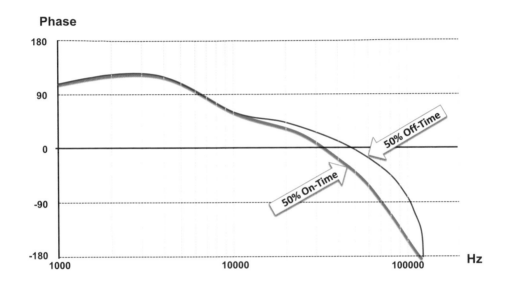

圖 1.8.22 相位變化圖

頻率於奈奎斯特頻率時，相位一定對落於-180 度，這個現象已經解釋過，也無法改變，但改變 ADC 取樣的位置可以明顯觀察到相位落於-180 度的速度變緩，這對於 P.M.的改善效果顯著，那麼問題來囉，所以這一來一往 k 是多少？

前面提過，k 參數最大為 1，將 ADC 取樣的時間點 "往左移動"，移動到 "此次" PWM 上升緣的瞬間，此時 k＝1。反之，將 ADC 取樣的時間點 "往右移動"，移動到 "下一個" PWM 上升緣的瞬間，此時 k＝0。k＝0 豈不是皆大歡喜！？類比電源計算速度非常之快，所以 k 可以假設為

0，所以類比電源並沒有這一項相位餘裕損失，但數位控制不可能不需要計算時間，而且不短，所以 k 只能想辦法縮小，但不可能為 0。

參考下式為 k 的計算公式：

$$k = \frac{T_{Latency}}{PWM\ Period}$$ ·· 式 1.8.36

分母是 PWM Period（PWM 週期時間），是指每一個 PWM 都觸發 ADC 取樣一次，並且計算一次補償迴路計算。分子是從 ADC 被觸發取樣與轉換開始計算，至下一次 PWM 上升緣為止。

假設補償迴路計算結束，並更新佔空比暫存器後，剛好下一次 PWM 上升緣緊跟在後，這是最佳狀況，那麼整體延遲（Overall Latency）就如圖 1.8.23 所示。

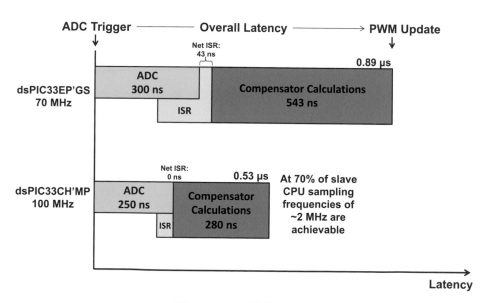

圖 1.8.23 數位延遲 $T_{Latency}$

完整的數位延遲 $T_{Latency}$ 包含 AD 取樣到下一個 PWM 上升緣的時間，圖 1.8.23 列出關鍵的時間影響，依序為：

➤ *ADC 轉換時間*

例如 Microchip dsPIC33EP 系列約 300ns，C 系列縮短到 250ns

➤ *進入 ADC ISR 所需的切換時間*

Microchip 部分 dsPIC33 可以辦到 ADC 還在轉換中，就已經提早觸發中斷，讓 ADC 轉換完成的瞬間剛好進入 ISR，又省了一些延遲時間，例如 Microchip dsPIC33EP 僅需 43ns，新的 C 系列縮短到 0ns

➤ *ISR 整體時間，包含兩個時間：*

● *進出 ISR 時，需要對重要工作暫存器做備份與恢復，相當耗時，Microchip 新的 dsPIC33 已經支援多重工作暫存器翻頁功能，這個時間可以完全省略下來。*

● *補償控制器計算時間，這方面主要取決於 SMPS Lib 的精簡程度與 DSP 的 MIPS*

以 3P3Z 為例，Microchip dsPIC33EP 僅需 543ns，新的 C 系列縮短到 280ns

假設 PWM 200kHz，PWM 週期時間等於 5us，假設使用 Microchip dsPIC33C 系列，k=0.57/5=0.114。

若 F_C = 10kHz，T_S=5us，可以算出：

$$\phi_{Delay} = 360° \times 1e^4 \times 0.114 \times 5e^{-6} = 2.052°$$

僅損失 2.052°，是不是挺強大的！

若發生下一個 PWM 上升緣前還沒計算完，導致整整慢了一週多才更新佔空比，會發生什麼事？公式還適用嗎？

還記得這些都來自一個重要的頻率：奈奎斯特頻率 F_N。

公式不變，一樣是可正確計算，但因整整慢了一週才更新，奈奎斯特頻率 F_N 已經不是這個頻率了，因為 T_S 變慢了一倍，F_N 也會變慢了一倍。

　　第四章會帶著讀者一步步完成數位控制迴路設計，在那之前，我們先看一下結果，感覺一下 Φ_{Delay} 與 Φ_{ZOH} 對系統的實際影響。

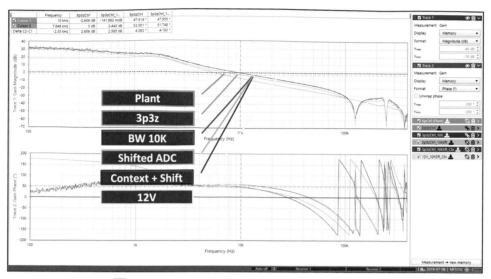

圖 1.8.24 Gain & Phase v.s. Φ_{Delay} & Φ_{ZOH}

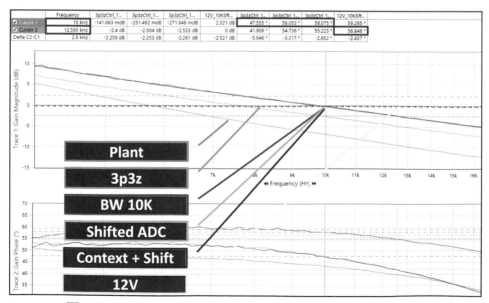

圖 1.8.25 Gain & Phase v.s. Φ_{Delay} & Φ_{ZOH} （Zoom In）

圖 1.8.24 是筆者從另一塊用於 Microchip Taiwan RTC 的電源實驗板上所量到的波德圖，圖 1.8.25 是其區域放大圖，此為電壓模式 Buck Converter，其 PWM 頻率 F_{PWM} 為 250kHz，T_S=1/250kHz=4us，F_N=175kHz，其中：

（於負回授系統迴路上，量到 0 度就是-180 度！第二章跑模擬時會舉例說明。）

➢ *Plant：透過 K_P 控制，可以實際量得 Plant 開迴路增益*
（第四章將劇透如何達成）

➢ *3P3Z：指 k=1 的情況下，整個系統的開迴路增益*
P.M. 剩下 47.555 度

➢ *BW10K：微調系統頻寬至 10kHz*
（一個很有用的小技巧，留待第四章劇透）

➢ *Shifted ADC：儘可能縮小 k，提升 P.M.*

  ● *Context+Shift：將 ADC 的取樣觸發點往右移以外，更使用 Microchip dsPIC33 的特有多重工作暫存器功能，極大化縮小 k，大幅提升 P.M.。仔細觀察相位圖，還能驗證一個現象，當 k 逐步縮小時，落後至 -180 度的速度是趨緩的，最後 P.M. 提升至 58.075 度。*

  ● *12V：指輸入電壓從 9V 提升至 12V，頻寬從 10kHz 變成 12.595kHz，說明輸入電壓會直接影響系統增益與頻寬，電壓提升，頻寬上升，P.M. 會下降，此例的 P.M. 因而下降至 56.848 度。*

聰明如你，有沒有發現一個問題， F_N 不是應該固定在 175kHz，增益圖看起來沒錯，但相位圖怎麼不固定，而且有些甚至更低頻？

那是因為 **3P3Z** 中有個極點相對高頻，並且 k 值太大，導致系統提早落後到 -180 度，並非 F_N 的實際位置。

1.9 混合式數位與全數位電源設計工具

　　本節主要介紹與安裝後續會使用到的一些混合與全數位電源設計工具。
MPLAB® X IDE

　　無論是設計混合電源或全數位電源，都離不開需要寫程式的基本要求，
因此讀者需要先認識最基本的寫程式環境。本書僅使用 Microchip 的
MCU（PIC16 與 dsPIC33 系列）作為設計範例，因為相對簡單且工具共
用，對於讀者而言，肯定是最佳入門混合式與全數位電源的不二之選。

　　然而 MPLAB® X IDE 功能相當強大，本書不做過多的功能敘述，此
節僅介紹用途，後續章節會提到相關操作，若需要更多訊息，建議參加
Microchip 的各種培訓活動。

　　簡單而言，MPLAB® X IDE 就是 Microchip 所提供的一個全方位開
發環境，適用於該公司 MCU 產品的共用開發平台，可以於官網下載其最
新版本，此開發平台是免費的，參考下列網址與圖 1.9.1，此平台目前提
供 Windows、Linux 與 Mac 等不同版本配合不同電腦操作系統，方便跨
平台開發：

　　https://www.microchip.com/mplab/mplab-x-ide

　　安裝後，第一次開啟 MPLAB® X IDE，畫面大致上應是類似圖 1.9.2。
若讀者有申請 Microchip 免費帳號，可以於此處登入，方便直接瀏覽或查
詢個人帳號的一些訊息，甚至是直接採購零件或是開發板。

　　基本使用手冊可以參考 "MPLAB® X IDE User's Guide" 如下網址：
　　http://ww1.microchip.com/downloads/en/DeviceDoc/50002
027E.pdf

　　裡頭具備完整的使用說明。

Title	Date Published	Size	D/L
Windows (x86/x64)			
MPLAB® X IDE v5.35 SHA-256: 57b6cecfcb1e7f4e41046602efaf120d3030178576518ab69403da03b0c58c63	2/28/2020	1.01 G	
MPLAB® X IDE Release Notes / User Guide v5.35	2/28/2020	10.86 MB	
Linux 32-Bit and Linux 64-Bit (Required 32-Bit Compatibility Libraries)			
MPLAB® X IDE v5.35 SHA-256: acd6a709ece1693500cee971357443ca6cf7d6131d73cbce71825339c0419c27	2/28/2020	958 MB	
MPLAB® X IDE Release Notes / User Guide v5.35	2/28/2020	10.86 MB	
Mac (10.X)			
MPLAB® X IDE v5.35 SHA-256: 0aa76c8bba9e99c601da9743c068289c63b70d0e060e74edb10099bf7ad2fa4e	2/28/2020	849.6 MB	
MPLAB® X IDE Release Notes / User Guide v5.35	2/28/2020	10.86 MB	

圖 1.9.1 MPLAB® X IDE 下載

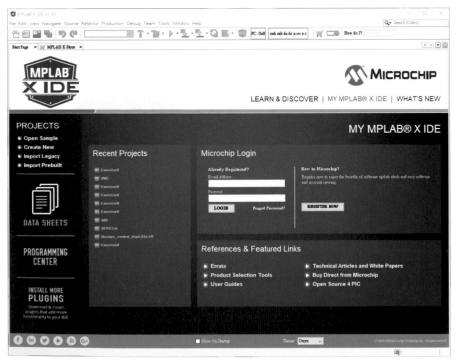

圖 1.9.2 MPLAB® X IDE v5.35

1.9.1. **MPLAB® XC Compilers**

MPLAB® X IDE 主要提供一個開發環境，然而有環境還得有個工具將工程師的程式 "翻譯" 成 MCU 能夠理解的指令，這樣 MCU 才能正確依照工程師的指示處理任務。

Microchip 根據不同的產品線提供不同的相應組譯器（Compiler），通稱 MPLAB® XC Compilers，參考下面官方網址與圖 1.9.3：
https://www.microchip.com/mplab/compilers

MPLAB® XC Compilers

Overview

Available as free, unrestricted-use downloads, our award-winning MPLAB® XC C Compilers are comprehensive solutions for your project's software development. Finding the right compiler to support your device is simple:

- MPLAB XC8 supports all 8-bit PIC® and AVR® microcontrollers (MCUs)
- MPLAB XC16 supports all 16-bit PIC MCUs and dsPIC® Digital Signal Controllers (DSCs)
- MPLAB XC32/32++ supports all 32-bit PIC and SAM MCUs and MPUs

Are you looking for code optimizations? Our free MPLAB XC C Compiler comes with the majority of the optimizations you need to reduce your code by up to 70% and increase efficiency. Specifically, the free compiler contains these optimizations:

- -O0 - Ensures that your code is in its pristine state
- -O1 - Invokes all optimizations that won't affect debugging
- -O2 - Invokes a balanced set of speed and size optimizations

圖 1.9.3 MPLAB® XC Compilers 介紹網頁

本書所有完成的範例都是使用免費版本即可，若需優化程式或高階語法功能，讀者需自行考慮是否使用付費版本。另外：
混合電源使用 PIC16 系列，因此需要安裝 XC8 組譯器。
全數位電源使用 dsPIC33 系列，因此需要安裝 XC16 組譯器。

並於網頁下方可以找到相應的組譯器後下載與安裝，如圖 1.9.4。

MICROCHIP			☰
Documentation and Documents	Compiler Download	Functional Safety Compiler Downloads	Compiler FAQs

Compilers

The MPLAB XC Compilers only support computers with processors designed with the Intel® 64 architecture.

Title	Date Published	Size
Windows (x86/x64)		
MPLAB® XC8 Compiler v2.31 SHA-256: 9648dda5737195091cb0aa0fba4d49709e1a98b59d81fe03ff87f6b1e77098de	10/30/2020	67.7 MB
MPLAB XC16 Compiler v1.60 SHA-256: 99f5232ea6bfc1290cfd0587d3e876590f291e47d923c759af22a28594fb77e5	8/14/2020	100.9 MB
MPLAB XC32/32++ Compiler v2.50 SHA-256: bc10feff1533b1cf798234538aba01eae864af1955ed4f5a9d15523d4a073594	9/21/2020	413.1 MB

圖 1.9.4 MPLAB® XC Compilers 下載

同樣的，組譯器也有操作系統之分，目前提供 Windows、Linux 與 Mac 等不同版本配合不同電腦操作系統，方便跨平台開發。

1.9.2. MPLAB® Code Configurator (MCC)

人們常說：萬事起頭難！這句話用在學習一顆不熟悉的 MCU 上，實在是最恰當不過了。上一節 1.9.1 提到開發平台，節 1.9.2 介紹了組譯器來翻譯我們所寫的程式，那麼問題很就快來了，要寫什麼？尤其是不熟悉的 MCU 怎麼下手？

Microchip 提供了一套工具稱為 "MPLAB® Code Configurator (MCC)"，此工具超棒的關鍵在於協助工程師快速建立一個有基本功能的專案程式，例如電源需要 ADC、PWM、...等等，只要透過 MCC 工具勾勾選選，可快速完成整個基本程式架構與相關副程式，於後面動手實驗的章節可以體驗其強大之處。

此工具的安裝可以透過網路下載，或是直接於 MPLAB® X IDE 直接尋找並安裝（電腦需連網），點選『Tools』>『Plugins』（如下圖 1.9.5），叫出 Plugins 相關工具的安裝視窗，如圖 1.9.6。

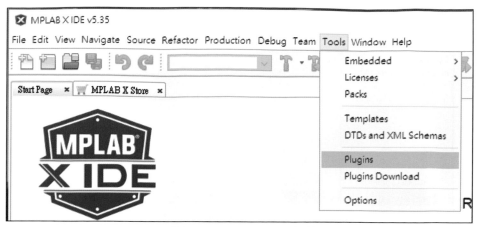

圖 1.9.5 Plugins 安裝路徑

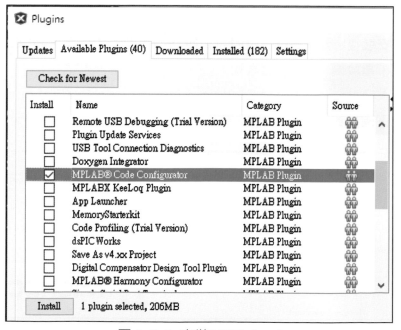

圖 1.9.6 安裝 MCC（一）

圖 1.9.6 中，點選『Available Plugins』後尋找『MPLAB® Code Configurator』並勾選。勾選後點選 "Install" 進行安裝，由於需要連網下載安裝，所以整個安裝過程需要一些時間，如圖 1.9.7。

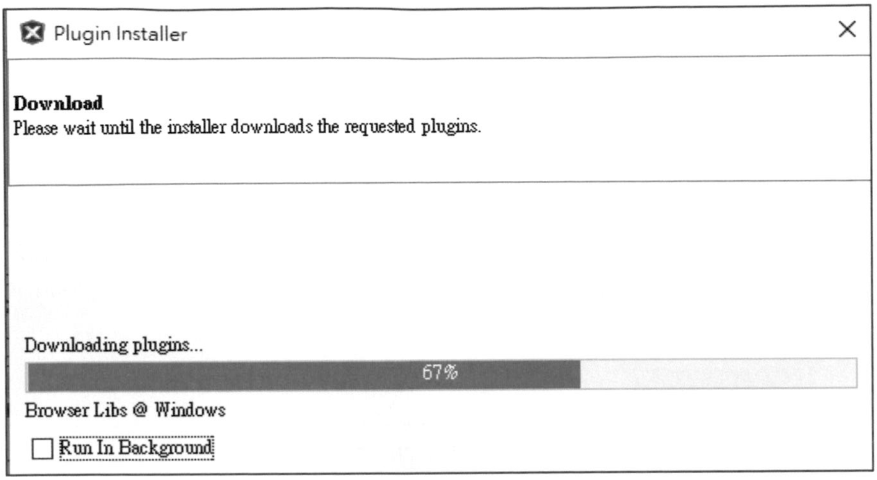

Plugin Installer　　　　　　　　　　　　　　　　　　　×

Download
Please wait until the installer downloads the requested plugins.

Downloading plugins...

|　　　　　　　67%　　　　　　　|

Browser Libs @ Windows
☐ Run In Background

圖 1.9.7 安裝 MCC（二）

安裝後，建議選擇 "Restart Now" 重啟 IDE，確保 MCC 能夠順暢運行。重啟後，可以試著尋找：

『Tools』>『Embedded』>『MPLAB® Code Configurator...』，若能正確找到如下圖 1.9.8，表示完成安裝。

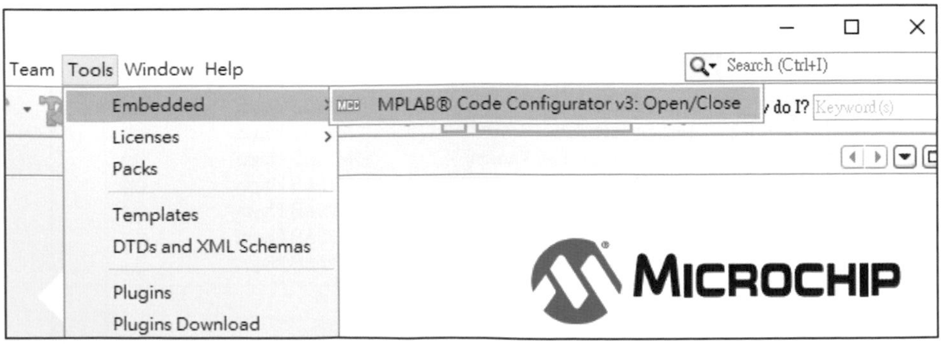

Team　Tools　Window　Help　　　　　　　　Q▾ Search (Ctrl+I)

Embedded　　　　▸ MCC MPLAB® Code Configurator v3: Open/Close　do I?
Licenses　　　　▸
Packs

Templates
DTDs and XML Schemas

Plugins
Plugins Download

MICROCHIP

圖 1.9.8 安裝 MCC（三）

1.9.3. **MCC SMPS Power Library**

　　上節提到的 MCC 工具非常強大，不僅如此，Microchip 更另外提供一套 MCC 的外掛套件，屬於 MCC 的上層套件，用更接近電源硬體的角度配置 MCU，配置後該套件自動去設定 MCC，利用更貼近硬體規格的介面方式讓使用者進行設定，從而產生所需的應用程式，非常的便利與快速。

　　此套件主要是配合 PIC16 做混合式數位電源所用，不適用於 dsPIC33 做全數位電源。這個外掛套件安裝過程稍微不同，請到下面網址下載最新版：

https://www.microchip.com/mplab/mplab-code-configurator

圖 1.9.9 下載 MCC SMPS Power Library

　　下載後，於 IDE 上，點選『Tools』>『Options』，叫出 Options 視窗，如圖 1.9.10 與圖 1.9.11。

圖 1.9.10 安裝 MCC SMPS Power Library（一）

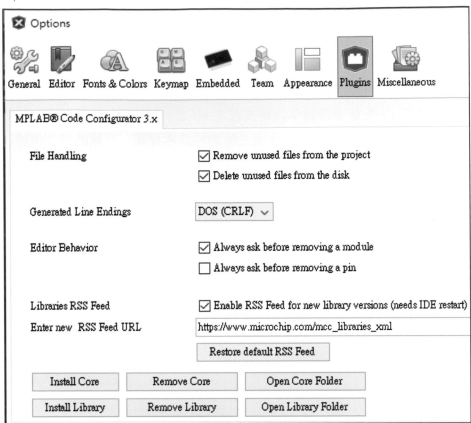

圖 1.9.11 安裝 MCC SMPS Power Library（二）

圖 1.9.12 安裝 MCC SMPS Power Library（三）

Option 視窗中點選『Plugins』（參考圖 1.9.11），並點選 "Install Library"，而後會出現檔案選擇視窗，請指向前面下載好的檔案（例如：SMPSPowerLibrary-1.4.0.mc3lib）後安裝。

檔案很小，先別急著出門溜達，基本上就是幾秒鐘的事，接著出現如圖 1.9.12 視窗，表示已經正確安裝完成囉！

1.9.4. **Digital Compensator Design Tool (DCDT)**

上一節 MCC SMPS Power Library，是專門給工程師們快速完成一個混合電源設計專案的開發工具，那全數位電源該怎麼辦呢？

別擔心，Microchip 同樣提供 "一套" 很讚的開發工具，包含兩個主要成員：

➢ *Digital Compensator Design Tool (DCDT)：*
  補償器配置與模擬工具

➢ *SMPS Control Library：*
  全數位補償器組合語言程式庫

DCDT 用來調整與設計補償器（直覺式的畫面），進而產生數位化參數的開發工具，SMPS Control Library 則是用於 dsPIC33 的全數位補償器組合語言程式庫，將庫匯入應用程式中，並導入 DCDT 產生的參數，基本控制計算迴路即可完成。

DCDT 安裝方式類似 MCC，點選『Tools』>『Plugins』（如前圖 1.9.5），叫出 Plugins 相關工具的安裝視窗，如圖 1.9.13。

圖 1.9.13 中，點選『Available Plugins』後尋找『Digital Compensator Design Tool Plugin』並勾選，勾選後點選 "Install" 進行安裝。

請注意，同樣需要連網下載安裝，所以請確認電腦是否保持連網狀態。

由於檔案不大，約 4MB，大約一分鐘就可以看到安裝完成的畫面，
同樣建議選擇 "Restart Now"，重啟 IDE，確保此工具能夠順暢運行。

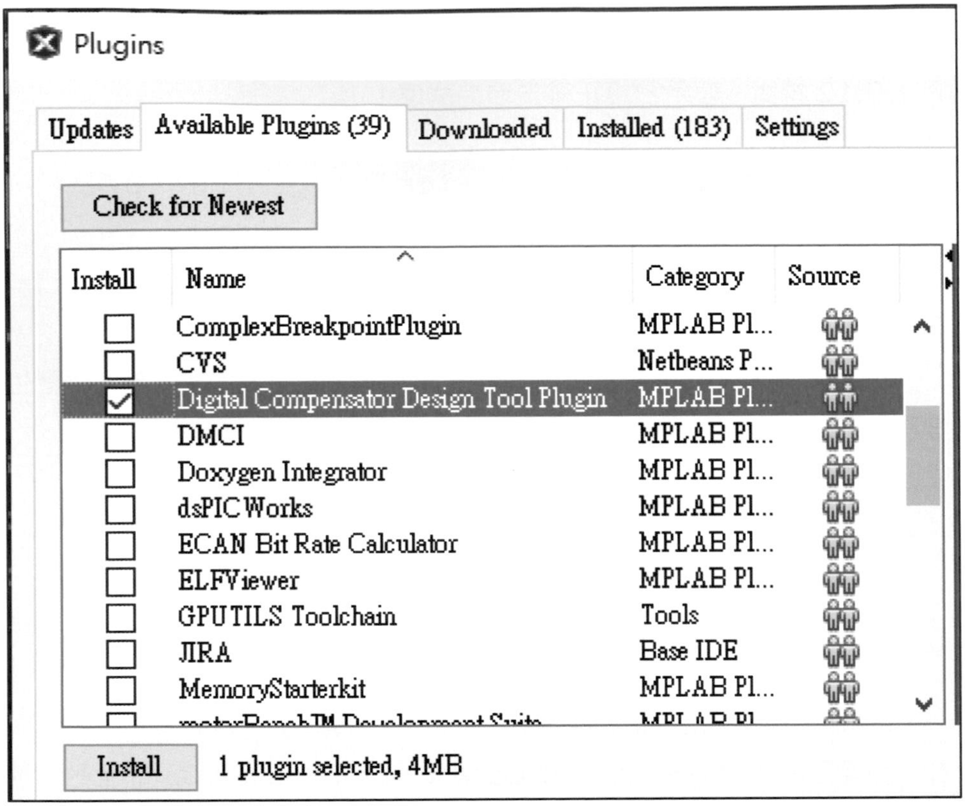

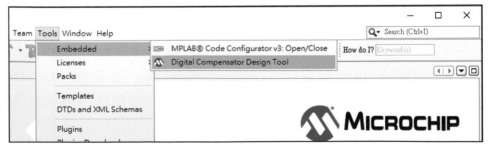

圖 1.9.13 安裝 DCDT（一）

圖 1.9.14 安裝 DCDT（二）

重啟後，可以試著尋找：

『Tools』>『Embedded』>『Digital Compensator Design Tool』，若能正確找到如圖 1.9.14，表示完成安裝。

1.9.5. SMPS Control Library

上一節已經說明，此 SMPS Control Library 是屬於全數位電源開發工具中的一環，其本身只是全數位補償器組合語言程式庫，所以不需要安裝，僅需上網下載後，於開發過程中，匯入應用程式中即可。

請於下面網址下載，如圖 1.9.15。

https://www.microchip.com/DevelopmentTools/ProductDetails/DCDT

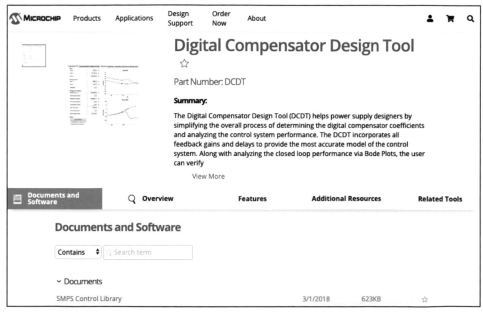

圖 1.9.15 下載 SMPS Control Library

解壓縮後，基本上可以看到組合語言庫的原始碼。如何匯入此庫，之後實際操作的章節將進行更詳細的說明。

1.10 波德圖量測基本技巧

本書所實際量測的波德圖都是採用 OMICRON Lab 所開發的向量網路分析儀（Vector Network Analyzer） - Bode 100。

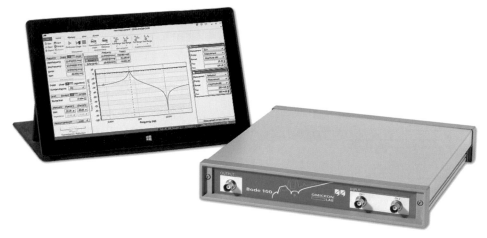

圖 1.10.1 向量網路分析儀- Bode 100

一般量測電源波德圖的設備，亦稱為頻率響應分析儀 FRA（Frequency Response Analyzer），此 Bode-100 的功能不僅是 FRA，還能量測很多數據，基本功能包含：

➢ *Frequency Response Analyzer*
若搭配更多配件，例如電壓或電流注入變壓器（Injection Transformer），還能做更多不同的頻率響應量測，例如 PSRR、BCI。
➢ *Gain/Phase Meter*
電源增益與相位量測
➢ *Impedance Analyzer*
典型實際 RLC 阻抗量測
➢ *Sine Wave Generator*
亦可當作大頻率範圍的正弦波產生器

支援的量測範圍涵括： 1 Hz to 50 MHz。

詳細規格參考如下：

1. Signal Source (OUTPUT)

Waveform	Sinusoidal
Frequency range	1 Hz to 50 MHz
Signal level range	-30 dBm to 13 dBm 0.007 V_{RMS} to 1 V_{RMS} (@ 50 Ω load)
Source level accuracy	± 0.3 dB (1 Hz to 1 MHz) ± 0.6 dB (1 MHz to 50 MHz)
Source level frequency response (flatness)	± 0.3 dB (typical, referring to 10 MHz)
Frequency accuracy after adjustment	± 2 ppm ± quantisation error (= 0.5 · step size)
Frequency stability	± 2 ppm (< 1 year after adjustment) ± 4 ppm (< 3 years after adjustment)
Frequency step size / resolution	0.00605 Hz (1 Hz to 100 Hz) 0.03632 Hz (100 Hz to 50 MHz)
Source impedance	50 Ω
Return loss (1 Hz to 50 MHz)	> 30 dB, > 35 dB (typical)
Spurious signals & harmonics	< -55 dBc (typical)
Connector type	BNC

2. Inputs (CH1, CH2)

Input impedance (software switchable)	**High:** 1 MΩ ± 2% || 40...55 pF **Low:** 50 Ω
Return loss @ 50 Ω input impedance	> 28 dB, > 35 dB typical (1 Hz to 50 MHz)
Receiver bandwidth - RBW (software selectable)	1 Hz, 3 Hz, 10 Hz, 30 Hz, 100 Hz, 300 Hz, 1 kHz, 3 kHz, 5 kHz
Noise floor (S21 measurement) RBW = 10 Hz, P_{SOURCE} = 13 dBm, Attenuator CH1: 20 dB, CH2: 0 dB	1 Hz to 10 kHz: -115 dB (typical) 10 kHz to 10 MHz: -125 dB (typical) 10 MHz to 50 MHz: -105 dB (typical)
Input attenuators (software selectable)	0 dB, 10 dB, 20 dB, 30 dB, 40 dB
Input sensitivity / range	100 mV_{RMS} full scale @ 0 dB input attenuator 10 V_{RMS} full scale @ 40 dB input attenuator
Input channels dynamic range	> 100 dB (@ 10 Hz RBW)
Gain error	< 0.1 dB (User-Range calibrated)
Phase error	< 0.5° (User-Range calibrated)
Connector type	BNC

1.10.1. 注入訊號位置與量測

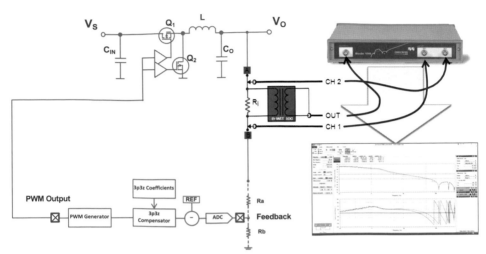

圖 1.10.2 注入訊號與量測示意圖

　　波德圖的量測，主要是對系統注入一個低失真的弦波，然後觀察系統兩量測點間的相對增益與頻率變化，然而相較於電源的功率等級，分析儀能注入的只是微小訊號等級，因此一般是直接注入到回授路徑上，如圖 1.10.2 所示，因為這個路徑僅是小訊號等級，分析儀能直接影響回授訊號（於原本的回授訊號上再疊加一個 AC 訊號），與圖中的 Rj 可以想像成一個理想電壓源，疊加於原本的回授訊號上，經過 Ra 與 Rb 分壓後，進入補償控制器。

　　Bode-100 網路分析儀的輸入與輸出之間並沒有隔離，並且注入訊號的地與回授訊號的地並非相同，往往是需要隔離的，所以圖中 Bode-100 與 Rj 之間，還需要一顆 1:1 隔離變壓器，此變壓器較為特殊，不僅隔離，頻率範圍也需要夠寬，不能產生失真，造成量測誤差。

　　其中 Rj 又稱為注入電阻，其目的是讓注入訊號有個最基本電流，形成一個理想電壓源的形式，此電阻通常 10~50Ω。

　　假如遇上的是電流控制迴路呢？

　　原理不變，第一步於待測的系統中找到回授路徑，第二步加上 Rj，第三步注入干擾訊號，第四步放置兩個相對量測點（CH1 & CH2），第五步分析 CH1 & CH2 之間的相對增益與相位差異結果是否正確。

1.10.2. 優化注入訊號

　　整個量測過程就是反覆注入訊號與量測比較，因此注入訊號扮演著相當重要的關鍵角色，注入訊號的品質與大小會直接影響量測結果，換言之，有結果不代表正確，需要做點技巧性的確認。尤其是數位電源存在 ADC 解析度限制，過小的訊號甚至可能讀不到，過大卻會發生量測震盪，並且可能量到偏大的 "假" 頻寬。

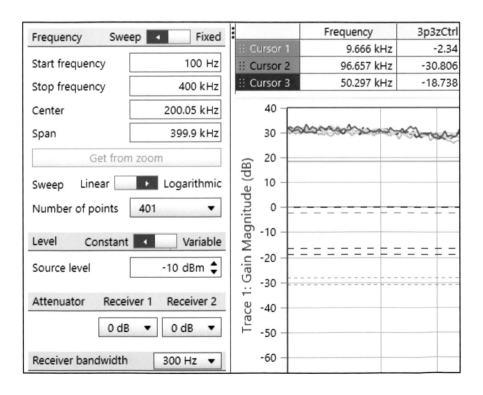

圖 1.10.3 注入訊號

圖 1.10.3 提供一個簡單的範例，波德圖掃描頻率從 100Hz 到 400kHz，"Number of points" 是其掃瞄頻率點數，"Receiver bandwidth" 是掃瞄的頻寬速度。此小節想探討的是 "Level"，也就是注入訊號的增益大小設定。

其中有兩個選項，我們個別探討一下：

➢   *"Constant" or "Variable"*
    此選項決定注入的訊號是固定幅值還是隨著不同頻率範圍而改變？

➢   *"Source level" or "Shape level…"*
    Constant 對應到Source level，設定注入訊號的固定幅值
Variable 對應到Shape level，設定不同頻率搭配不同幅值，如下圖 1.10.4。圖中例子，1kHz 以 13dBm，然後線性遞減，10kHz 之後為 -10dBm。

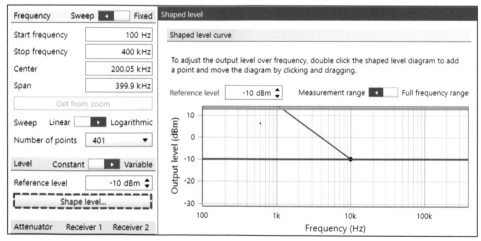

圖 1.10.4 Shape level 範例

時常量測不同應用的波德圖之工程師應該會發現，注入訊號太大時，系統可能因為回授訊號飽和而不穩定震盪，或是系統反應過大造成 Plant 發生質變，或是頻寬會因靠近回授訊號飽和而變動，而此變動是量測誤差，等等原因，量到的並非真實頻寬。所以這裡出現一個問題：系統頻寬量測

正確性？接著，使用者假設知道頻寬不正確，縮小注入訊號，頻寬恢復穩定，但低頻段很可能會震盪，無法判讀，該如何是好？

筆者提供幾個調整步驟供參考，依序：

➤ *一般先設定為 "Constant"，"Source level" 設定注入訊號的固定幅值*

通常是 -30dBm ~ -20dBm

➤ *逐漸加大注入訊號，同時觀察頻寬頻率與附近頻寬的線性度*

當頻寬開始變大，或是線性度開始改變，就是注入訊號已經接近最大臨界值，設定值建議降低 10dBm ~15dBm 以上，或者直接降低設定值到頻寬頻率固定且線性度穩定即可 (前面逐漸加大過程中，順便紀錄適合的設定值)。

➤ *低設定值容易造成結果震盪，無法判讀*

需要加大設定值。若無震盪現象，調整結束。若發生震盪現象，繼續下一步。

➤ *若發生震盪現象，紀錄下振盪的頻率範圍，例如100Hz ~1kHz。*

➤ *將 Level 改為 "Variable"*

並點選 "Shape level..." 呼叫出設定視窗，如圖 1.10.4，並逐步增加100Hz ~1kHz 的幅值，直到震盪消失或是明顯改善。

有時候甚至切更多頻段，例如 100Hz~500Hz 一個幅值，而 500Hz~1kHz 另一個幅值，藉此優化量測結果。

以上順序通常能得到正確且穩定的結果，下列幾個狀況會影響量測：

➤ *量測過程，輸出負載不固定*

負載電流通常會影響系統特性，調整參數過程，不建議變動負載

➤ *量測過程，輸入電壓不固定*

輸入電壓相對於系統整體增益，當輸入電壓不固定時，量到的震盪現象，也可能是系統增益變化中，所以調整參數過程，不建議變動輸入電壓

➢ 輸入來源之輸出阻抗過大

輸出阻抗過大，意思是電源量測過程中，會因為注入訊號的干擾而擾動，輸入電流會跟著擾動，若輸入來源之輸出阻抗過大，與輸入電流產生額外電壓降，造成電源的輸入端電壓也有擾動，同上問題，系統增益跟著輸入改變，此時需要暫時增加輸入電容，去除與來源輸出阻抗的耦合關係。

1.10.3. 數位控制迴路量測

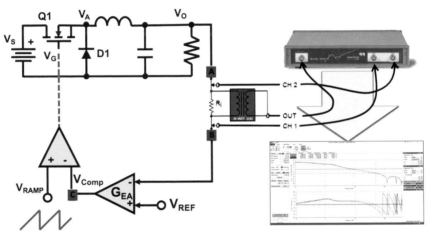

圖 1.10.5 類比電源波德圖量測

回顧一下圖 1.10.2，注入訊號已經確定，那量測位置呢？

先從類比量測分析比較容易，注入訊號位置不變，保持在回授路徑上，而 CH1 與 CH2 決定量測結果是什麼？例如：(參考圖 1.10.5)

➢ *CH1 量 B，CH2 量 A*

B-A *之間，是量測整個系統的開迴路頻率響應*

➢ *CH1 量 B，CH2 量 C*

B-C *之間，是單獨量測補償器頻率響應*

➢ *CH1 量 C，CH2 量 A*

C-A *之間，是單獨量測 Plant 頻率響應*

所以類比量測頻率響應相對簡單，只要找對位置注入訊號，然後理解 CH1 是輸入點，CH2 是輸出點，使用者可以根據需求，配置 CH1 與 CH2 量測位置，就可以量到 CH1 與 CH2 之間的相對增益與相位的頻率響應。

然而數位卻遇上麻煩！！

參考下圖 1.10.6，先想想，似乎少了什麼？

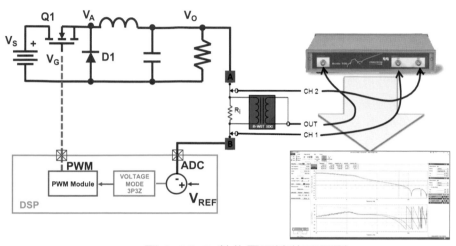

圖 1.10.6 數位電源波德圖量測

對比圖 1.10.5 與圖 1.10.6，量測點從類比量測有 A-B-C 三點，到了數位變成剩下 A-B 兩點，導致電源工程師面臨一個大困難，唯一能量的頻率響應，剩下量測整個系統的開迴路頻率響應：

➢ *CH1 量 B，CH2 量 A（參考圖 1.10.6）*
  B-A 之間，是量測整個系統的開迴路頻率響應

這可怎麼辦呢？筆者好歹也收過幾次好人卡，算是好人一枚，好人做到底 ☺ 關鍵問題來自於 CH1 或 CH2 無法直接 "插" 進 DSP 取得量測點 C，而既然問題在此，解法就同樣於此。

解鈴還須繫鈴人，DSP 產生的限制，就需要 DSP 幫忙解除這個限制，參考圖 1.10.7。其實方法說穿了就沒什麼難度，只要透過一個 DACOUT（Digital-Analog-Converter Output）的機制，將數位補償器的計算結果輸出到引腳上，就能憑空製造出一個量測點 C。至於 DACOUT 可以使用內部的真實 DAC 模組，或是使用高頻 PWM 模組加上外部 RC 濾波器也可以，但需要考慮高頻 PWM 模組加上外部 RC 濾波器的頻寬能力。

有了此量測點 C，接下來其他做法就跟類比一樣了，打完收工！！等等等…還沒收工，既然量測點 C 是我們人為製造出來的，所以誰說只能將數位補償器的計算結果填寫到 DAC 中，可以延伸 DACOUT 的使用功能，當成數位量測點，當工程師需要知道內部某變數的實時值，也可以丟到 DACOUT 上，用示波器實時觀測比對硬體訊號，多酷呢！這也是數位的另一優勢，連除錯方式都可以很特別與彈性。

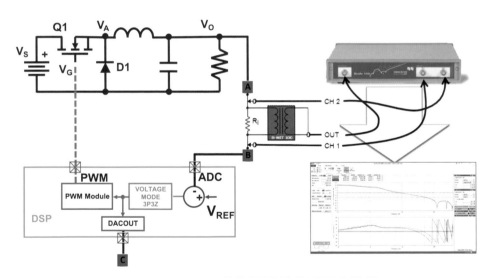

圖 1.10.7 數位電源波德圖量測改進

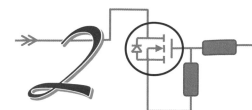

第2章
模擬與驗證

此章節將使用 **Microchip**® 提供的免費模擬工具軟體：

MPLAB® Mindi™ Analog Simulator

該軟體隨時可能更新，因此畫面或功能可能有所不同，請以網路當前版本為主（筆者當前版本為 **Rev.8.2o**）。

2.1 MPLAB® MINDI™ ANALOG SIMULATOR 簡介

"**MPLAB**® **Mindi™ Analog Simulator**" 以 下 簡 稱 Mindi，是 Microchip® 提供的一套免費模擬工具軟體，專門用來做類比相關的模擬工作。

Mindi 其 核 心 其 實 是 來 自 於 SIMetrix Technologies Ltd 公司所開發的 SIMPLIS，SIMPLIS/SIMetrix 是一組易於使用、運算速度快的混合信號電路模擬軟體，軟體功能強大，精度高，特別在切換式電源系統設計中可提高 10-50 倍的模擬速度。

圖 2.1.1 Mindi 版權宣告

SIMPLIS 則是專為切換式電源系統的快速模型化而設計的一款電路模擬軟體。其名稱是 "分段線性系統模擬" （**SIM**ulation for **P**iecewise **LI**near **S**ystem）的簡稱。

　　SIMPLIS 是收費軟體，Mindi 則是免費的軟體，所以 Mindi 在使用上，會存在一些限制，至於實際限制條件，請以 Microchip 官網發佈為主。本書以實務理論與基礎操作為目標，若需要非常詳細的軟體介紹與使用，需至 Microchip 查詢使用手冊。SIMetrix 類似一般 SPICE，模擬速度較慢，但優點是很多模型可以通用。而 SIMPLIS 則做分段線性化，所以收斂很快，模擬速度也快，但是相對的類比模擬精度不如 SIMetrix。筆者個人習慣使用 SIMPLIS，畢竟速度還是關鍵。☺

　　請至下方網址下載最新版本：
https://www.microchip.com/mplab/mplab-mindi

　　安裝完後，應該是迫不及待的開始想試試吧？
　　首先應該會看到類似圖 2.1.2 的 Mindi 介面，相當的簡潔。接下來就讓我們進入模擬的世界囉！

圖 2.1.2 Mindi 介面

2.2 基礎實驗：單一極點實驗與其波德圖量測

單一極零點實驗雖然很基礎，但相當建議讀者遇到第一次使用的模擬軟體時，都應該先做單一極零點實驗，主要原因是因為單一極零點實驗的結果是已知的，才能快速得知模擬技巧是否正確，並且單一極零點實驗若能成功，進化到更多極零點是不是更合理呢？

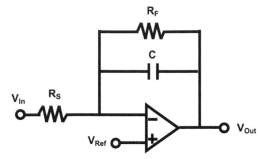

圖 2.2.1 單一極點OPA 線路

圖 2.2.1 是一個單一極點的 OPA 線路，基礎分析非常簡單，首先 OPA 負端"-"到 V_{In} 的阻抗 Z_S 為等於 R_S，其中假設 V_{In} 的輸出阻抗為 0。
而 OPA 負端"-"到 V_{Out} 的阻抗 Z_F 為：

$$Z_F = R_F || \frac{1}{s \times C} = \frac{R_F \times \frac{1}{s \times C}}{R_F + \frac{1}{s \times C}} = \frac{R_F}{1 + s \times R_F \times C} \quad \text{...........式 2.2.1}$$

即，此 OPA 線路的轉移函數 $H_{POLE}(s)$：

$$H_{POLE}(s) = -\frac{Z_F}{Z_S} = -\frac{\left(\frac{R_F}{1 + s \times R_F \times C}\right)}{R_S} = -\frac{R_F}{R_S} \times \frac{1}{1 + s \times R_F \times C} = G_P \times \frac{1}{1 + \frac{s}{\omega_P}}$$

$$\text{...........式 2.2.2}$$

其中：

$$G_P = -\frac{R_F}{R_S} \quad \text{...........式 2.2.3}$$

$$\omega_P = 2\pi f_P = \frac{1}{R_F \times C} \quad \text{...........式 2.2.4}$$

此 OPA 線路的直流增益為 G_P，並且極點頻率為 f_P。在接下來的實驗前，讀者是否已經可以預期實驗結果應該是怎樣子呢？

可以預期波德圖的低頻直流增益會是 G_P，然後頻率於 f_P 開始以每十倍頻衰減 20dB 的斜率往下衰減，f_P 頻率的增益為-3dB。相位圖也能預期，低於（f_P /10）的頻段，相位為 0。相位由（f_P /10）頻率點開始落後，以每十倍頻落後 45 度的斜率遞減，直到 f_P 剛好是減少 45 度，於（f_P x10）頻率點落後達-90 度，而後的相位維持-90 度。

➢ *假設：*

Vref = 0V
R_S = 1.5KΩ
R_F = 15KΩ
C = 47nF
f_P = $1/2πR_FC$= $1/[2π(15KΩ)(47nF)]$= 225.8Hz≈ 226Hz

準備好參數，接下來是時候使用 Mindi 來驗證理論基礎，順便練習一下如何使用 Mindi 這個強大的免費工具吧！

2.2.1. 模擬電路繪製

請於 Mindi 選單中依序點選：

『File』>『New』>『SIMPLIS Schematic』：

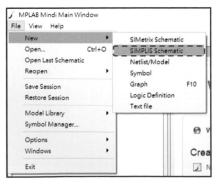

圖 2.2.2 建立 SIMPLIS 新電路

『Place』>『Analog Functions』>『Parameterised Opamp』：

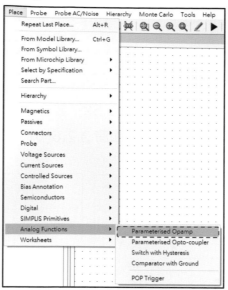

圖 2.2.3 加入一個典型 OPA

並找個好位置後，點擊滑鼠左鍵即可擺放OPA 於想要的位置上。

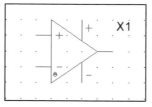

圖 2.2.4 擺放 OPA

按下快速鍵 R，此時滑鼠標會變成一顆電阻的外型，在適當位置點擊滑鼠左鍵即可擺放此顆電阻，接著重複同一動作，擺放兩顆電阻如右：

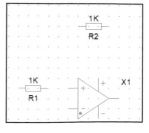

圖 2.2.5 擺放電阻

 若需要旋轉元件的話，於擺放前後都可以用快速鍵 F5，每按一次，被選取的元件會旋轉 90 度。

使用滑鼠左鍵於 R1 上連續點擊兩次後，會出下列對話視窗，如圖 2.2.6(a)。將 R1 的 Result 改為 1.5k，並於 R2 重複此步驟，並將 R2 的 Result 改為 15k。得更新畫面如圖 2.2.6(b)。

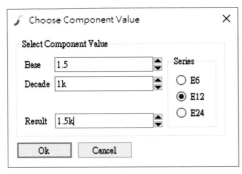

(a)電阻對話視窗

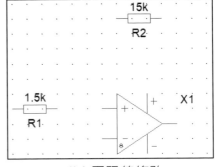

(b)電阻值修改

圖 2.2.6 電阻參數修改

接下來擺放電容，按下快速鍵 C，此時滑鼠標會變成一顆電容的外型，在適當位置點擊滑鼠左鍵即可擺放此顆電容，並同上面步驟，於電容 C1 上連續點擊兩次後，會出電容對話視窗，將電容值改為 47nF。

圖 2.2.6 中的 X1，"+"在上，"-" 在下。由於要繪製的是負回授 OPA 線路，因此圖中的 X1 OPA 需要上下翻轉，方便接線。可點選一下 X1，而後按一下組合快速鍵 Shift+F6，即可將 X1 上下翻轉。

接著將滑鼠移到元件的端點處，滑鼠標會變成一支畫筆的外型，此時點擊左鍵即能開始連接各端點，進行接線，按下 Esc 鍵可以結束當前的連接動作。

完成接線如圖 2.2.7。

若需要鏡射翻轉的話，可記住下兩個快速鍵方式：

F6：左右（水平）翻轉

Shift + F6：上下（垂直）翻轉

2

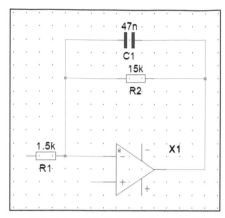

圖 2.2.7 OPA+RC 接線圖

OPA 需要供電，所以接下來的步驟是供應+/-12V 給 OPA。

快速鍵 V 能快速叫出標準直流電源，在適當位置點擊滑鼠左鍵即可擺放此直流電源，並於此直流電源上連續點擊兩次後，會出現對話視窗，將電壓值改為+12V。

重複上述步驟，一共擺放兩個+12V 的直流電源，將其串聯起來，中間接點為地，相對兩端的電壓就是我們需要的+/-12V。使用快速鍵 G 呼叫出接地符號，接到兩電源的中間接點。再用快速鍵 Y 呼叫出節點符號兩次，建立+12V 與-12V 兩個節點，分別於此兩節點上連續點擊兩次後，會出想對應的對話視窗，將接點名稱改為 12Vp 與 12Vn，並接成圖 2.2.8。

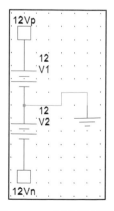

圖 2.2.8 雙極性電源

此 12Vp 與 12Vn 兩節點便是 OPA 的電源，因此再次用快速鍵 Y 呼叫出節點符號兩次，一個接到 OPA 電源正端，一個接到 OPA 電源負端。

其中 OPA 電源正端上的節點改成 12Vp（透過相對應的對話視窗），OPA 電源負端上的節點改成 12Vn（透過相對應的對話視窗）。

至此 OPA 的輸入幾乎都已經接好，除了輸入"+"接點還沒接線，這一接點需接 V_{REF}，此例子為低通濾波器，相對 V_{REF} 是對地，所以使用快速鍵 G 呼叫出接地符號，接到輸入"+"端點接點。參考圖 2.2.9，目前已經完成一個完整的單極點線路。

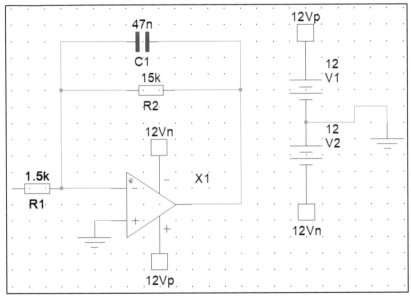

圖 2.2.9 單極點線路

2.2.2. 設置波德圖量測

有了線路，接下來就可以開始於 R1 上，輸入一變頻正弦訊號 V_{In}，頻率從低頻至高頻，然後於 OPA 輸出上量得 V_{Out}，還記得轉移函數 $H_{POLE}(s)$?

是的，$H_{POLE}(s) = V_{Out} / V_{In}$

波德圖量測便是連續於系統中注入 V_{In}，然後量得 V_{Out}，而後連續計算兩訊號的增益比例與相位差異，並繪製成圖，即為波德圖，即為相應兩量測點，於不同頻率下的增益比例與相位差異曲線圖。

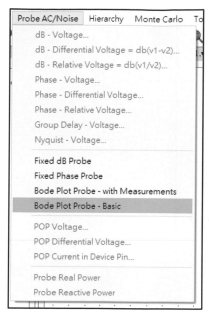

圖 2.2.10 選擇 AC Source　　圖 2.2.11 選擇波德圖量測器

　　所以接下來需要加入量測波德圖所需要的 V_{In}，以及波德圖量測器。

　　選單中，依序點選：

『Place』＞『Voltage Sources』＞『AC Source (for AC analysis)』

　　（參考圖 2.2.10）

　　即可找到交流電源元件，其 " + " 端請接到 R1 左側，並且其另一端連接至地，可以用快速鍵 G 呼叫出接地符號。

　　接著擺放波德圖量測器，選單中，依序點選：

『Probe AC/Noise』＞『Bode Plot Probe - Basic』

　　（參考圖 2.2.11）

即可找到波德圖量測器，其 "IN" 端請接到 R1 左側，並且其 "OUT" 端連接至 OPA 輸出，以上標準的接線接已完成，如下圖 2.2.12：

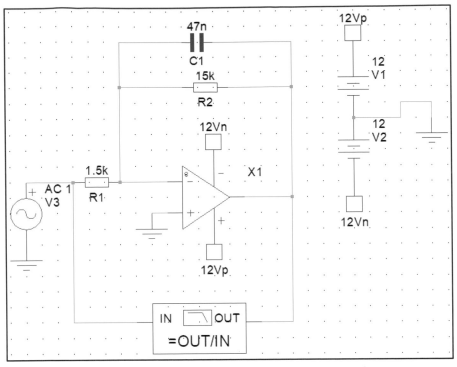

圖 2.2.12 單極點線路與波德圖量測

目前為止，萬事俱備只欠東風，東風是什麼呢？就是模擬系統最重要的關鍵：模擬條件設定，否則電腦怎麼知道要模擬什麼？

波德圖量測會需要一個 POP 觸發器，在此之前，需要一個波形來源給 POP 觸發器。

使用快速鍵 W 呼叫出波形產生器，找一適當位置擺放後，正端不接，負端則再使用快速鍵 G 呼叫出接地符號，接到地，如圖 2.2.13。

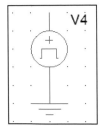

圖 2.2.13 波形產生器

於波形產生器 V4 上連續點擊兩次後，會出波形產生器對話視窗，將部分參數修改如下：

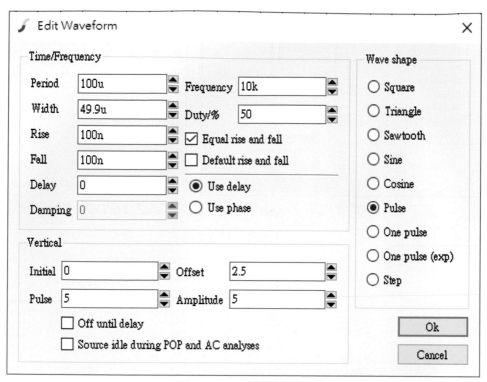

圖 2.2.14 波形產生器參數

接著擺放 Periodic Operating Point (POP) 觸發器，選單中，依序點選：

『Place』>『Analog Functions』>『POP Trigger』
（參考圖 2.2.15）

並將 POP Trigger 與波形產生器的"+"端連接在一起，如圖 2.2.16。
完整模擬線路如下圖 2.2.17。

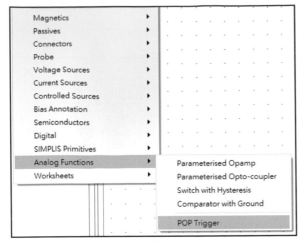

圖 2.2.15 選擇 POP Trigger

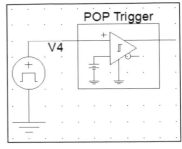

圖 2.2.16 POP Trigger

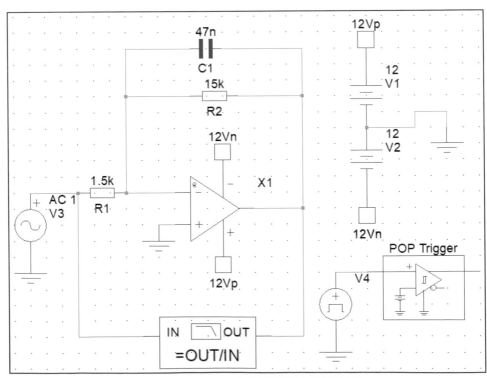

圖 2.2.17 完整單極點模擬線路

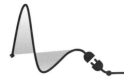
接著可以開始設定模擬條件了，選單中，依序點選：

『Simulator』>『Choose Analysis...』，或者使用快速鍵 F8：

（參考圖 2.2.18）

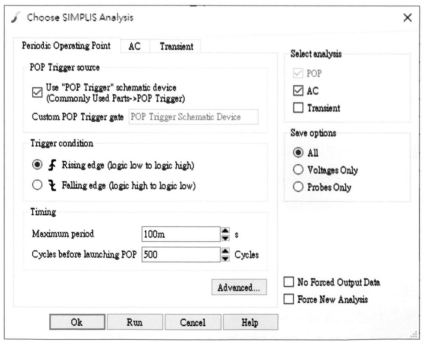

圖 2.2.18 選擇分析器

依序參考圖 2.2.19(a)和(b)，設定 Periodic Operating Point 與 AC 參數，請使用相同設定，方便比對結果。

(a) Periodic Operating Point 參數

圖 2.2.19 模擬條件設定

(b)AC 參數

圖 2.2.19 模擬條件設定(續)

2.2.1. 模擬結果與分析

為了比對分析方便，請點擊兩次波德圖量測器，於對話視窗中，修改座標刻度，如下圖 2.2.20。完成模擬設定後，按下 ▶「Run Schematic」，或者快速鍵 F9，即可以看到模擬結果，圖 2.2.21。回顧一下預期的結果應該是：

$f_P = 1/2\pi R_F C = 1/[2\pi(15K\Omega)(47nF)] = 225.8Hz \approx 226Hz$
$G_P(dB) = 20\log_{10}(R_F/R_S) = 20\log_{10}(10) = 20dB$

觀察一下圖 2.2.21：

- *f_P 約 226Hz（減少 3dB 處）*
- *(f_P /10)處，相位開始落後*
- *f_P 處，相位落後了 45 度*

- *(f_P x10)處，相位落後90 度*
- *增益曲線過了f_P 後開始衰減，斜率是每十倍頻衰減20dB*
- *G_P(dB)約20dB*

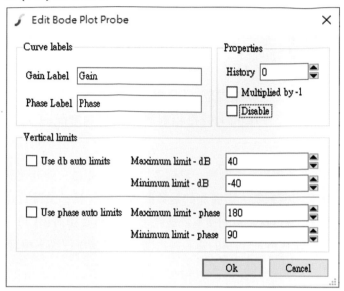

圖 2.2.20 波德圖量測器座標刻度設定

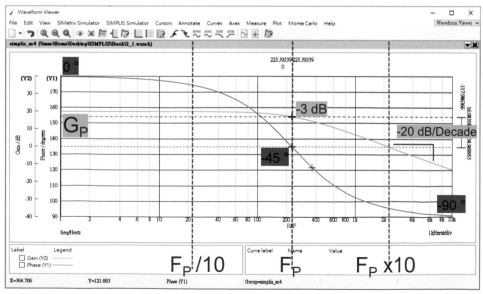

圖 2.2.21 單極點波德圖量模擬結果

聰明如你，是不是發現了一個很詭異的問題，不是說好從 0 度開始落後，直到停在-90 度？但模擬結果圖，怎麼看，都是 180 度開始落後，最後停在 90 度？為何整整差了 180 度呢？

這是因為 V_REF 接在 OPA 正端上，RC 線路接在 OPA 負端與輸出上，稱之為負回授系統，換言之，回授訊號相對控制系統角度而言，都是從負端回來，因此都需要減 180 度，而我們模擬的方式，是直接量回授訊號與電源輸出的關係，所以相對差 180 度。

因此量測結果是正確的，只是相對於不同的角度而已。

觀察波德圖的相位圖時，其刻度是相對的相位，並非絕對的。必須注意是不是負回授系統，若量測的是負回授系統，就必須確認是不是需要減 180 度，也就是說，負回授系統量到 0 度，其實是-180 度。別誤以為輕鬆設計了一個 P.M.很足夠的電源轉換器，但其實早已經不穩定了。

2.3 基礎實驗：單一零點實驗與其波德圖量測

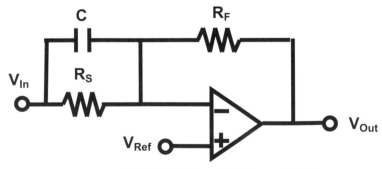

圖 2.3.1 單一零點 OPA 線路

同樣的話，再友善提醒一遍：單一極零點實驗雖然很基礎，但相當建議讀者遇到第一次使用的模擬軟體時，都應該先做單一極零點實驗，主要原因是因為單一極零點實驗的結果是已知的，才能快速得知模擬技巧是否正確，並且單一極零點實驗若能成功，進化到更多極零點是不是更合理呢？

圖 2.3.1 是一個單一零點的 OPA 線路，基礎分析如同上一節，非常簡單，首先 OPA 負端"-"到 V_{Out} 的阻抗 Z_F 等於 R_F，其中假設 V_{In} 的輸出阻抗為 0。而 OPA 負端"-"到 V_{In} 的阻抗 Z_S 為：

$$Z_S = R_S || \frac{1}{s \times C} = \frac{R_S \times \frac{1}{s \times C}}{R_S + \frac{1}{s \times C}} = \frac{R_S}{1 + s \times R_S \times C} \quad \text{式 2.3.1}$$

即，此 OPA 線路的轉移函數 $H_{ZERO}(s)$：

$$H_{ZERO}(s) = -\frac{Z_F}{Z_S} = -\frac{R_F}{\left(\frac{R_S}{1 + s \times R_S \times C}\right)} = -\frac{R_F}{R_S}(1 + s \times R_S \times C)$$

$$= G_Z(1 + \frac{s}{\omega_Z}) \quad \text{式 2.3.2}$$

其中：

$$G_Z = -\frac{R_F}{R_S} \quad \text{式 2.3.3}$$

$$\omega_Z = 2\pi f_Z = \frac{1}{R_S \times C} \quad \text{式 2.3.4}$$

此 OPA 線路的直流增益為 G_Z，並且極點頻率為 f_Z。同樣的，於接下來的實驗前，讀者是否已經可以預期實驗結果應該是怎樣子呢？

可以預期波德圖的低頻直流增益會是 G_Z，然後頻率於 f_Z 開始以每十倍頻增加 20dB 的斜率往上遞增，f_Z 頻率的增益為 3dB。相位圖也能預期，低於（f_Z /10）的頻段，相位為 0。相位由（f_Z /10）頻率點開始遞增，以每十倍頻超前 45 度的斜率遞增，直到 f_Z 剛好是增加 45 度，於（f_Z x10）頻率點相位增加達 90 度，而後的相位維持 90 度。

➢ *假設：*
Vref = 0V
R_S = 15KΩ ＆ R_F = 1.5KΩ
C = 47nF
f_Z = 1/2πR_SC= 1/[2π(15KΩ)(47nF)]= 225.8Hz≈ 226Hz

2.3.1. 模擬電路繪製

請於 Mindi 選單中依序點選：

『File』 > 『New』 > 『SIMPLIS Schematic』：

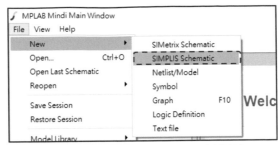

圖 2.3.2 建立 SIMPLIS 新電路

『Place』 > 『Analog Functions』 > 『Parameterised Opamp』：

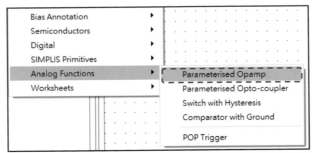

圖 2.3.3 加入一個典型 OPA

必要時，可使用快速鍵 Shift + F6 上下（垂直）翻轉元件，並找個好位置後，點擊滑鼠左鍵即可擺放 OPA 於想要的位置上。

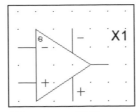

圖 2.3.4 擺放 OPA

按下快速鍵 R，此時滑鼠標會變成一顆電阻的外型，在適當位置點擊滑鼠左鍵即可擺放此顆電阻，接著重複同一動作，擺放兩顆電阻如下：

（快速鍵 F5 可旋轉元件 90 度）

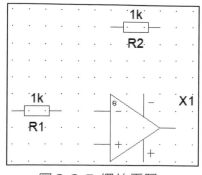

圖 2.3.5 擺放電阻

使用滑鼠左鍵於 R1 上連續點擊兩次後，會出下列對話視窗，將 R1 的 Result 改為 15k，圖 2.3.6(a)，並於 R2 重複此步驟，並將 R2 的 Result 改為 1.5k。得更新畫面如圖 2.3.6(b)。

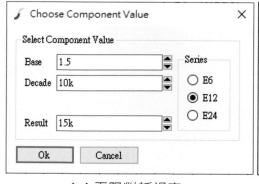

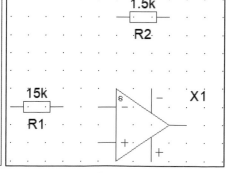

(a) 電阻對話視窗   (b) 修改電阻值

圖 2.3.6 電阻參數修改

接下來擺放電容，按下快速鍵 C，此時滑鼠標會變成一顆電容的外型，在適當位置點擊滑鼠左鍵即可擺放此顆電容。

並同上面步驟，於電容 C1 上連續點擊兩次後，會出電容對話視窗，將電容值改為 47nF。

將滑鼠移到元件的端點處，滑鼠標會變成一支畫筆的外型，此時點擊左鍵即能開始連接各端點，進行接線，按下 Esc 鍵可以結束當前的連接動作。完成接線如圖 2.3.7。

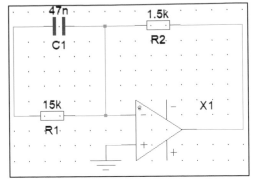

圖 2.3.7 OPA+RC 接線圖

OPA 需要供電，接下來的步驟是供應+/-12V 給 OPA。

快速鍵 V 能快速叫出標準直流電源，在適當位置點擊滑鼠左鍵即可擺放此直流電源，並於此直流電源上連續點擊兩次後，會出現對話視窗，將電壓值改為+12V。

重複上述步驟，一共擺放兩個+12V 的直流電源，將其串聯起來，中間接點為地，相對兩端的電壓就是我們需要的+/-12V。使用快速鍵 G 呼叫出接地符號，接到兩電源的中間接點。再用快速鍵 Y 呼叫出節點符號兩次，建立+12V 與-12V 兩個節點，分別於此兩節點上連續點擊兩次後，會出想對應的對話視窗，將接點名稱改為 12Vp 與 12Vn，並接成下圖 2.3.8。

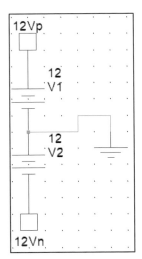

圖 2.3.8 雙極性電源

此 12Vp 與 12Vn 兩節點便是 OPA 的電源，因此再次用快速鍵 Y 呼叫出節點符號兩次，一個接到 OPA 電源正端，一個接到 OPA 電源負端。

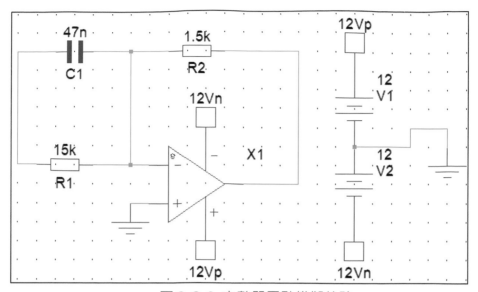

圖 2.3.9 完整單零點模擬線路

其中 OPA 電源正端上的節點改成 12Vp，OPA 電源負端上的節點改成 12Vn。而 OPA 的輸入"+"接點需接 V_{REF}，此例子 V_{REF} 是對地，所以使用快速鍵 G 呼叫出接地符號，接到輸入"+"端點接點。參考圖 2.3.9，目前已經完成一個完整的單極點線路。

2.3.2. 設置波德圖量測

有了線路，接下來就可以開始於 R1 上，輸入一變頻正弦訊號 V_{In}，頻率從低頻至高頻，然後於 OPA 輸出上量得 V_{Out}，得轉移函數 $H_{ZERO}(s)$ = V_{Out} / V_{In}

波德圖量測便是連續於系統中注入 V_{In}，然後量得 V_{Out}，而後連續計算兩訊號的增益比例與相位差異，並繪製成圖，即為波德圖。

所以接下來需要加入量測波德圖所需要的 V_{In}，以及波德圖量測器。選單中，依序點選：

『Place』>『Voltage Sources』>『AC Source (for AC analysis)』
（參考圖 2.3.10）

　　即可找到交流電源元件，其 "+" 端請接到 R1 左側，並且其另一端
連接至地，可以用快速鍵 G 呼叫出接地符號。

　　接著擺放波德圖量測器，選單中依序點選：

『Probe AC/Noise』>『Bode Plot Probe - Basic』（參考圖 2.3.11）

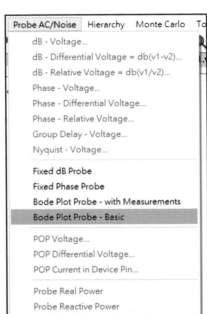

圖 2.3.10 選擇 AC Source　　　　圖 2.3.11 選擇波德圖量測器

　　即可找到波德圖量測器，其 "IN" 端請接到 R1 左側，並且其 "OUT"
端連接至 OPA 輸出，以上標準的接線接已完成，如圖 2.3.12。

　　目前為止，萬事俱備只欠東風，東風是什麼呢？就是模擬系統最重要
的關鍵：模擬條件設定，否則電腦怎麼知道要模擬什麼？波德圖量測會需
要一個 POP 觸發器，在此之前，需要一個波形來源給 POP 觸發器。使用
快速鍵 W 呼叫出波形產生器。

找一適當位置擺放後，正端不接，負端則再使用快速鍵 G 呼叫出接地符號，接到地，如圖 2.3.13。

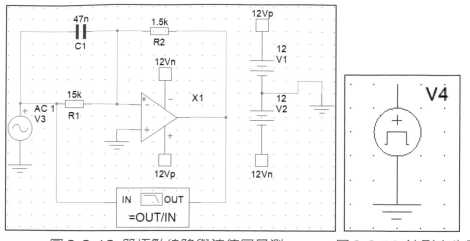

圖 2.3.12 單極點線路與波德圖量測　　　圖 2.3.13 波形產生器

於波形產生器 V4 上連續點擊兩次後，將部分參數修改如下：

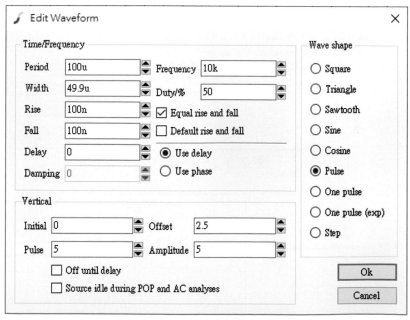

圖 2.3.14 波形產生器參數

接著擺放 Periodic Operating Point (POP) 觸發器，選單中，依序
點選：『Place』>『Analog Functions』>『POP Trigger』
（參考圖 2.3.15）

將 POP Trigger 與波形產生器的"+"端連接在一起，如圖 2.3.16。

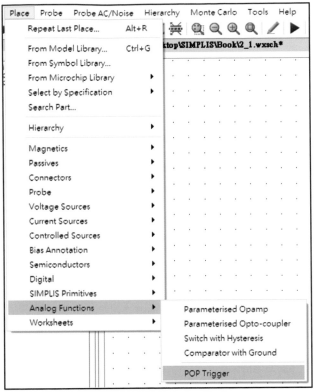

圖 2.3.15 選擇 POP Trigger

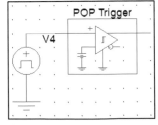

圖 2.3.16 POP Trigger

完整模擬線路如下圖 2.3.17：

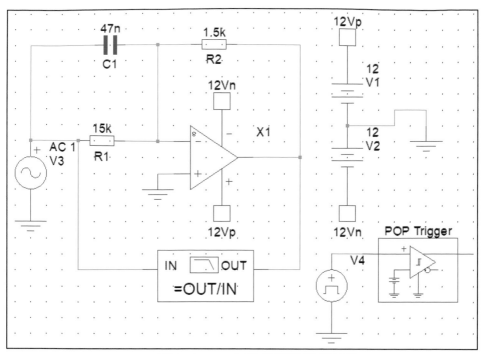

圖 2.3.17 完整單極點模擬線路

接著可以開始設定模擬條件了，選單中，依序點選：

『Simulator』>『Choose Analysis...』，或者使用快速鍵 F8：

（參考圖 2.3.18）

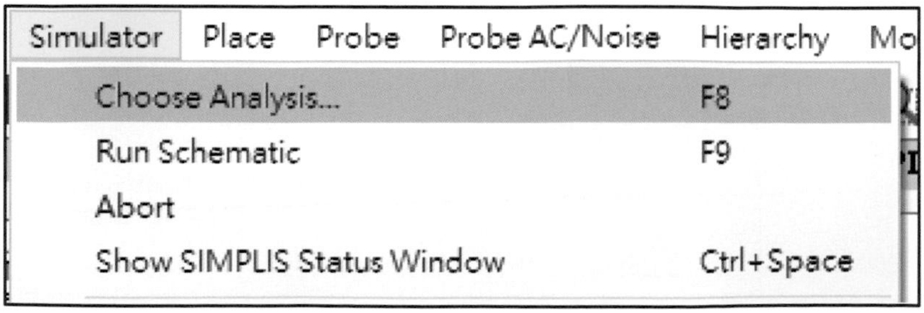

圖 2.3.18 選擇分析器

依序參考圖 2.3.19(a)和(b)，設定 Periodic Operating Point 與 AC 參數，請使用相同設定，方便比對結果。

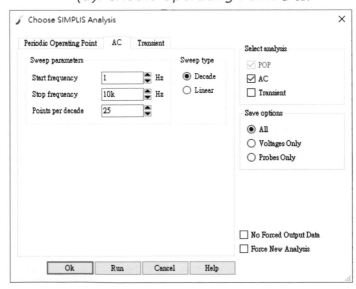

(a)Periodic Operating Point 參數

(b)AC 參數

圖 2.3.19 模擬條件設定

2.3.3. 模擬結果與分析

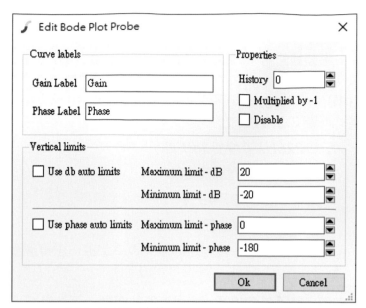

圖 2.3.20 波德圖量測器座標刻度設定

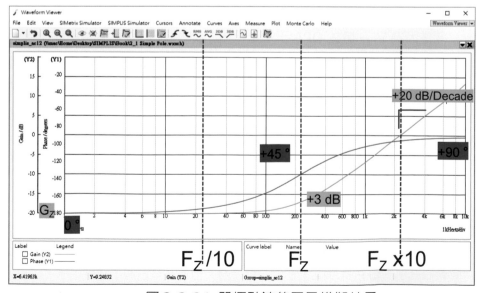

圖 2.3.21 單極點波德圖量模擬結果

為了比對分析方便，請點擊兩次波德圖量測器，於對話視窗中，修改座標刻度，如圖 2.3.20。完成模擬設定後，按下 ▶「Run Schematic」，或者快速鍵 F9，即可以看到模擬結果，如圖 2.3.21。

回顧一下預期的結果應該是：

$f_Z = 1/2\pi R_S C = 1/[2\pi(15K\Omega)(47nF)] = 225.8Hz \approx 226Hz$

$G_Z(dB) = 20\log_{10}(R_F/R_S) = 20\log_{10}(0.1) = -20dB$

觀察一下圖 2.3.21：

- *f_Z 約 226Hz（增加 3dB 處）*
- *(f_Z /10)處，相位開始遞增*
- *f_Z 處，相位增加了 45 度*
- *(f_Z x10)處，相位超前 90 度*
- *增益曲線過了 f_Z 後開始遞增，斜率是每十倍頻增加 20dB*
- *$G_Z(dB)$ 約 -20dB*

聰明如你，是不是發現了一個很詭異的問題，不是說好從 0 度開始遞增，直到停在 90 度？但模擬結果圖，怎麼看，都是 -180 度開始遞增，最後停在 -90 度？為何整整差了 180 度呢？

這是因為 V_{REF} 接在 OPA 正端上，RC 線路接在 OPA 負端與輸出上，稱之為負回授系統，換言之，回授訊號相對控制系統角度而言，都是從負端回來，因此都需要減 180 度，而我們模擬的方式，是直接量回授訊號對輸出，所以相對差 180 度。-180 度再減 180 度就是 -360 度，也就是 0 度，因此量測結果是正確的，只是相對於不同的角度而已。

> 觀察波德圖的相位圖時，其刻度是相對的相位，並非絕對得。必須注意是不是負回授系統，若量測的是負回授系統，就必須確認是不是需要減 180 度，也就是說，負回授系統量到 0 度，其實是 -180 度。別誤以為輕鬆設計了一個 P.M.很足夠的電源轉換器，但其實早已經不穩定了。

2.4 進階實驗：電壓模式 BUCK CONVERTER

有了以上兩個例子的練習，相信讀者不僅在原理上理解極零點的特性，也理解如何用 OPA 分別實現單一極點與零點，進而使用模擬軟體驗證理論與想法。接下來就讓我們一起捲起袖子，挑戰一下完整電壓模式同步整流 Buck Converter 的模擬與驗證。本節將以一個實際例子作為計算基礎，套用第一章的相關公式，完整計算一個同步整流 Buck Converter，並同樣使用 Mindi 完成相關模擬與驗證。計算前，先假設系統基本規格為：

表 2.4.1 基本設計規格表

符號	單位	說明	數值
V_{SMin}	V	最低輸入電壓	8
V_{SNor}	V	正常輸入電壓	12
V_{SMax}	V	最高輸入電壓	18
V_O	V	輸出電壓	5
$I_{O(Max)}$	A	最高輸出電流	1
F_{PWM}	kHz	主開關 PWM 頻率	350
ΔV_{OR}	mV	輸出電壓漣波	50
R_{LOAD_Min}	Ω	輸出最小電阻	5
F_C	kHz	交越頻率，頻寬	10
$\Delta I_{L\%}$	%	電感電流漣波百分比	20

規格表中提到：$\Delta I_{L\%}$ 等於 20%，可以算出 $\Delta I_L = \Delta I_{L\%} \times I_{Omax} = 0.2A$。最小 CCM $I_{O(Min\_CCM)}$：

$$I_{O(Min\_CCM)} = \frac{\Delta I}{2} = 0.1\,A$$

當輸出電流平均值低於 0.1A 時，電感進入 DCM 模式。

2.4.1. 電感與輸出電容計算

根據電感計算公式(1.5.9)：$L = \frac{(V_S - V_O) \times T_{ON}}{\Delta I_L} = \frac{(V_S - V_O) \times V_O \times T_{PWM}}{V_S \times 0.2 \times I_O}$

計算得知(表 1.5.1)：

	$V_{S(Min)}$ 8V	$V_{S(Max)}$ 18V
L (uH)	26.79	51.59

查詢一般供應商的典型值，於此例子，我們選用 L=56uH。

而 ΔV_{OR} = 50mV，透過公式(1.5.10)得：

$$R_{CESR} = \frac{\Delta V_{OR}}{\Delta I_{L\%} \times I_{O(Max)}} = \frac{50mV}{0.2 \times 1A} = 0.25\Omega$$

意指為了 ΔV_{OR}<=50mV 的規格，輸出電容的 R_{CESR} 需小於 0.25Ω。

公式(1.5.12)得 $C_O = \frac{50 \times 10^{-6}}{0.25} = 200uF$，$C_O$ 需大於 200uF。

假設選用的 C_O=704uF，其等效 R_{CESR}=40mΩ。重新計算 ΔV_{OR}=ΔV_{C_ESR}+ΔV_{CO}=7.46mV，符合基本 50mV 的要求，甚至更低。

2.4.2. Plant 轉移函數 $G_{Plant}(s)$計算

引用公式 1.6.16：

$$G_{Plant}(s) \approx \frac{(s \times R_{CESR} \times C_O) + 1}{(s^2 \times L_1 \times C_O) + (s \times \frac{L_1}{R_{LOAD}}) + 1} = \frac{\frac{s}{\omega_{Z\_ESR}} + 1}{\left(\frac{s}{\omega_{LC}}\right)^2 + \frac{1}{Q} \times \left(\frac{s}{\omega_{LC}}\right) + 1}$$

換算實際數值，得：

➢ $\omega_{Z\_ESR} = \frac{1}{R_{CESR} \times C_O} = 35511(rad/sec)$

➢ $\omega_{LC} = \frac{1}{\sqrt{L \times C_O}} = 5037(rad/sec)$

➢ $DC\ Gain = 20\ log_{10}\left(\frac{12V}{1V}\right) = 21.58dB$

> 計算 DC Gain 時，輸入電壓取用 12V 是為了配合後面章節，於實際板子上使用 12V 電源供應器驗證方便。於實際設計案例上，應使用最大輸入電壓。

2.4.3. 理想開迴路轉移函數 T_{OL}(s)計算

參考 1.6.4 節，理想的開迴路轉移函數 T_{OL}(s) 轉移函數為：

$$T_{OL}(S) = \frac{\omega_0}{s} \times \frac{1}{1+\frac{s}{\omega_{HFP}}}$$

換算實際數值，得：

➢ $\omega_C = 2\pi F_C = 62832(rad/sec)$

➢ $\omega_{HFP} = -\frac{\omega_C}{tan(-20°)} = 172629(rad/sec)$

➢ $\omega_0 = \omega_C \times \sqrt{1 + (\frac{\omega_C}{\omega_{HFP}})^2} = 66864(rad/sec)$

2.4.4. 補償控制器轉移函數 H_{Comp}(s)計算

參考 1.6.7 節，補償控制器轉移函數 H_{Comp}(s) 轉移函數為：

$$H_{Comp}(s) = \frac{T_{OL}(S)}{G_{PWM}(S) \times G_{Plant}(S)}$$

其中$G_{PWM}(s) = \frac{1}{V_{Ramp}} = 1$

所 $H_{Comp}(s) = \frac{T_{OL}(S)}{G_{Plant}(S)} = \frac{\omega_{P\_0}}{s} \times \frac{1 + \frac{1}{Q} \times \left(\frac{s}{\omega_{Z\_LC}}\right) + \left(\frac{s}{\omega_{Z\_LC}}\right)^2}{\left(1 + \frac{s}{\omega_{P\_ESR}}\right) \times \left(1 + \frac{s}{\omega_{P\_HFP}}\right)}$，其中：

> F_{P_0} 極點：$\omega_{P\_0} = \frac{V_{Ramp} \times \omega_0}{V_S} = \frac{V_{Ramp}}{V_S} \times \omega_C \times \sqrt{1 + \left(\frac{\omega_C}{\omega_{P\_HFP}}\right)^2} =$
> $5572(rad/sec)$
> *產生頻寬 F_C 所需的原點處極點*

> F_{Z1}、F_{Z2} 零點：$\omega_{Z\_LC} = \omega_{LC} = 5036(rad/sec)$
> *對消 $G_{Plant}(s)$ 中的 LC 雙極點*

> F_{P1} 極點：$\omega_{P\_ESR} = \omega_{Z\_ESR} = 35511(rad/sec)$
> *對消 $G_{Plant}(s)$ 中電容等效串聯電阻的零點*

> F_{P2} 極點：$\omega_{HFP} = -\frac{\omega_C}{tan(-20°)} = 172629(rad/sec)$
> *調整系統 P.M.*

至此，我們已經計算出補償控制器轉移函數 $H_{Comp}(s)$ 的實際參數，接下來需要換算出類比 OPA 實際控制線路所需的實際 RC 參數值。

表 2.4.2 完整列出整個三型（Type-3）OPA 補償控制器周圍的 RC 參數。

請注意這些是 "理論數值"，這在現實世界會面臨一些小麻煩，於模擬驗證小節時會接續這問題，討論到一些現實世界的麻煩由來以及可行的解決方式。

ω0 與 Fp_0 並不相同，Fp_0 需要加入實際 Plant 所帶來的直流增益變化而進行修正，因此公式有所不同。

而為方便理解與計算，本書將 V_{Ramp} 假設為 1。

表 2.4.2 RC 參數計算

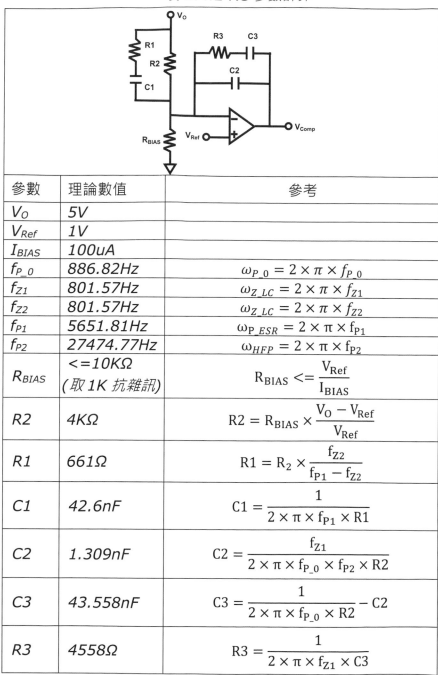

參數	理論數值	參考
V_O	5V	
V_{Ref}	1V	
I_{BIAS}	100uA	
f_{P_0}	886.82Hz	$\omega_{P\_0} = 2 \times \pi \times f_{P\_0}$
f_{Z1}	801.57Hz	$\omega_{Z\_LC} = 2 \times \pi \times f_{Z1}$
f_{Z2}	801.57Hz	$\omega_{Z\_LC} = 2 \times \pi \times f_{Z2}$
f_{P1}	5651.81Hz	$\omega_{P\_ESR} = 2 \times \pi \times f_{P1}$
f_{P2}	27474.77Hz	$\omega_{HFP} = 2 \times \pi \times f_{P2}$
R_{BIAS}	<=10KΩ (取 1K 抗雜訊)	$R_{BIAS} <= \dfrac{V_{Ref}}{I_{BIAS}}$
R2	4KΩ	$R2 = R_{BIAS} \times \dfrac{V_O - V_{Ref}}{V_{Ref}}$
R1	661Ω	$R1 = R_2 \times \dfrac{f_{Z2}}{f_{P1} - f_{Z2}}$
C1	42.6nF	$C1 = \dfrac{1}{2 \times \pi \times f_{P1} \times R1}$
C2	1.309nF	$C2 = \dfrac{f_{Z1}}{2 \times \pi \times f_{P\_0} \times f_{P2} \times R2}$
C3	43.558nF	$C3 = \dfrac{1}{2 \times \pi \times f_{P\_0} \times R2} - C2$
R3	4558Ω	$R3 = \dfrac{1}{2 \times \pi \times f_{Z1} \times C3}$

2.4.5. 模擬電路繪製

　　對於基本模擬所需的元件，前面幾節已全部計算求得，因此此節開始繪製模擬所需的電路圖，有別於基本單一極零點實驗，避免過於繁瑣，重複的步驟就不再贅述。此節反過來先給出最終線路的樣子，然後逐一補充單一極零點實驗所沒有提到的部分與差異的部分。下圖為完整模擬電路圖：

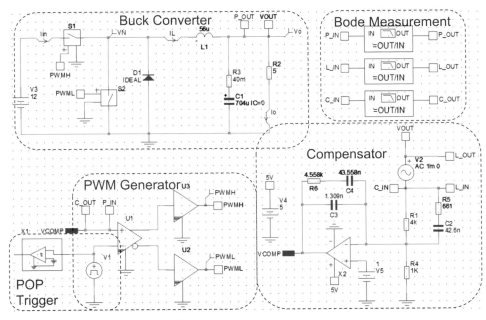

圖 2.4.1 完整 VCM Buck Converter 模擬電路圖

　　圖 2.4.1 中，一共有五個區塊，而其中有放置一些 Probes，例如量測 Iin 與 Vo 等，視讀者驗證所需，可自行決定放置與否，不影響控制迴路做波德圖驗證。首先 Compensator（控制補償器）、POP Trigger（POP 觸發器）與 Bode Measurement（波德圖量測）等區塊的組成元件，與單一極零點實驗皆為一樣，請參考該章節，找出對應的元件後放置與設定，其中 Compensator（控制補償器）的數值可同時參考表 2.4.2。

由於 V1 同時也是 PWM Generator（PWM 產生器）的 PWM 基準鋸齒波，因此需要設定為 F_PWM＝350kHz，如下：

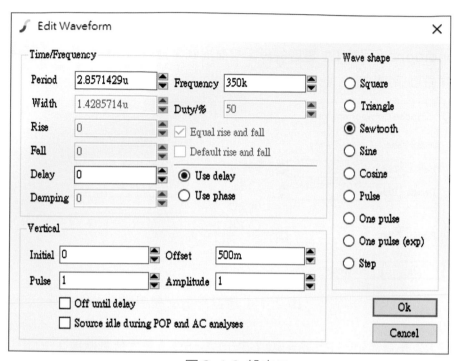

圖 2.4.2 設定 F_PWM

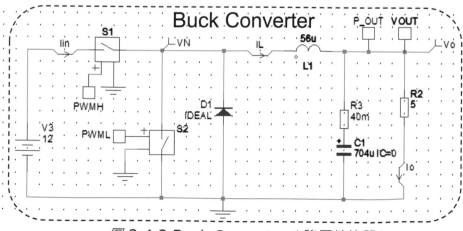

圖 2.4.3 Buck Converter（降壓轉換器）

剩下兩個區塊需要說明：Buck Converter（降壓轉換器）與 PWM Generator（PWM 產生器）。圖 2.4.3 中，而由左而右 Iin、VN、IL、Io 與 Vo 是電流與電壓量測點，讀者視需求，可自行決定配置與否。

C1 為輸出電容=704uF（C1 數值旁標示 IC=0，IC 意思是 Initial Conditions，可於 C1 電容的設定視窗找到，並依需求設定與否，可用於測試啟動瞬間狀態，此電路設定為 0V）

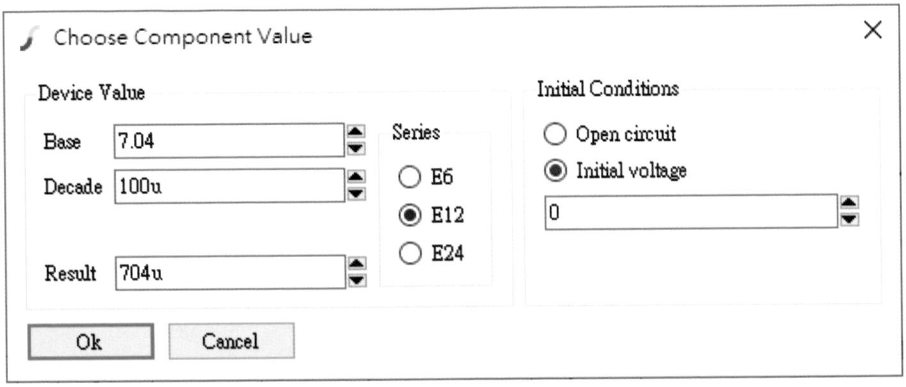

圖 2.4.4 電容初始狀態設定

R2 是負載電阻 R_{LOAD}=5Ω（5V/1A=5Ω，最大負載狀態）

R3 是等效輸出串聯電容 R_{CESR}=40mΩ

L1 為主電感=56uH（可使用快速鍵 L 找到電感並放置後設定電感量）

S1 與 S2 為主半橋開關，選單中，依序點選：『Place』> 『SIMPLIS Primitives』>『Simple switch – voltage controlled』

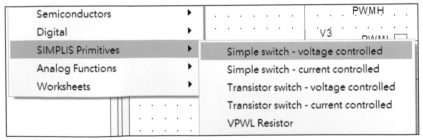

圖 2.4.5 選擇開關元件

即可找到此開關，請注意，若不特別修改設定，預設值並非為一個
"理想" 開關，如下圖 2.4.6(a)，導通開關導通電阻預設為 1Ω：

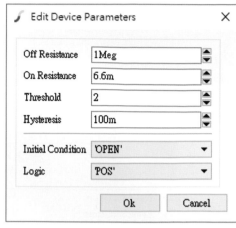

(a) 開關預設值　　　　　　　　　　(b) 修改導通電阻

圖 2.4.6 開關設定

　　對於低輸出電壓的應用，開關導通電阻對於模擬結果影響甚巨，建議
根據實際條件，至少修改此項參數，例如圖 2.4.6(b)，改為 6.6mΩ（配
合後面章節使用的實際條件）。V3 是輸入電壓=12V（配合後面章節使
用的實際條件）D1 是預留用，可用於模擬非同步整流狀態，必要時，只
需將 PWML 訊號切斷即可。

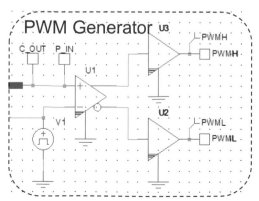

圖 2.4.7 PWM Generator（PWM 產生器）

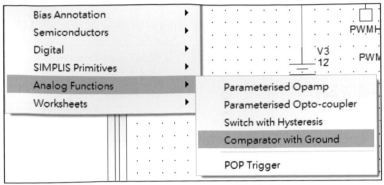

圖 2.4.8 選擇比較器

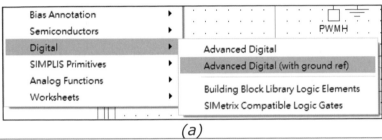

(a)

(b)

圖 2.4.9 選擇Deadtime 模組

圖 2.4.7 PWM Generator（PWM 產生器）中，U1 為一比較器，選單中，依序點選：

『Place』>『Analog Functions』>『Comparator with Ground』
　　（參考圖 2.4.8）

　　U1 使用預設值即可。U2 與 U3 是用來產生死區時間（Deadtime），選單中，依序點選：

『Place』>『Digital』>『Advanced Digital (with ground ref)』
　　『Functions』>『Asymmetric Delay』（參考圖 2.4.9 a & b）

　　U1 的 "+" 輸入來自於 V_{Comp}（控制補償器）， "-" 輸入來自 V1 鋸齒波產生器。U1 比較兩輸入的結果後，產生上臂開關與下臂開關兩 PWM 訊號，但包含死區時間（Deadtime），因此需要再透過 U2 與 U3，對上臂開關與下臂開關兩 PWM 訊號加入上升緣延遲，就形成了死區時間。假設 150ns，U2 與 U3 階設定如圖 2.4.10 之設定值。

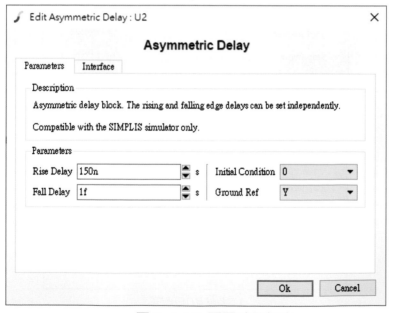

圖 2.4.10 死區時間設定

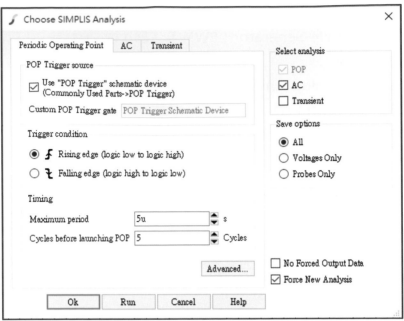

(a) Periodic Operating Point

(b) AC

(c) Transient

圖 2.4.11 設置波德圖量測

最後還需要完成波德圖量測相關分析方式設定，參考圖 2.4.11。

所有模擬所需的工作已經完成，接下來可以進行模擬與驗證了！！按
下 ▶「Run Schematic」，或者快速鍵 F9，即可以看到初步模擬結果。

2.4.6. 模擬結果與分析

　　假設讀者的模擬電路、設定...等等，皆與筆者相同，那麼接下來應該
是看到同樣的初步模擬結果，並包含下列兩個部分的結果，分成兩個不同
的視窗。一個是 Iin、IL、Io、VN...等等電氣訊號，如圖 2.4.12；另外
一個是波德圖量測結果，如圖 2.4.13。

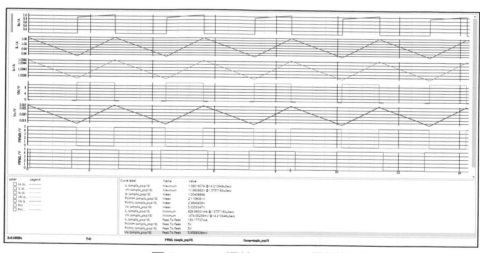

圖 2.4.12 探棒 Probes 量測訊號

圖 2.4.12 中下邊，可以簡單快速查看一些基本數據是否合理，例如：

Vo (simplis_pop18)	Mean	5.0203347V
IL (simplis_pop18)	Minimum	929.98331mA @1.5757163uSecs
VN (simplis_pop18)	Minimum	-374.05235mV @14.210348uSecs
IL (simplis_pop18)	Peak To Peak	150.17737mA
PWMH (simplis_pop18)	Peak To Peak	5V
PWML (simplis_pop18)	Peak To Peak	5V
Vo (simplis_pop18)	Peak To Peak	5.9589526mV

輸出電壓 $V_{O(Mean)}$=5V，輸出電壓漣波 V_{OR}=5.952534mV（接近前面計算的 7.46mV，誤差來自於近似公式計算的結果，誤差很小，並且不影響穩定度分析）。

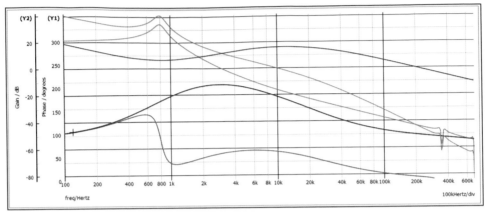

圖 2.4.13 波德圖量測結果

圖 2.4.13 應該是讓讀者相當眼花撩亂吧？快速分析一下，從第一章的基礎分析來看，圖中草綠色（◉）為開迴路增益圖，紅色（▲）為開迴路相位圖。為了方便分析增益餘裕 G.M.與相位餘裕 P.H.，可將不需要看的曲線勾選如下，並於工作列中，點一下：✖

Label	Legend
☑ Gain (Y2)	——
☑ Gain (Y2)	——
☐ Gain (Y2)	——
☑ Phase (Y1)	——
☑ Phase (Y1)	——
☐ Phase (Y1)	——

Waveform Viewer
File   Edit   View   SIMetrix Simulator   SIMPLIS Simulator

此連續動作後，不想看到的曲線，將暫時從圖中被移除，留下沒有被移除的曲線，Plant 波德圖如圖 2.4.14，補償控制器波德圖如圖 2.4.15，系統開迴路波德圖如圖 2.4.16。其中順便微調一下縱軸刻度，也順便開啟 Cursors 功能，方便分析。

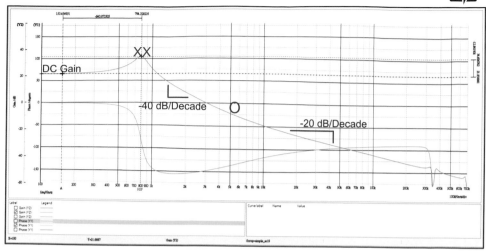

圖 2.4.14 Plant 波德圖

我們來檢視一下 Plant 結果是否符合預期：

➢ DC Gain 應約為 $20log_{10}(12) = 22dB$
符合預期！

➢ f_{LC} 雙極點位置應約為 801.57Hz
符合預期！

➢ F_{ESR} ESR 零點位置應約為 5651.81Hz
符合預期！

➢ f_{LC} 雙極點位置後，至 F_{ESR} ESR 零點前，增益曲線斜率：-40
dB/Decade
符合預期！

➢ F_{ESR} ESR 零點後，增益曲線斜率：-20 dB/Decade
符合預期！

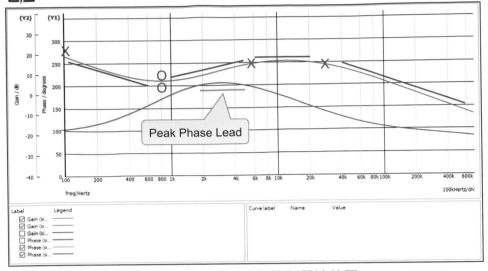

圖 2.4.15 補償控制器波德圖

接著來檢視一下補償控制器波德圖結果是否也符合預期：

➤ Type-3（三型）控制器應該是 3 個極點，2 個零點
符合預期！

➤ 其中雙零點是為了對消 LC 的雙極點，位置應該重疊
符合預期！

➤ 對照 3 個極點，2 個零點所有頻率點：
符合預期！

f_{P_0}	886.82Hz
f_{Z1}	801.57Hz
f_{Z2}	801.57Hz
f_{P1}	5651.81Hz
f_{P2}	27474.77Hz

對照理想極零點配置，通常會有些許偏移，原因是整個 Type-3（三型）控制器透過單一 OPA 運算放大器，因此每一個單一 RC 元件，皆不只對應到單一個頻率，這樣的耦合關係，導致某極點或零點頻率可能會偏移。最終計算結果，還得考慮實際購買 RC 值，屆時會在偏移一次！

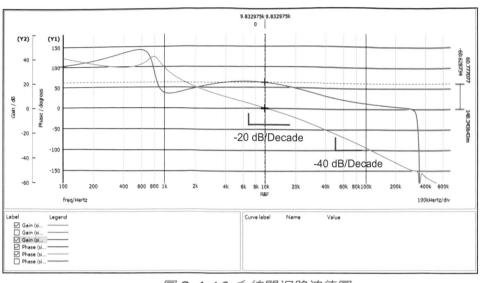

圖 2.4.16 系統開迴路波德圖

前一頁，補償控制器波德圖分析已經告訴我們，由於補償器 RC 值的耦合性問題，極零點擺置產生些許偏移，換言之，系統開迴路波德圖是最終結果，也會受到些許偏移影響。

我們就來看看最終系統開迴路波德圖偏差多少？

> *F_C 頻率點，增益曲線斜率：-20 dB/Decade*
> *符合預期！*

> *高頻區段，增益曲線斜率：-40 dB/Decade*
> *符合預期！*

> *F_C 預設為 10kHz，偏移至 9.8kHz*
> *略小於 10kHz，可接受！*

> *P.M. 預設為 70 度，偏移至 60.77 度*
> *小於 70 度，但 60.77 度尚可接受！*

> *G.M. 大於 10dB*
> *符合預期！*

整體雖然有部分設計規格偏移，但還是一個穩定且不錯的電源轉換器。
聰明如你，是否馬上發現幾個問題？

➢ *能否能根據結果，微調 F_C 至 10kHz 頻率？*

➢ *P.M.是否還能夠提升？*

➢ *350kHz 的地方發生快速變化，又是怎麼一回事啊？*

➢ *換上實際市面上能買到 RC 元件，又會變成什麼樣子？*

我們就一起來一一解開上面的幾個謎題。

首先第一個問題：能否能根據結果，微調 F_C 至 10kHz 頻率？

調整 F_C，首先必須想到 F_C 是（或 ω_C）由哪些參數決定，還記得嗎？

回想一下前面介紹過的公式：

$$\omega_{P\_0} = \frac{V_{Ramp} \times \omega_0}{V_S} = \frac{V_{Ramp}}{V_S} \times \omega_C \times \sqrt{1 + (\frac{\omega_C}{\omega_{P\_HFP}})^2}$$

是的，顯而易見，V_S，ω_{P_0}，ω_{P_HFP}，皆能影響 F_C。

從圖 2.4.16 來看，若能相位保持不變，只上下移動增益，讓增益曲線於 10kHz 時通過 0dB，那就太棒了不是嗎？根據這個構想，加上 ω_{P_0} 與 ω_C 幾乎就是正比關係，那麼直接線性調整 ω_{P_0} 便是最簡單且直接的做法。圖 2.4.16 中，10kHz 地方的增益為-20mdB。

只要讓增益曲線上升 20mdB，F_C 就可以變成 10kHz，而-20mdB 換算成倍率：

$$10^{\frac{-0.020}{20}} = 0.997700064$$

$$New\ \omega_{P_0} = \frac{\omega_{P_0}}{0.997700064} = 5584.866624(rad/sec)$$

據此新 ω_{P_0}，RC 參數需要重新計算一次，如圖 2.4.17 所示，為新的補償線路元件參數，並重新執行模擬分析，得圖 2.4.18 新的系統開迴路波德圖。

　　圖 2.4.18 新的系統開迴路波德圖可以看出，F$_C$ 已經被精準的調整到 10kHz，但由於相位並沒有改變，而往高頻移動的 P.M.會下降，因此 P.M 略為下降到了約 60.58 度。

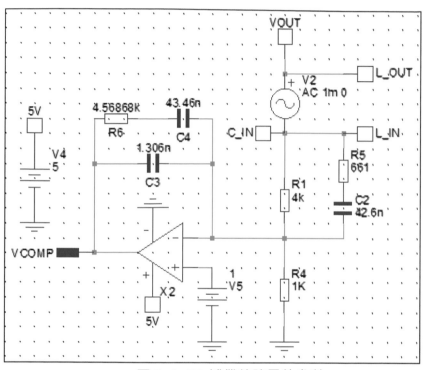

圖 2.4.17 補償線路元件參數

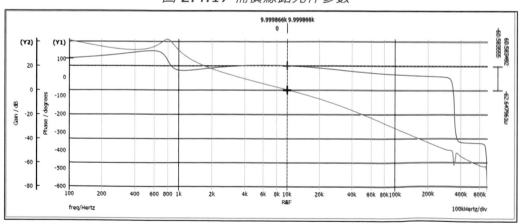

圖 2.4.18 系統開迴路波德圖

第二個問題：P.M.是否還能夠提升？

從上述的例子可以看到，提高或降低頻寬 F_C 的同時，也能減少或提升 P.M.，但承如第一章提到，影響 P.M.的關鍵在於 ω_{P_HFP}，因此關於此問題，回答是：可以，調整 ω_{P_HFP} 即可。但別忘了，調整 ω_{P_HFP} 同時也可能會影響 F_C，頻寬可能再次偏移。這種過程是困擾且痛苦的，經歷過的都明白 ☺因此參數間，往往還存在著些許取捨的經驗成分。至於 ω_{P_HFP} 調整，簡單的大方向，ω_{P_HFP} 頻率越高，P.M.則越大，反之 ω_{P_HFP} 頻率低，P.M.越小，考慮到下一個問題（關於奈奎斯特頻率 Nyquist frequency 的影響），建議直接選擇奈奎斯特頻率 $F_N=F_{PWM}/2=175kHz$，將 P.M.提升到最大，原因是未來轉成數位電源時，P.M.會因為奈奎斯特頻率與取樣定律影響，大幅下降，需要於類比設計時，預設更大的 P.M.。

將 F_{P_HFP} 改 F_N，再次重新計算 RC 參數一次，如圖 2.4.19 所示。得圖 2.4.20 新的系統開迴路波德圖。

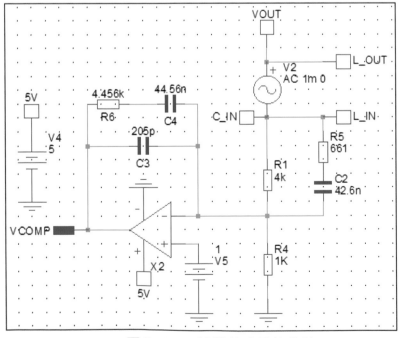

圖 2.4.19 補償線路元件參數

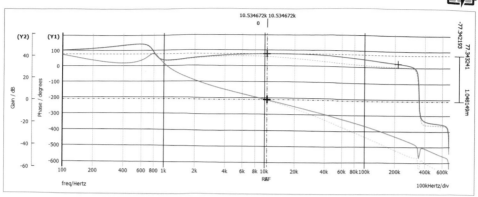

圖 2.4.20 系統開迴路波德圖

　　F_{P_HFP} 改 F_N 後，圖 2.4.20 可明顯看出，F_{P_HFP} 改 F_N 後（往高頻移動），相位與增益衰減起始點亦往高頻移動，但最終都會在 F_{PWM} 達到相對最低點，並且震盪現象。

　　新的 F_C 移動到 10.5kHz，近 10kHz，可以接受，而 P.M.約 77 度。

　　第三個問題：350kHz 的地方發生快速變化，又是怎麼一回事啊？

　　這個頻率牽涉一個重要的頻率概念：奈奎斯特頻率 Nyquist frequency（F_N）。奈奎斯特頻率意味著，當一個控制系統的輸入頻率等於奈奎斯特頻率時，其相位必然會是-180 度。

　　或許人們會想：那麼高頻的地方，相位掉到-180 度又有何妨？

　　這麼說似乎有道理，但事實真是如此嗎？關鍵問題在於影響頻率範圍 10 倍頻率，換言之，在（F_N /10）的頻率開始，相位就會開始衰減，這並不在我們設計之初的考量裡面，造成的 P.M.損失往往是量測才知道。這方面在數位控制設計時，影響尤為明顯。

　　另一方面，由於奈奎斯特頻率的影響，類比控制設計頻寬時，最大頻寬的限制，工程師往往都是設定為（F_{PWM} /10），原因也是在此，因為對於類比控制而言，$F_N = F_{PWM}$。

　　然而，數位電源 F_N 並非等於 F_{PWM}，建議數位控制設計頻寬時，最大頻寬的限制設定為（$F_{PWM}/20$），這點會在後面章節說明。或許人們又會想：相位掉到-180 度又有何妨？放兩個零點去補償相位不就好了？須知道，任何人為的極零點，接近奈奎斯特頻率都是失效的，更何況，就算沒有奈奎斯特頻率影響，要有這麼高頻的極零點，對於系統頻寬而言，也已經鞭長莫及，您說是吧？

　　第四個問題：換上實際市面上能買到 RC 元件，又會變成什麼樣子？

　　這是一個很關鍵性的問題，以上的所有計算與模擬，已經完成了所有設計過程，這時候要實作板子時，會瞬間發現一個大問題，買不到元件！需要配合實際市面上能買到 RC元件，重新調整一次，如圖 2.4.21 所示。得圖 2.4.22 新的系統開迴路波德圖。

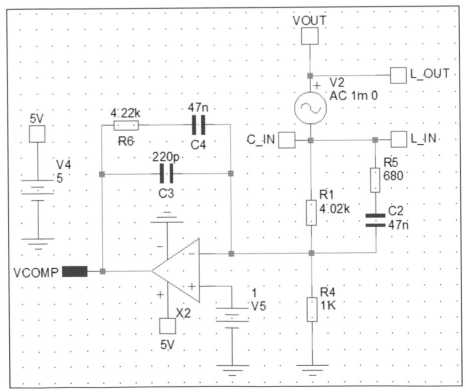

圖 2.4.21 補償線路元件參數

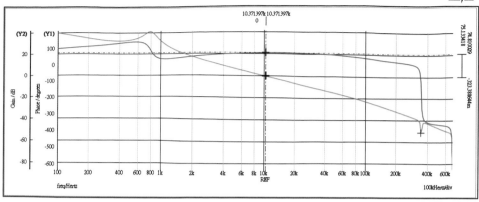

圖 2.4.22 系統開迴路波德圖

圖 2.4.22 是最終的系統開迴路波德圖，快速再看一次結果：

➢ F_C 等於 10.37kHz

➢ P.M. 約 75 度

➢ G.M. 大於 10dB

在實作的章節中，會發現還有存在其他差異，那是因為模擬中，我們假設元件幾乎都是理想的，以求得初步結果為基本目標。但實務中，幾乎所有元件都存在不等量的變化量，有的會大幅度影響系統效能，有的僅是微乎其微，本書的期望是協助讀者動手實作，親自體驗其差異，讓設計挑戰變成有趣的解謎遊戲。

假如以上的結果還不滿意，配合公式了解影響方向，重複調整 RC 值，直到 "符合設計需求" 為止。但需切記在心，畢竟 RC 耦合性，以及市面上實際元件值影響，單一 OPA 的條件下，若一昧追求完美，基本上是不切實際的，符合基本設計需求即可。

追求更精準的參數，就需要轉換到數位控制器，因為數位控制器並不存在 RC 耦合性，以及實際 RC 元件值影響，更不存在誤差與溫度飄移等眾多影響！！

2.5 進階實驗：峰值電流模式 BUCK CONVERTER

接下來讓我們繼續捲起袖子，挑戰完整峰值電流模式同步整流 Buck Converter 的模擬與驗證。本節將同樣以一個實際例子作為計算基礎，接續上一節電壓模式的計算結果，並套用第一章的相關公式，完整計算一個峰值電流模式同步整流 Buck Converter，並同樣使用 Mindi 完成相關模擬與驗證。計算前，再次先假設系統基本規格為：

表 2.5.1 系統基本規格

符號	單位	說明	數值
V_{SMin}	V	最低輸入電壓	8
V_{SNor}	V	正常輸入電壓	12
V_{SMax}	V	最高輸入電壓	18
V_O	V	輸出電壓	5
$I_{O(Max)}$	A	最高輸出電流	1
F_{PWM}	kHz	主開關 PWM 頻率	350
ΔV_{OR}	mV	輸出電壓漣波	50
R_{LOAD_Min}	Ω	輸出最小電阻	5
F_C	kHz	交越頻率，頻寬	10
$\Delta I_{L\%}$	%	電感電流漣波百分比	20
K_{iL}		電感電流回授增益	0.2

以上基本設計規格表與電壓模式相同，因此選用的相同 LC 參數如下：

表 2.5.2 LC 參數表

符號	單位	說明	數值
L	uH	輸出電感	56
C_O	uF	輸出電容	704
R_{CESR}	mΩ	輸出電容等效串聯電阻	40

2.5.1. 峰值電流模式 Plant 轉移函數 $G_{VO}(s)$

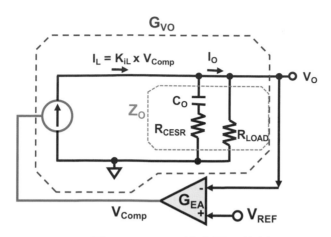

圖 2.5.1 G_{VO} 輸出電壓控制圖

如圖 2.5.1，1.7.2 節已詳盡說明 $G_{VO}(s)$ 定義與計算，其 $G_{VO}(s)$ 為：

$$G_{VO}(s) = \frac{V_O(s)}{V_{Comp}(s)} = K_{iL} \times Z_O(s)$$

$$= K_{iL} \times R_{LOAD} \times \frac{1+s \times R_{CESR} \times C_O}{1+s \times (R_{CESR}+R_{LOAD}) \times C_O} \quad \text{......式 2.5.1}$$

化簡得：

$$G_{VO}(s) = G_0 \times \frac{1+\frac{s}{\omega_Z}}{1+\frac{s}{\omega_P}} \quad \text{......式 2.5.2}$$

其中：

表 2.5.3 G_{VO} 參數表

符號	單位	數值	公式
f_Z	Hz	5651.8	$f_Z = \dfrac{1}{2 \times \pi \times R_{CESR} \times C_O}$
f_P	Hz	44.86	$f_P = \dfrac{1}{2 \times \pi \times (R_{CESR} + R_{LOAD}) \times C_O}$

2.5.2. 控制器轉移函數 H_Comp(s)計算

> 此處同樣引用 Ridley 博士相關論文研究結論，有興趣驗證的讀者，請自行查詢 Ridley 博士的相關論文與文獻。

在此，本節採用通用的快速設計順序參考：（注意這個通則通常可以得到 70~75 度的 P.M.，但是僅指類比控制，所以不包含數位控制導致的相位損失，並且也不包含奈奎斯特頻率導致的二次相位損失，因而此方法並不適合需要精準 P.M.的場合）

➤ 步驟1：設置系統頻寬 F_C =10kHz

通常類比最大是 F_{PWM} 的 1/10，而數位控制迴路則最大是 F_{PWM} 的 1/20，本範例維持電壓模式的頻寬設計目標 10kHz

➤ 步驟2：補償控制器的零點 F_{Z1} =2kHz

放置於 F_C 的 1/5，據此 P.M. 可以有所提升，即 2kHz

➤ 步驟3：補償控制器的極點 F_{P1} =5651.8Hz

放置於 Plant 轉移函數中電容 ESR 的零點 F_Z，即：

$$F_{P1} = F_Z = \frac{1}{2 \times \pi \times R_{CESR} \times C_O} = 5651.8Hz$$

➤ 步驟4：補償控制器的原點極點 F_0 =17290.75Hz

$$F_0 = \frac{1.23\, F_C\, K_{iL}\, (L+0.32\, R_{LOAD}\, T_{PWM})\sqrt{1-4\, F_C{}^2\, T_{PWM}{}^2+16\, F_C{}^4\, T_{PWM}{}^4}\sqrt{1+\frac{39.48\, C_O{}^2\, F_C{}^2\, L^2\, R_{LOAD}{}^2}{(L+0.32\, R_{LOAD}\, T_{PWM})^2}}}{2\, \pi\, L\, R_{LOAD}}$$

（其中 R_{LOAD} 代入 R_{LOAD_Min} ）

➤ 步驟5：斜率補償設計（於下一節 2.5.3 計算）

以上五個步驟，用以協助讀者快速完成一般降壓轉換器的峰值電流控制補償器，除了斜率補償設計，此節已經完成 Type-2 關鍵的兩個極點與一個零點的頻率計算。

接下來需要換算出類比 OPA 實際控制線路所需的實際 RC 參數值。

表 2.5.4 完整列出整個二型（Type-2）OPA 補償控制器周圍的 RC
參數。請注意這些是 "理論數值"，這在現實世界會同樣面臨一些小麻煩，
於模擬驗證小節時會接續這問題，討論到一些現實世界的麻煩。

表 2.5.4 RC 參數計算

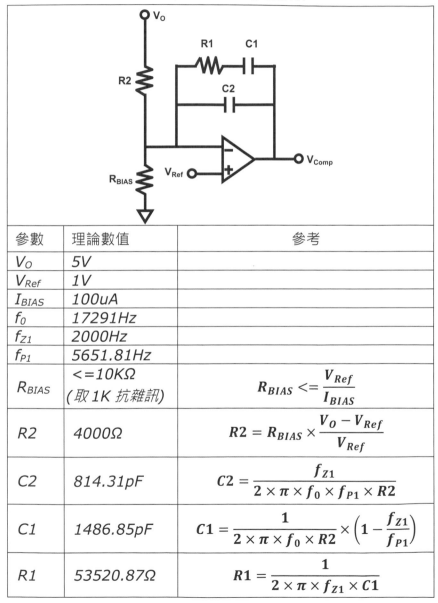

參數	理論數值	參考
V_O	5V	
V_{Ref}	1V	
I_{BIAS}	100uA	
f_0	17291Hz	
f_{Z1}	2000Hz	
f_{P1}	5651.81Hz	
R_{BIAS}	<=10KΩ （取 1K 抗雜訊）	$R_{BIAS} <= \dfrac{V_{Ref}}{I_{BIAS}}$
$R2$	4000Ω	$R2 = R_{BIAS} \times \dfrac{V_O - V_{Ref}}{V_{Ref}}$
$C2$	814.31pF	$C2 = \dfrac{f_{Z1}}{2 \times \pi \times f_0 \times f_{P1} \times R2}$
$C1$	1486.85pF	$C1 = \dfrac{1}{2 \times \pi \times f_0 \times R2} \times \left(1 - \dfrac{f_{Z1}}{f_{P1}}\right)$
$R1$	53520.87Ω	$R1 = \dfrac{1}{2 \times \pi \times f_{Z1} \times C1}$

2.5.3. 斜率補償（Slope Compensation）計算

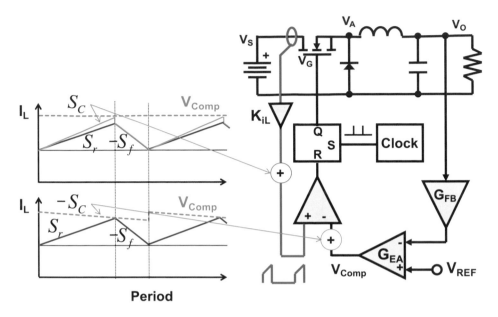

圖 2.5.2 斜率補償引入位置

於 1.7.1 節中提到，斜率補償可以放置於兩個位置，如圖 2.5.2 所示。可以加在 V_{Comp}（負斜率），也可以加到電流回授訊號（正斜率）。無論加在那一個位置，都需要先求出 V_{C_PP}（斜率補償 S_c 的峰對峰電壓）：

$$V_{C\_PP} = -\frac{(0.18-D) \times K_i \times T_{PWM} \times V_s \times n^2}{L} \quad\text{......................... 式 2.5.3}$$

其中：

K_{iL}=0.2

（假設使用比流器方式，其圈數比為 1:100，輸出電阻為 20Ω）

V_s 為最低輸入電壓 = 8V

n 為架構本身主變壓器的圈數比，假設非隔離，沒有變壓器，n=1

L 為架構主電感 = 56uH

D 為佔空比，假設輸出為 5V，D 約為 62.5%

得 V_{C_PP}：

$$V_{C\_PP} = -\frac{(0.18-D) \times K_{iL} \times T_{PWM} \times V_s \times n^2}{L} \approx 36.33mV$$

一般建議增加設計餘裕 2～2.5 倍，因此建議 V_{C_PP} 約 90mV。

假設使用的是 "正" 斜率補償如下圖：

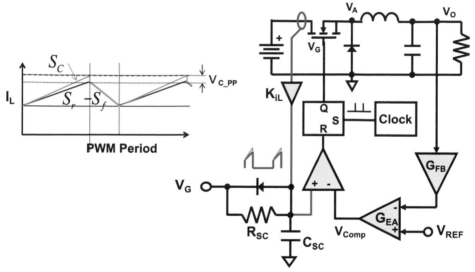

圖 2.5.3 正斜率補償方式之斜率補償

R_{SC} 建議至少產生 100uA 的電流以上，假設驅動電壓為 5V，建議：$R_{SC} \geq$ 5V/100uA，約為 4.99KΩ。選定電阻後，可得電容 C_{SC}：

$$C_{SC} \leq \frac{-T_{PWM}}{R_{SC} \times ln\left(1 - \frac{V_{C_{PP}}}{V_O}\right)} \leq 31.24nF$$

整理的參數表如下：

表 2.5.5 斜率補償參數表

符號	單位	數值
V_{C_PP}	mV	90
R_{SC}	KΩ	5
C_{SC}	nF	27

對於基本模擬所需的元件，目前已經全部計算求得，接下來可以開始繪製模擬所需的電路圖，同樣的，有別於基本單一極零點實驗，避免過於繁瑣，重複的步驟就不再贅述。因此一樣先給出最終線路的樣子，然後逐一補充單一極零點實驗所沒有提到的部分與差異的部分。

下圖即為完整的模擬電路圖：

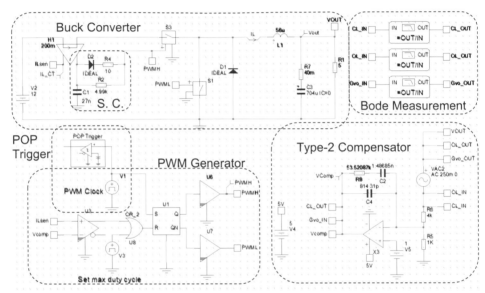

圖 2.5.4 完整 PCMC Buck Converter 模擬電路圖

一共包含五個區塊：

➢ 斜率補償(S. C. : Slope Compensation)

➢ 功率級 (Buck Converter)

➢ 電壓迴路控制器 (Type-2 Compensator)

➢ PWM 產生器（PWM Generator）

➢ 波德圖量測與POP 觸發器（Bode Measurement & POP Trigger）

接下來讓我們先立個小目標：完成它吧！☺

2.5.4. 模擬電路繪製—斜率補償

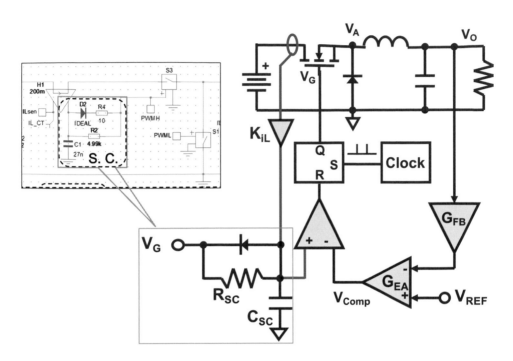

圖 2.5.5 斜率補償區塊

參考圖 2.5.5，斜率補償區塊包含幾個關鍵元件：

➢ C_{SC} (C1=27nF)+ R_{SC} (R2=4.99kΩ)：

產生正補償斜率，並疊加於電感電流回授訊號上。當 PWM V_G=High 時，PWM V_G 透過 R_{SC}(R2) 對 C_{SC}(C1) 充電。

➢ D2+R4：

有充電就需要放電，否則 C_{SC}(C1) 充飽電後，就無法再產生正補償斜率去疊加電感電流回授訊號。當 PWM V_G=Low 時，PWM V_G 透過 D2+R4 對 C_{SC}(C1) 快速放電，需要於下一週期開始前放電結束，R4 一般約 10Ω。

➤ *K$_{iL}$(H1)*：

電感電流回授增益，代表是整個電感電流從電流訊號轉變成電壓訊號的比例增益，假設電流比流器為 100:1，比流器輸出電阻為 20Ω，比例為 20/100=0.2。

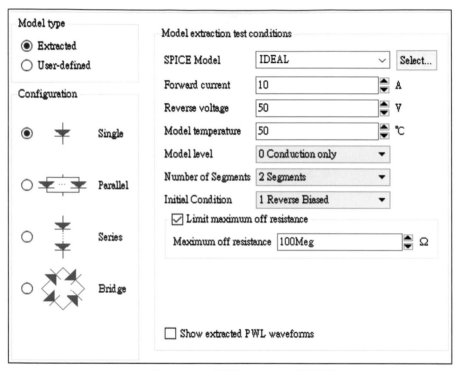

圖 2.5.6 設置IDEAL 二極體

其中 D2 二極體可以透過快速鍵 D 取得，並設定 IDEAL 模型如圖 2.5.6。

其中 H1 為一電流電壓比例轉換器，於選單中，依序點選（如圖 2.5.7）：

『Place』>『Controlled Sources』>『Current Controlled Voltage Source』

並設定倍率為 200m = 0.2（如圖 2.5.8）。

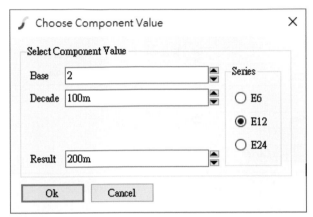

Voltage Sources	▶		12	
Current Sources	▶			
Controlled Sources	▶	Current Controlled Current Source		F
Bias Annotation	▶	Current Controlled Voltage Source		
Semiconductors	▶	Voltage Controlled Current Source		
Digital	▶	Voltage Controlled Voltage Source		E

圖 2.5.7 電流電壓比例轉換器

Choose Component Value ×

Select Component Value

Base 2 Series

Decade 100m ○ E6

◉ E12

○ E24

Result 200m

Ok Cancel

圖 2.5.8 設定電流電壓比例轉換器倍率

2.5.5. 模擬電路繪製—功率級 (Buck Converter)

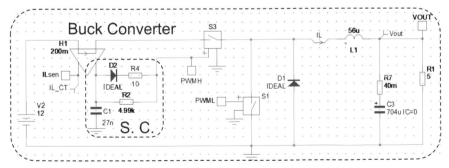

圖 2.5.9 功率級 (Buck Converter)

其中放置一些 Probes，由左而右例如量測 IL 與 Vo 等，視讀者驗證所需，可自行決定放置與否，不影響控制迴路做波德圖驗證。

圖中亦包含了幾個連接節點：IL_CT、PWMH、PWML，連接到別的區塊。用快速鍵 Y 能呼叫出節點，放置並修改節點名稱，方便辨識。

C3 為輸出電容=704uF（C3 數值旁標示 IC=0，IC 意思是 Initial Conditions，可於 C3 電容的設定視窗找到，並依需求設定與否，可用於測試啟動瞬間狀態，此電路設定為 0V）

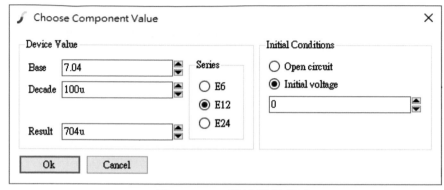

圖 2.5.10 初始狀態設定

另外：

R1 是負載電阻 R_{LOAD}=5Ω（5V/1A=5Ω，最大負載狀態）

R7 是等效輸出串聯電容 R_{CESR}=40mΩ

L1 為主電感=56uH（可用快速鍵 L 找到電感，並放置後設定電感量）

S3 與 S1 為主半橋開關，選單中，依序點選：

『 Place 』>『 SIMPLIS Primitives 』>『 Simple switch – voltage controlled 』

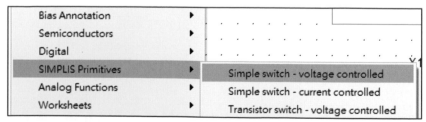

圖 2.5.11 選擇開關元件

　　即可找到此開關，請注意，若不特別修改設定，預設值並非為一個
"理想" 開關，如下圖 2.5.12(a)，導通開關導通電阻預設為 1Ω。

　　對於低輸出電壓的應用，開關導通電阻對於模擬結果影響甚巨，建議
根據實際條件，至少修改此項參數，例如圖 2.5.12(b)，改為 6.6mΩ
（配合後面章節使用的實際條件）。

　　V2 是輸入電壓=12V（配合後面章節使用的實際條件）

　　D1 是預留用，可用於模擬非同步整流狀態，必要時，只需將 PWML
訊號切斷即可。

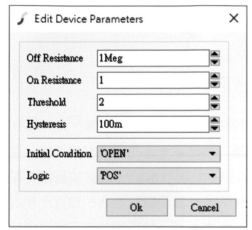
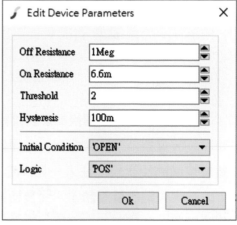

(a)開關預設值　　　　　　　　　　(b)修改導通電阻

圖 2.5.12 開關設定

2.5.6. 模擬電路繪製─電壓迴路控制器

　　參考本章的前兩節，配置 OPA、RC 與參考電壓，右左對照圖 2.5.13：

V_{Ref}(V5)設定為 1V。

R_{BIAS}(R5) 設定為 1kΩ。

R2(R6) 設定為 4kΩ。

R1(R8) 設定為 52.52087kΩ。

C1(C2) 設定為 1.48685nF。

C2(C4) 設定為 814.31pF。

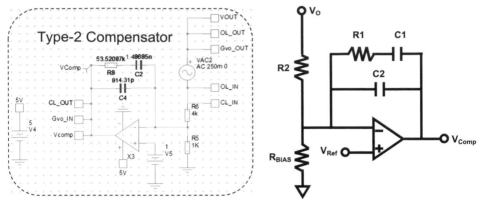

圖 2.5.13 電壓迴路控制器

　　透過許許多多的連接節點可連接到別的區塊。使用快速鍵 Y 能呼叫出節點，放置並修改節點名稱，方便辨識。然而量測系統開迴路波德圖，需要於控制回授訊號上注入一個 AC 訊號，然後於系統任兩點放置量測點（分輸入與輸出量測點），而後連續量測並計算兩訊號相對的增益比例與相位差異，並繪製成波德圖，即為相應兩量測點，於不同頻率下的增益比例與相位差異曲線圖。VAC2 就是要注入系統的 AC 訊號來源。選單中，依序點選：（參考圖 2.5.14）

『Place』>『Voltage Sources』>『AC Source (for AC analysis)』

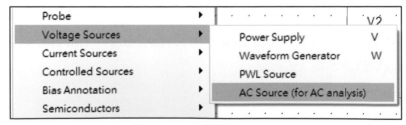

圖 2.5.14 選擇 AC Source

並設定其相位與電壓幅值：

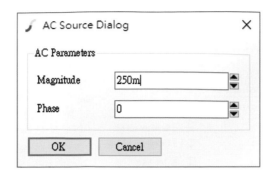

圖 2.5.15 設定AC Source

2.5.7. 模擬電路繪製—PWM 產生器

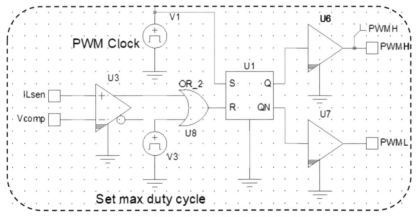

圖 2.5.16 PWM 產生器

　　繪製 PWM 產生器同時也需要一點硬體原理技巧，我們這一節就邊畫邊解釋原理。

　　別具慧眼的你是否已經發現，怎麼跟電壓模式好像很不同？是的，此節特別引用 SR-Latch 模組來完成，避免節點超過免費版本限制，也更簡潔，筆者刻意兩種方式都教學，便於使用者套用不同方式，更具靈活性。

首先峰值電流模式並非變頻，因此，首先需要一個脈波來源，當作 PWM 頻率基礎，而 V1 即為擔此大任的元件（波形產生器）。

圖 2.5.17 設定 V1 波形產生器

使用快速鍵 W 呼叫出波形產生器，找一適當位置擺放後，如上圖 2.5.17 設定 V1 波形產生器，即設定 PWM 主頻脈波，此訊號的上升緣即為輸出 PWM 的上升緣。

注意，設定頻率時，直接輸入 350k 即可，變成 349.99999k 是軟體自己產生的微量偏移，不須理會。有了輸出 PWM 的上升緣來源，就必然也需要 PWM 的下降緣來源。

其來源有兩個：

➢ *電感峰值電流（ILsen）上升達預設值 (V_{Comp})*

   這是我們本來的目標行為，因此需要的一個比較器 (U3)將 V_{Comp} 與電感峰值電流做比較，得到一個 PWM 的下降緣來源

➢ *最大 Duty 限制*

　　假設 *PWM* 週期內，電感峰值電流無法上升至預設值，會造成佔空比 =100 %的狀況，這一般是不允許的，並且會影響模擬分析，因此我們需要設計一個最大佔空比限制的機制。（*V3*）波形產生器即提供另一個最大佔空比限制機制的 *PWM* 下降緣來源。

取得比較器 (U3)，選單中依序點選：（參考圖 2.5.18）

『Place』>『Analog Functions』>『Comparator with Ground』

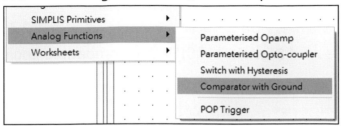

圖 2.5.18 選擇比較器

圖 2.5.19 設定V3 波形產生器

接著使用快速鍵 W 再次呼叫出波形產生器，找一適當位置擺放後，如下圖 2.5.19 設定 V3 波形產生器，其關鍵在於產生一個與 V1 相同的脈波，但與之相隔 2.7usec，亦即最大佔空比等於：

2.7usec x 350kHz x 100% = 94.5%。

又由於 PWM 下降緣來源總共有兩個，所以需要放置一個 OR 邏輯閘（U8），將兩個下降緣來源合而為一，兩個中的任何一個先動作，都可以關閉 PWM。

取得 OR 邏輯閘（U8），選單中依序點選：（參考圖 2.5.20）

『Place』>『Digital』>『SIMetrix Compatible Logic Gates』

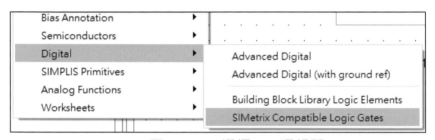

圖 2.5.20 選擇 OR 邏輯閘

並設定 Gate type 為 "OR"，輸入數量為 2。（參考圖 2.5.21）

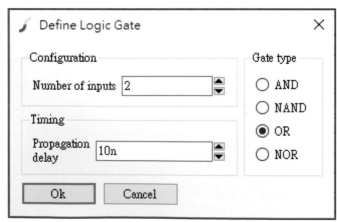

圖 2.5.21 設定 OR 邏輯閘

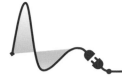

目前有了 PWM 頻率基準（上升緣），也有了下降緣，還缺什麼呢？

缺乏一個絕不能少的邏輯元件，SR 閂鎖器，又稱 SR 正反器（SR Flip-Flop）是正反器中最簡單的一種，也是各種其他類型正反器的基本組成部分。其功能是限制 S（Set）與 R（Reset）之間互相牽制，Set 之後才能 Reset，然後才能再 Set，並依序下去，在電源系統中，佔空比通常必須是 Cycle-By-Cycle，也就是一週內佔空比不應一直改變，需要限制一週只能輸出一次佔空比。此 SR 正反器（U1）即為此目的。

取得 SR 正反器（U1）：（參考圖 2.5.22）『Place』＞『Digital』＞『Building Block Library Logic Elements』

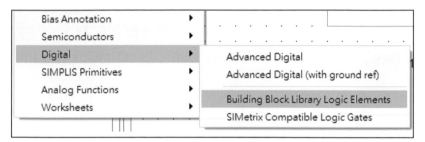

圖 2.5.22 選擇 SR 正反器(1)

『Flip-Flops』＞『Set-Reset Flip-Flops』（參考圖 2.5.23）

便能找到我們需要的 SR 正反器（Regular Set-Reset Flip-Flop）。

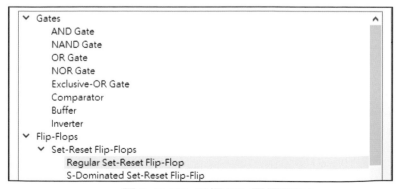

圖 2.5.23 選擇 SR 正反器(2)

SR 正反器（U1）的輸出有兩個：Q 與 QN。

其實 Q 就是同步 Buck Converter 中所需要的 PWMH（上臂開關 PWM），QN 則是同步 Buck Converter 中所需要的 PWML（下臂開關 PWM）。所以 SR 正反器後面接的不就是 MOSFET Driver 囉！？

當然不是，雖然 Q 與 QN 代表的就是 PWMH 與 PWML，但不包含 Deadtime（死區時間），就算只是電腦模擬也是不允許的，容易造成發散。因此需要增加兩個延遲產生器，於 PWMH 與 PWML 之間，間隔出 Deadtime（死區時間），U6 & U7 即為此兩個延遲產生器。延遲產生器的動作原理是在每個上升緣都加上 150ns 的延遲時間，下降時間則為 1fs（可視為 0s），據此就能有 Deadtime（死區時間）的功能。

取得 U6 & U7，於選單中依序點選：（參考圖 2.5.24）

『Place』>『Digital』>『Advanced Digital (with ground ref)』

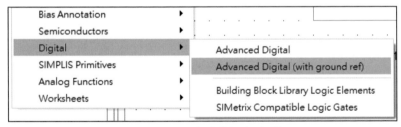

圖 2.5.24 選擇延遲產生器(1)

『Functions』>『Asymmetric Delay』（參考圖 2.5.25）

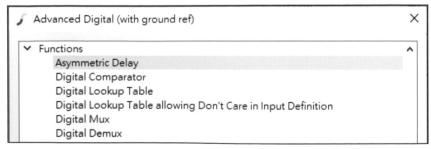

圖 2.5.25 選擇延遲產生器(2)

2.5.8. 模擬電路繪製─波德圖量測與 POP 觸發器

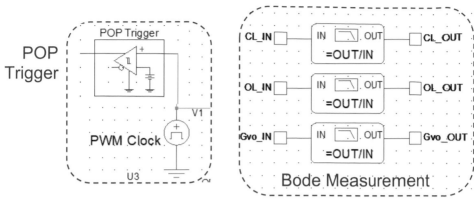

圖 *2.5.26 波德圖量測與POP 觸發器*

關於 POP 觸發器，目的是透過指定週期性的動作起點，可以大大簡化週期性動作的計算，不需每一次都重頭來過，加速收斂與模擬速度。

取得 Periodic Operating Point (POP) 觸發器，於選單中依序點選：
『Place』>『Analog Functions』>『POP Trigger』（圖 2.5.27）

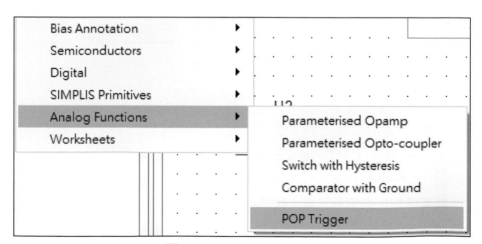

圖 *2.5.27 選擇POP Trigger*

POP 維持預設值即可，需要的話，可以比對一下圖 2.5.28。

Edit POP Trigger Schematic Device : X2   ✕

POP Trigger Schematic Device

| Trigger Parameters | Output Parameters |

Trigger parameters   ☐ Divide by two?

Threshold   2.5   V   Trigger condition   ∫ 0_TO_1 ▾

Hysteresis   2m   V   Initial condition   0   ▾

Propagation delay   0   s

            Ok   Cancel   Help

(a)

Edit POP Trigger Schematic Device : X2   ✕

POP Trigger Schematic Device

| Trigger Parameters | Output Parameters |

Output Parameters

Output high voltage   5   V

Output low voltage   0   V

            Ok   Cancel   Help

(b)

圖 2.5.28 POP 觸發器設定

　　接著擺放波德圖量測器，選單中，依序點選：（參考圖 2.5.29）
『Probe AC/Noise』>『Bode Plot Probe – with Measurement』
　　同樣有別於電壓模式的方式，這次刻意選擇" Bode Plot Probe –
with Measurement"，量測結果會自動判讀 G.M.、P.M.以及頻寬 F_C。

選定後，找個自己喜歡的位置擺放波德圖量測器，擺放時會出現圖 2.5.30 的設定視窗，用來自動判讀 G.M.、P.M.以及頻寬 F_C，讀者可根據需求自行決定是否勾選。以本例子為例，只有量測系統開迴路 Open-Loop 波德圖才需要三個都勾選，其餘兩個波德圖量測皆不需要自動判讀功能。

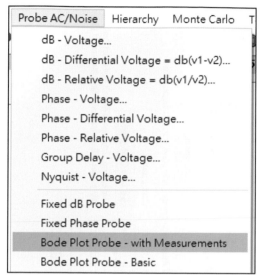

圖 2.5.29 選擇波德圖量測器

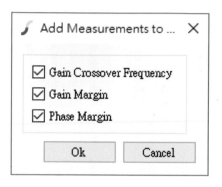

圖 2.5.30 自動量測設定

請連續擺放三個，用於量測三個不同的對象，由上而下依序為：

➤ *CL：意思是Control-Loop 控制迴路波德圖量測*
➤ *OL：意思是整個系統開迴路 Open-Loop 波德圖量測*
➤ *Gvo：意思是 OPA 輸出 V_{Comp} 對系統輸出 V_O 的波德圖量測*

以便分析與驗證第一章所探討的理論基礎，驗證模擬正確性。為避免結果畫面與筆者差異太大，讀者可以使用相同的波德圖量測器設定，參考圖 2.5.31。

Edit Bode Plot Plot Probe: Probe5 ? ×

Curves
- ☐ Use separate graph
  - Graph name
  - ☐ Set tab/caption to name

History 2 ◄►
☐ Separate curves

Probe
☐ Disable gain/phase

☑ Gain
Labels
- Curve label: Gain
- Y axis label:

Vertical scale
- ⦿ dB
- ○ Linear

Vertical axis (check to auto calculate)
- ☐ Maximum limit 110 ◄►
- ☐ Minimum limit -110 ◄►
- ☐ Grid spacing 20 ◄►

Colour
☑ Use default
Edit...

☑ Phase
Labels
- Curve label: Phase
- Y axis label:

Curve
- ⦿ Phase
- ○ Phase - 180 degrees

Vertical axis (check to auto calculate)
- ☐ Maximum limit 180 ◄►
- ☐ Minimum limit -180 ◄►
- ☐ Grid spacing 45 ◄►

Colour
☑ Use default
Edit...

Use **Phase - 180 degrees** to plot the phase curve with 180 degree offset

Display curves on
- ○ Single grid
- ⦿ Two grids

Vertical order
- ○ Phase above Gain
- ⦿ Gain above Phase

Example curve output

Configuration
🖫 Save Configuration

Save current properties as default Bode Plot Probe configuration.
New probes will automatically have these saved properties applied when placed.

Ok   Cancel   Help

圖 2.5.31 波德圖量測器設定

接下來就剩下最後一個步驟，還記得嗎？☺ 是的！設定模擬方式，同樣的，為避免結果畫面與筆者差異太大，讀者可以使用相同的波德圖量測器設定。於選單中，依序點選：（參考圖 2.5.32）

『Simulator』>『Choose Analysis...』，或者使用快速鍵 F8 ：

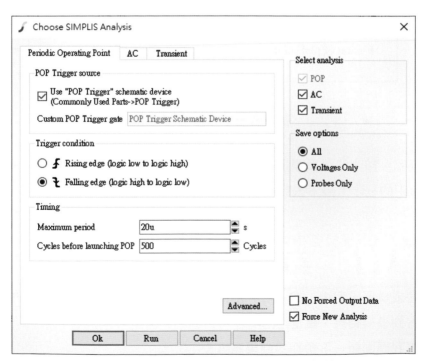

圖 2.5.32 選擇分析器

並參考設定如圖 2.5.33。

(a)Periodic Operating Point 參數
圖 2.5.33 模擬條件設定

Periodic Operating Point	AC	Transient

Sweep parameters

Start frequency   `1`   Hz

Stop frequency   `700k`   Hz

Points per decade   `100`

Sweep type

⦿ Decade

◯ Linear

(b)AC 參數

Periodic Operating Point	AC	Transient

Analysis parameters

Stop time   `1m`   s

Start saving data at t =   `0`   s   ☑ Default

Plot data output

Number of plot points   `100k`   ☐ Default

(c) Transient 參數

圖 2.5.33 模擬條件設定(續)

至此，整個線路與模擬條件皆已經完備，可以進行最後一步，一翻兩
瞪眼的一步！接下去完成最後的驗證與分析吧！

2.5.9. 模擬結果與分析

完成模擬設定後，按下 ▶「Run Schematic」，或者快速鍵 F9，即
可以看到模擬結果，圖 2.5.34。

讓我們回顧一下預期的結果應該是：

➢ *$G_{VO}(s)$：*
- *DC Gain 與 R_{LOAD} 有關*
- *f_P 約 44.86Hz*
- *f_Z 約 5651.8Hz*

➢ *$H_{Comp}(s)$：*
- *f_{Z1} 約 2000Hz*
- *f_{P1} 約 5651.8Hz*

➢ *$T_{OL}(s)$：*
- *DC Gain 與 RLOAD 有關*
- *f_C 約 10kHz*
- *P.M. 應該接近 70 度*
- *增益曲線在 fC 點，斜率應是每十倍頻衰減 20dB*

➢ *Slope Compensator：*
- *V_{C_PP} > 36.33mV@8Vin*
- *無次諧波震盪*

圖 2.5.34 包含所有波德圖曲線，可以勾選 "Label"，例如：

Label　　　Legend
- ☐ Gain ───
- ☑ Gain ───
- ☐ Gain ───
- ☐ Phase ───
- ☑ Phase ───
- ☐ Phase ───

再由 👁 ✖ 兩按鍵決定隱藏或顯示，方便分析。

萬事俱備，開始分析吧！

首先讀者跟筆者一樣，將波德圖視窗選擇僅顯示 "G_{VO}"，並且將 R_{LOAD}（圖中 R1）改為 50Ω（10% Load）後，再執行一次 ▶「Run Schematic」，或者快速鍵 F9，即可以看到模擬結果，圖 2.5.35。

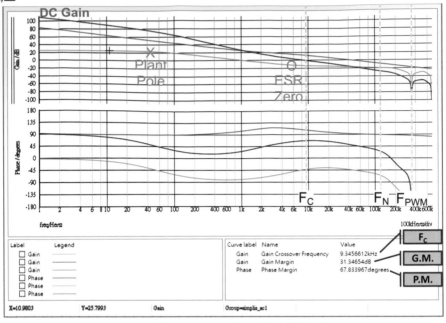

圖 2.5.34 初步波德圖結果

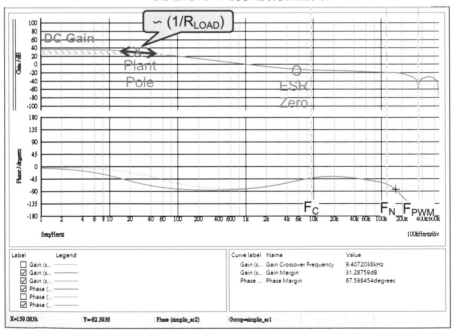

圖 2.5.35 波德圖模擬結果：G_{VO}

檢查一下是否符合預期？

➢ $G_{VO}(s)$：（圖2.5.35）

● DC Gain 與 R_{LOAD} 有關

圖中可以看出，RLOAD 變成50Ω（10% Load）後，低頻
極點 fP 往更低頻移動，可以明顯看出 DC Gain 的區域範
圍，並且頻段遠離頻寬 FC。

結果：符合預期！

● f_P 約44.86Hz

同上，f_P 與 R_{LOAD} 有關，並且 $R_{LOAD}=5Ω$ 時，f_P 約44.86Hz

結果：符合預期！

● f_Z 約5651.8Hz

不同於 f_P，f_Z 與 R_{LOAD} 無關，是固定在 5651.8Hz

結果：符合預期！

$G_{VO}(s)$的模擬符合計算結果與預期的答案！

接下來讀者跟筆者一樣，將波德圖視窗選擇僅顯示 "CL"（CL：意
思是 Control-Loop 控制迴路波德圖量測），不需再執行一次模擬，因為
與 R_{LOAD} 無關，模擬結果如圖 2.5.36。

檢查一下是否符合預期？

➢ $H_{Comp}(s)$：（圖2.5.36）

● f_{Z1} 約2000Hz

圖中可以看出，與 R_{LOAD} 無關，並且接近 2000Hz。

結果：符合預期！

● f_{P1} 約5651.8Hz

圖中可以看出，與 R_{LOAD} 無關，並且接近 5651.8Hz。

結果：符合預期！

H$_{Comp}$(s)的模擬符合計算結果與預期的答案！

其中 f$_{P1}$ 略為偏低頻，因此可以預期待會觀察頻寬 F$_c$ 時，也會是略為偏低。而最後的相位呈現-90 度（由於負回授的緣故，圖中顯示 90 度，真實角度需要減 180 度，即 90-180=-90 度），符合 Type-2 特性，高頻剩下一個極點，落後 90 度。

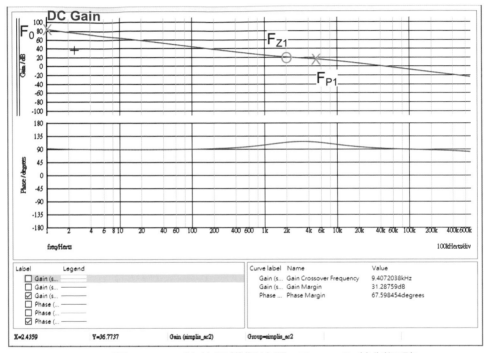

圖 2.5.36 波德圖模擬結果：Type-2 控制迴路

圖 2.5.37 相位自動修正-180 度

關於負回授需要手動減 180 度的部分，其實 Mindi 的波德圖量測器支援自動減 180 度，只要開啟波德圖量測器設定，修改如下，並重新執行模擬即可。本處僅是提醒此功能，但本書所有波型不使用此功能，避免混淆，因為後面還需要比對真實實驗結果，一般波德圖實際量測設備並沒有自動減 180 度的功能。

接下來繼續跟筆者一樣，將波德圖視窗選擇僅顯示 "OL"（OL：意思是整個系統開迴路 Open-Loop 波德圖量測），並且將 R_{LOAD}（圖中 R1）改回 5Ω（100% Load）後，再執行一次 ▶「Run Schematic」，或者快速鍵 F9 ，即可以看到模擬結果，圖 2.5.38。

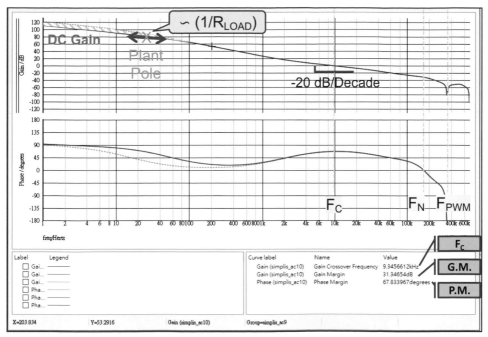

圖 2.5.38 波德圖模擬結果：系統開迴路

檢查一下是否符合預期？

➢ *$T_{OL}(s)$：（圖2.5.38）*

● *DC Gain 與 R_{LOAD} 有關*

圖中可以看出，R_{LOAD} 變回 5Ω（100% Load）後，低頻極點 f_P 往高頻移動，可以明顯看出 DC Gain 的區域範圍，並且頻段遠離頻寬 F_C。

結果：符合預期！

● f_C 約 10kHz

圖中右下角，此工具已經自動判讀 f_C 約 9.3456612kHz，略低於 10kHz，於判斷 f_{P1} 已經預期會略為下降，因此結果是符合預期，需要的話，可以在實際案子中，藉由微調 f_0 來微調 f_C 即可。

結果：符合預期！

● P.M. 應該接近 70 度

圖中右下角，此工具已經自動判讀 P.M. 約 67.833967 度，近 70 度，需要的話，可以在實際案子中，藉由微調 f_{P1} 來微調 P.M. 即可。

結果：符合預期！

● 增益曲線在 f_C 點，斜率應是每十倍頻衰減 20dB

結果：符合預期！

$T_{OL}(s)$的模擬符合計算結果與預期的答案！

接下來，我們來檢驗一下另一個重點：斜率補償！建議增加一個量測點，方便確認斜率補償值，例如下圖中的 "Vc_pp" 電壓偵測點，如圖 2.5.39。並且將 "Vc_pp" 與 "ILSen" 顯示在同一個視窗上，就可以很快分析出斜率補償值是否符合設計目標。另外有一點需要注意，輸出 5V，輸入 12V 情況下，佔空比不足 50%，因此開始模擬前，請記得需將輸入電壓（V2）修改成 8V，已確保佔空比超過 50%，模擬結果參考圖 2.5.40。

Vc_pp 即為我們設計疊加到電流回授訊號上的電壓。圖 2.5.40 可以看出幾點：

- *此時佔空比約 63%*
- *此時 Vc_pp 約 53.5mV*
- *由於放電需要夠過一顆二極體（D2），因此疊加訊號最低只能等於 D2 的順向導通電壓 V_F，無法放到 0V*

檢查一下是否符合預期？

➢ *Slope Compensator：*
- $V_{C\_PP} > 36.33mV@8Vin$
    結果：符合預期！

- *次諧波震盪？*
    佔空比相當穩定，並無次諧波震盪，並且圖 2.5.38 的 F_N 頻率也不是 0dB。
    結果：符合預期！

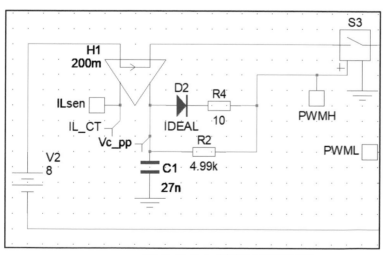

圖 2.5.39 斜率補償測試點

反之，讀者是不是跟筆者當初學習時有著一樣的好奇心，若沒有斜率補償，真的會震盪嗎？既然好奇，就來玩一下震盪效果。☺ 將斜率補償線路移除，如圖 2.5.41，重新模擬，結果如下圖 2.5.42。

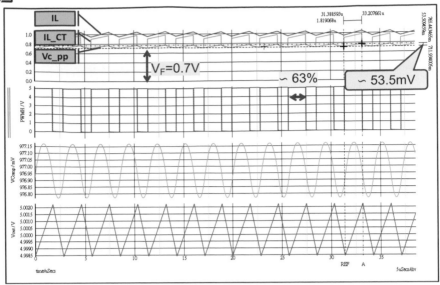

圖 2.5.40 斜率補償斜率量測結果

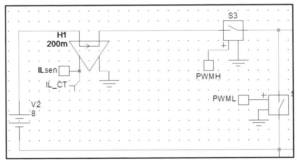

圖 2.5.41 移除斜率補償線路

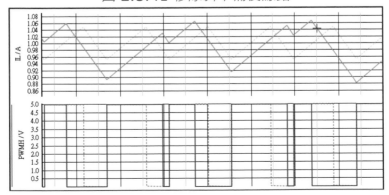

圖 2.5.42 次諧波震盪模擬

是不是？是不是？是不是？很重要所以說三遍。☺

移除斜率補償線路後，PWMH 會發生震盪現象，滿足好奇心了嗎？感動一下，關於峰值電流模式模擬，基本做完囉！真的完成了嗎？

不！不！不！別忘了還得回到真實世界呀～Type-2（二型）補償控制器中的 RC 還是理論值，我們需要配合市面上實際元件值，修改並調整，直到 "符合設計需求" 為止。若需要更精準的參數，就需要轉換到數位控制器，因為數位控制器並不存在 RC 誤差，更不存在溫度飄移等眾多影響！！例如圖 2.5.43，R8 改成 53.6KΩ，C2 改成 1.5nF（1500pF），C4 改成 820pF，R6 改成 4.02KΩ。

運氣不錯，相較於理論值偏差不大，所以圖 2.5.44 的新結果跟原來（圖 2.5.38）差異非常小，此時才能說是設計完成。

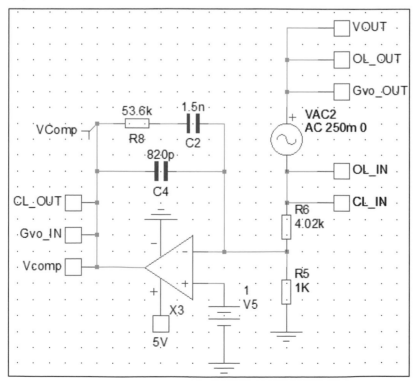

圖 2.5.43 修正 Type-2（二型）補償控制器

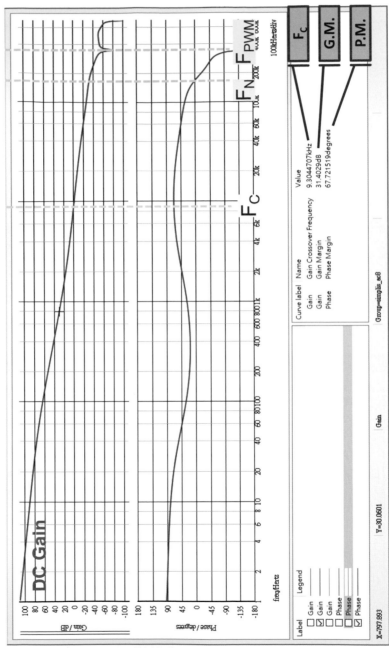

圖 2.5.44 波德圖模擬結果：系統開迴路增益

第3章
混合式數位電源

　　本章節主要介紹新型混合式數位 **Buck** 控制器設計，並藉由實際演練一遍，以利讀者快速理解混合式數位電源的含義與實現的方法。講課多年的經驗，絕大部分的電源工程師是硬體技術背景，甚至對 "撰寫程式" 不太熟悉。

　　然而硬體電源工程師擁有滿腦子電源設計的好主意，因為他們更熟悉硬體細節，清楚硬體的極限，卻總是苦惱於無處發揮想法，因為傳統類比控制電源總是受限於現有電源控制晶片的功能，研發工程師的手腳伸展不開。

3

　　混合式數位電源可說是為不熟悉程式的電源工程師迎來一道曙光，一條可與眾不同的康莊大道。

　　曾有幾個學員於課後，異口同聲說出一句有趣的感想：混合式數位就好比類比 **FPGA**（**Field‑Programmable Gate Array**：現場可程式化邏輯閘陣列）！

　　另有幾個學員的感想也挺有趣的：原本來學電源控制設計，變成學 **IC** 設計！

　　為何這些學員有這樣有趣的感想呢？

　　讀者研讀此章節時，何妨對這兩段感想保持疑問與興趣，品嚐混合式數位電源的樂趣之所在。

3.1 混合式數位降壓轉換器概念

　　混合式數位電源的出現，給不熟悉程式撰寫的電源工程師提供不同的設計方式，討論不同處之前，讓我們先回顧一下傳統類比電源的方塊圖。

　　藉由圖 3.1.1 快速回顧第一章所討論過的兩種模式降壓轉換器，這都是典型的類比電源控制方塊圖，當控制晶片決定後，整個控制行為大致底定，儘管可能只是增加一個小功能，就能把電源工程師折騰的去掉半條命。然而假設有以下場景，電源工程師又該怎麼辦？（筆者僅列舉幾個常見需求，實際應用場合更是憑本事發揮想像力的時候☺）

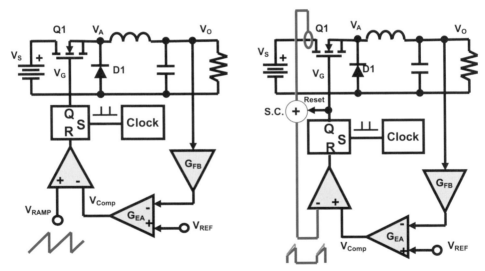

圖 3.1.1 傳統類比降壓轉換器

- *EMI 遇上棘手狀況，需要Jitter 協助？*
- *某功率下，效率不佳，需要調整開關頻率或是輸出條件，該怎麼辦？*
- *同步整流需要變更啟動條件？例如DCM 不開啟。*
- *峰值電流模式下，由於電感值變化，需要不同斜率補償值以優化系統響應，有辦法辦到？*

- 電源保護功能需要可變，例如需要根據不同溫度而設置不同輸出功率？
- 需要一個通訊介面，改變系統參數？
- 需要長時間的時間計數做邏輯判斷，例如逾時充電保護。

　　常見的結果就是想辦法找到更適合的晶片，但條件越多越困難，只好使用更多 IC 完成設計，或者跳躍到全數位電源的領域中。

　　此章主要提供另一種角度，試著用更有趣的方式設計〝類比〞電源，從控制迴路的角度而言，混合式數位電源是屬於類比電源，但卻能解除傳統類比電源的〝封印〞與〝限制〞，所以從最後系統功能的角度而言，卻是屬於數位電源。

　　混合式數位電源就是這麼有趣，既是類比電源，也是數位電源，同時保有兩種方式的優勢與彈性。接下來，我們就開始一起把類比電源〝改裝成〞混合式數位電源吧！圖 3.1.1 中所呈現的是最基本的原理方塊圖，在此改裝過程中，我們保持最根本的原理方塊圖不變，所以這些方塊需要忠於原味，如實重現。

> 　　原理方塊圖保持不變是為了基於原本的設計做改裝，並非一定不能改變，若設計者有不同想法，連基本方塊原理都是可以根據需求做不同設計，至少筆者常常這麼做，協助設計出市面上買不到的類比控制 IC，最大化電源產品的價值與市場區隔性。

　　將電壓模式與峰值電流分開探討，先討論電壓模式，參考圖 3.1.2。

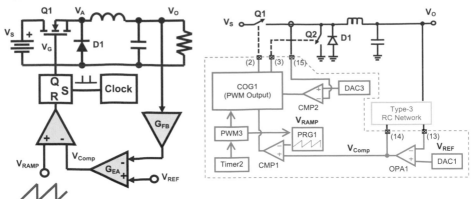

圖 3.1.2 混合式數位電壓模式降壓轉換器

圖 3.1.2 中，筆者順便標示了實際模組編號（例如 OPA1、DAC1、CMP2...等等）與實際腳位編號（例如 Pin #13、#14、#15、#2、#3），這些定義可以根據實際應用需求變更模組與腳位（以MCU能替換的腳位為主，請參考實際使用手冊）。

那麼，參考圖 3.1.2 並比較左右圖，一起試著轉換電壓模式的類比基本功能方塊到混合式數位囉！從回授訊號到 PWM 輸出，依序為：

➤ *G_{FB} 與 G_{EA}：電壓回授分電壓與計算*

左圖中的 G_{FB} 與 G_{EA} 包含類比電壓回授的分電壓線路與計算，轉換到右圖不變，可於右圖找到 Type-3 RC Network（3P2Z 補償線路）與運算放大器 OPA1，其中 3P2Z 補償線路包含了分電壓線路，所有參數只需要從類比搬過來即可。OPA1 計算結果為 V_{Comp}，輸出至下一級。

➤ *V_{REF}：輸出參考電壓*

左圖中的 V_{REF} 是 PWM 控制 IC 內的類比控制迴路參考電壓，其通常是固定的，隨不同廠牌型號而有所不同。轉換到混合式數位時，同樣需要一個參考電壓，而混合式數位 MCU 提供 DAC（Digital-Analog-Converter）作為參考電壓的來源。

MCU 內的 DAC 通常可以隨設計者調整所需要的電壓，因此需要特別注意一點，例如原本類比設計時 V_{REF} =1V，設計者轉換到混合式數位時，基於個案考量，假設個案 2V 比較適合，若將 V_{REF} 改為 2V，並改變分電壓電阻配合新的參考電壓 V_{REF}，需注意是否也改變了極零點位置，若因此改變了極零點位置，就需要重新計算 3P2Z 的 RC 參數。

➤ V_{RAMP} 鋸齒波與比較器：

比較器用於比較 V_{RAMP} 鋸齒波與 V_{Comp}，進而產生最初的 PWM 波形。

左圖中的比較器對應到右圖的 CMP1 比較器，而左圖的 V_{RAMP}，於右圖是 PRG1（可編程式斜坡產生器 Programmable Ramp Generator），PRG 顧名思義可以用於產生設計所需的斜坡波形，在此利用其功能，產生 V_{RAMP} 鋸齒波。

➤ Clock：

V_{RAMP} 鋸齒波的頻率，基本上就是 PWM 的頻率，因此鋸齒波需要一個頻率基準讓使用者可以自由設置。類比最常見的方式是利用類似 RC 充放時間常數來改變 PWM 頻率基礎，而混合式數位則更為彈性，直接調整 V_{RAMP} 鋸齒波斜率，並透過另一個 PWM 模組直接對鋸齒波復位，進而決定頻率，亦即右圖的 PWM3 為輸出 PWM 的頻率基準，復位 PRG1，所以微調 PWM3 的頻率，就能直接微調輸出 PWM 的頻率，調整頻率變的非常簡單且精準！

➤ SR 門鎖器（SR-Latch）：

前面提到，比較器用於比較 V_{RAMP} 鋸齒波與 V_{Comp}，進而產生 "最初" 的 PWM 波形。"最初" 的意思是，此 PWM 還不能直接輸出，需要經過一個 SR 門鎖器，以限制佔空比更新的次數，一週只能更新一次。

此 SR 門鎖器的 Set 接到前面提到的 Clock，Reset 接到比較器輸出。相對於右圖 Microchip PIC16 中的 COG1（Complementary Output Generator）模組，此包含了 SR 門鎖器功能，因此 Set 與 Reset 訊號都是接到 COG1。

224

➢ SR Control：

COG 不僅包含 SR 閂鎖器功能，同時還支援很多功能，例如同步整流需要的互補 PWM 功能，並且包含 Deadtime。因此右圖 COG1 可同時輸出 PWM 到 Q2 下臂開關，且 Deadtime 不僅可以跟據使用者設定，還能上下臂使用不同 Deadtime，進而優化系統效能。

➢ 開關過電流保護：

是否發現右圖有個區塊是左圖沒有的？比較器 CMP2 "–" 可以接到開關電流，偵測是否過電流，而過電流判斷點由 DAC3 決定。

然後 CMP2 的輸出接到 COG1 的保護觸發功能，當 COG1 接收到保護訊號時，COG1 會立即反應，不需韌體的介入就能立即反應，進而快速保護開關不致損毀。

以上便是將類比電壓模式降壓轉換器變成混合式數位電壓模式降壓轉換器的第一步，至此，讀者應可以了解，基本上還是使用硬體模組做控制基礎，但同時心中是否依然存在一個疑問：所以數位在哪裡？

僅是把類比 IC 完成的功能，"複製" 到另一顆晶片上，然後新的晶片是一顆 MCU，除此之外並沒有差異呀？有這樣的疑問是非常好，且很有必要的！

因為這樣的思考方式，很容易切中要點，事實上沒錯，對於初學者而言，第一步往往是複製，或者稱為仿效，然後呢？

然後當然是改善，或者加入更多功能，超越原先設計方式的束縛，進而進入更高的層次。

因此第一步確實看起來，依然處處是類比 IC 的影子。

接下來的第二步，才是真正混合式數位電源的關鍵差異，然而探討第二步之前，我們先繼續用同樣的方式，進行類比峰值電流模式降壓轉換器變成混合式數位峰值電流模式降壓轉換器的第一步。

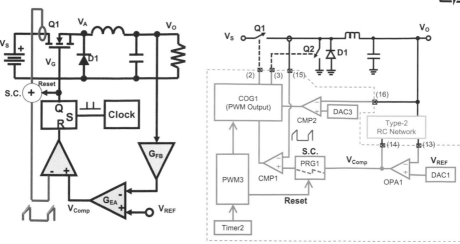

圖 3.1.3 混合式數位峰值電流模式降壓轉換器

　　　　圖 3.1.3 中，筆者順便標示了實際模組編號（例如 OPA1、DAC1、CMP2…等等）與實際腳位編號（例如 Pin #13、#14、#15、#16、#2、#3），這些定義可以根據實際應用需求變更模組與腳位（以 MCU 能替換的腳位為主，請參考實際使用手冊）。

3

　　參考圖 3.1.3 並比較左右圖，繼續一起試著轉換峰值電流模式的類比基本功能方塊到混合式數位囉！同樣從回授訊號到 PWM 輸出，依序為：

➢　*G_{FB} 與 G_{EA}：電壓回授分電壓與計算*

　　左圖中的 G_{FB} 與 G_{EA} 包含類比電壓回授的分電壓線路與計算，轉換到右圖不變，可於右圖找到Type-2 RC Network（2P1Z 補償線路）與運算放大器 OPA1，其中 2P1Z 補償線路包含了分電壓線路，所有參數只需要從類比搬過來即可。OPA1 計算結果為 V_{Comp}，輸出至下一級。

➢　*V_{REF}：輸出參考電壓*

　　左圖中的 V_{REF} 是 PWM 控制 IC 內的類比控制迴路參考電壓，其通常是固定的，隨不同廠牌型號而有所不同。轉換到混合式數位時，同樣需要

一個參考電壓，而混合式數位 MCU 提供 DAC（Digital-Analog-Converter）作為參考電壓的來源。

MCU 內的 DAC 通常可以隨設計者調整所需要的電壓，因此需要特別注意一點，例如原本類比設計時 V_{REF} =1V，設計者轉換到混合式數位時，基於個案考量，假設個案 2V 比較適合，若將 V_{REF} 改為 2V，並改變分電壓電阻配合新的參考電壓 V_{REF}，需注意是否也改變了極零點位置，若因此改變了極零點位置，就需要重新計算 2P1Z 的 RC 參數。

➤ S.C. (Slope Compensation) 斜率補償：

首先參考左圖，S.C. 擺放位置在傳統的開關導通電流回授路徑上，也就是負回授路徑上，因此斜率補償是正斜率補償，疊加於開關導通電流訊號上。同樣的斜率，參考右圖，S.C. 串聯於 V_{Comp} 之後，也就是正參考命令上，因此斜率補償是負斜率補償，疊加於電流控制迴路的參考命令 V_{Comp} 上，左右圖兩 S.C. 斜率相同，但正負相反。

在此使用 PRG1 作為斜率補償的斜率產生器，串接於 V_{Comp} 之後，於 V_{Comp} 疊加負斜率補償訊號。

➤ 峰值電流比較器：

峰值電流比較器用於比較開關導通電流與 V_{Comp}（混合數位控制的 V_{Comp} 包含斜率補償），進而產生最初的 PWM 波形。

左圖中的比較器對應到右圖的 CMP1 比較器。

➤ Clock：

峰值電流模式並沒有 V_{RAMP} 作為 PWM 的基礎頻率，而是直接需要一個頻率基準，並且斜率補償波形需同步於此頻率。右圖混合式數位直接透過另一個 PWM，亦即右圖的 PWM3 為輸出 PWM 的頻率基準，復位 PRG1，進而決定頻率。

那麼使用者可以自由設置 PWM3 的頻率而調配所需的頻率，調整頻率變的非常簡單且精準！

➤ SR 閂鎖器（SR-Latch）：

前面提到，峰值電流比較器用於比較開關導通電流與 V_{Comp}，進而產生最初的 PWM 波形。"最初"的意思是，此 PWM 還不能直接輸出，需要經過一個 SR 門鎖器，以限制佔空比更新的次數，一週只能更新一次。

此 SR 門鎖器的 Set 接到前面提到的 Clock，Reset 接到比較器輸出。相對於右圖 Microchip PIC16 中的 COG1（Complementary Output Generator），此模組包含了 SR 門鎖器功能，因此 Set 與 Reset 訊號都是接到 COG1。

➢　SR Control：

COG 不僅包含 SR 門鎖器功能，同時還支援很多功能，例如同步整流需要的互補 PWM 功能，並且包含 Deadtime。因此右圖 COG1 可同時輸出 PWM 到 Q2 下臂開關，且 Deadtime 不僅可以跟據使用者設定，還能上下臂使用不同 Deadtime，進而優化系統效能。

➢　輸出過電壓保護：

是否發現右圖有個區塊是左圖沒有的？比較器 CMP2 "-" 可以接到 V_O 回授訊號，偵測是否過電壓，而過電壓判斷點由 DAC3 決定。OPA1 控制輸出電壓，CMP2 偵測 V_O 是否過電壓，同時各司其職。

然後 CMP2 的輸出接到 COG1 的保護觸發功能，當 COG1 接收到保護訊號時，COG1 會立即反應，不需韌體的介入就能立即反應，進而快速保護電源。

以上，無論電壓模式還是峰值電流模式，都已經將類比降壓轉換器變成混合式數位降壓轉換器，其第一步都已經完成，是時候進化到第二步了！

也就是進入關鍵問題：所以數位在哪裡？

討論這樣的問題，最簡單的做法就是直接討論現實會遇上的問題，承接最開頭提到的 "場景"，類比電源受到限制的問題該如何解決，讓我們重新一條一條列出來檢視一番：

➢　EMI 遇上棘手狀況，需要 Jitter 協助？

一個實際案例測試供參考，參考圖 3.1.4，其中上面是 LED 電流，下面是 LED 電流的快速傅立葉變換（FFT: Fast Fourier Transform）分析，由於輸出 LED 連接線相當長，並且為了節省成本，並沒有使用遮蔽線，導致 EMI 問題加劇。前面提過 PWM3 可以直接改變 PWM 頻率，因此控制系統加入抖頻（或稱展頻）就不是難事了。參考圖 3.1.4(a)尚未加入抖頻，可以看到 PWM 主頻 250kHz 處，能量特別大，然後依序倍頻處都可以找到能量分量。參考圖 3.1.4(b)則已經加入抖頻，可以看到 PWM 主頻 250kHz 處，得到減半的效果，然後依序倍頻處同樣可以找到能量分量。其中加入抖頻後，電流產生漣波是因為此案例為峰值電流控制模式，直接抖頻會影響佔空比，導致小幅度的電流抖動。實際量測 EMI 結果如下圖 3.1.5，可以觀察到，降低的幅度跟 FFT 測試類似，並且形狀也長得很像。抖頻是不是簡單輕鬆又自在呢？

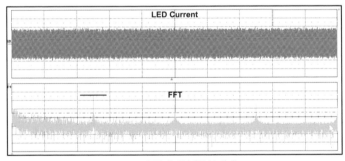

(a) 不含抖頻控制

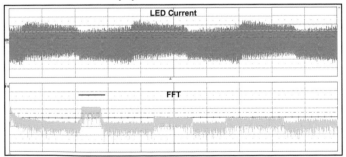

(b) 含抖頻控制

圖 3.1.4 快速傅立葉變換量測

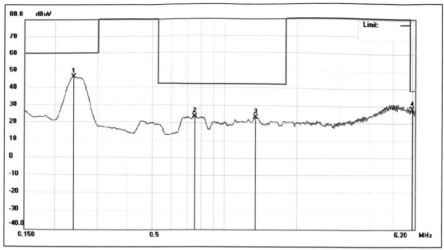

圖 3.1.5 實際抖頻結果

➤　*某功率下效率不佳，需要調整開關頻率或是輸出條件，該怎麼辦？*

傳統類比控制 IC 中，PWM 頻率往往只能選擇固定。需要隨意變更頻率的話，相當的不容易。但前面兩個轉換例子為例，改變 PWM3 的頻率，PWM 頻率就能隨之改變，要改多少，自己決定，動動鍵盤，再燒錄程式即可，一氣呵成，是不是很愉快？

此問題只要使用 ADC 讀取功率條件，然後不同功率條件下，設定不同 PWM 頻率即可，是不是簡單輕鬆又自在呢？

➤　*同步整流需要變更啟動條件？例如 DCM 時，不開啟同步整流功能。*

第一章談過，同步整流開啟或關閉會直接影響系統效率與動態響應特性，不同的應用會有不同的考量，工程師有時候希望在特定時間點打開或關閉同步整流。

這個問題到了混合數位平台便迎刃而解了，PIC16 的 COG 支援產生同步整流的互補 PWM 訊號含 Deadtime，既然能產生，就能關掉。當不需要同步整流時，僅需要於 COG 的設定選項中，將同步整流的開關關閉即可，是不是簡單輕鬆又自在呢？

> *峰值電流模式下，由於電感值變化，需要不同斜率補償值以優化系統響應，有辦法辦到？*

第一章計算斜率補償時已說明了相關公式，其中電感放電斜率是主要參考依據。

然而材質的差異，有些材質電感流過不同大小的電流時，電感會跟著變化，電流越大，電感量變得越小，電感斜率達到最大，導致斜率補償必須在大電流下量測與計算。同樣斜率補償量下，當負載變小時，這樣的斜率補償量相較於小負載反而太大，使得輕載遇上動態負載時，反應變慢。

還記得混合數位的斜率補償怎麼產生？是的，就是 PRG，所以需要改變斜率，隨時可以改變 PRG 的斜率設定即可，是不是簡單輕鬆又自在呢？

> *電源保護功能需要可變，例如需要根據不同溫度而設置最大輸出功率？*

電源系統的最大功率跟溫度有絕對的關聯，然而有些應用較為嚴苛，例如跟生命有關，過溫也不能直接關機，只能降額操作。

同樣的，對類比電源相當麻煩，對混合數位卻相當的簡單，只需量測溫度，然後微調參考命令 DAC，就能根據溫度逐步降低輸出功率，直到新的安全平衡溫度，是不是簡單輕鬆又自在呢？

> *需要一個通訊介面，可以改變系統參數？*

電源越來越複雜，人們開始思考遠端遙控電源的好處，因此越來越多電源被要求加入通訊介面，以便讓人們可以遠端調整更多參數，或是獲得更多電源訊息或是診斷電源好壞。類比？是不是還是數位適合做這方面的開發，簡單輕鬆又自在呢？

> *需要長時間的時間計數做邏輯判斷，例如逾時充電保護。*

時而聽聞電池爆炸事件，很多來自於充電過頭問題，各種保護都需要審慎考慮，包含長時間充電計數與強制關閉。然而幾分鐘，甚至十多小時的計數，這樣的長時間計數對於類比而言，實在太苛刻類比了，換成數位，簡直是輕鬆又自在呢！

這麼多的 "簡單輕鬆又自在"，再一次說明一個事實，漸趨複雜的電源需求，越來越離不開需要客製化功能的設計方案，那麼應該怎麼解讀混合式數位控制方案呢？混合式數位控制方案提供的是硬體的控制結構，軟體的彈性，最重要是硬體的結構還能隨意變更。

筆者喜歡用拼圖來形容混合式數位控制器，因為混合式數位控制器提供的，就是很多高設計彈性的硬體模組，每個模組之間並沒有連接，任由設計者決定該如何連接，換言之，設計者可以不需要墨守成規，可以跳脫刻板想法，重新 "拼圖"，拼出專屬於自己的控制器，設計自己所需的最適合方案。更甚之，仿冒類比電源，基本上是分分鐘就能完成的事，那麼仿冒混合式數位控制器呢？那可不是分分鐘的事，沒有人知道設計者的設計概念，怎麼仿冒？雖說世事無絕對，但肯定代價不輕，還不一定成功呢。

說到這，還記得此章開頭提到，學員分享的兩段感想嗎？希望讀者已經可以領會其中的意思，使用混合式數位控制器設計電源的限制只有兩點：

➢　*硬體模組的多樣性與數量*
➢　*你的拼圖想像力☺*

承如小時候最朗朗上口的一句話：想像力就是我的超能力！
使用混合式數位控制器發揮更多想像力，就能創造更出色的產品。

3.2 混合式數位控制器介紹

所以到底有哪些硬體模組可供拼圖呢?

Microchip PIC16 提供相當多的模組讓設計者盡情發揮創意,而此章僅以電源為主,因此僅介紹電源會用到的基本模組方塊,其餘需要讀者上 Microchip 官網學習更多模組。

僅以 Microchip 的 PIC16F1768 產品為例,官方產品網頁如下:
https://www.microchip.com/wwwproducts/en/PIC16F1768

以下介紹內容截圖,皆來自下面鏈結,是 Microchip 的 PIC16F1768 官方 Data Sheet 文件(版本:DS40001775E),若有所更新,請以官方文件為主:
http://ww1.microchip.com/downloads/en/DeviceDoc/PIC16LF1764-5-8-9-Data-Sheet-40001775E.pdf

➢ *Digital-to-Analog Converter 數位類比轉換器*

可以把 DAC 想像成一個可變電阻,給定參考電壓後,輸出分電壓就由可變電阻旋轉位置所決定,輸出可以從最低電壓(接近 0V)轉到最高電壓(等於可變電阻的參考電壓)。

參考圖 3.2.1,DAC 數位類比轉換器方塊圖。1024-to-1 MUX 類似可變電阻的旋轉鈕,只是變成了數位值。

此 MCU 內含兩種 DAC,一種是 1024 階解析度(通常給補償控制迴路使用),一種是 32 階解析度(通常給給保護使用)。

通常高精度用於回授控制,低精度用於保護,不過這僅是 "慣例",實際狀況是任君決定。

從 DAC 的方塊圖,也可以很直覺看到,這一個 "數位可變電阻器" 主要是三個輸入分別是參考電壓、參考地與數位可變電阻值,以及一個輸出,而輸出可以接到實際引腳上或是內部其他模組。

若某些應用，例如 LED 燈，需要穩定且誤差低的參考電壓，那麼 DAC 的參考電壓就建議不使用 V$_{DD}$，而是建議使用下一個要介紹的 FVR。

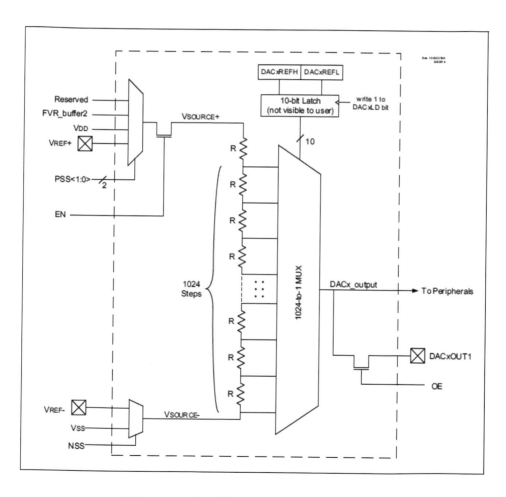

圖 3.2.1 十位元 DAC 數位類比轉換器方塊圖

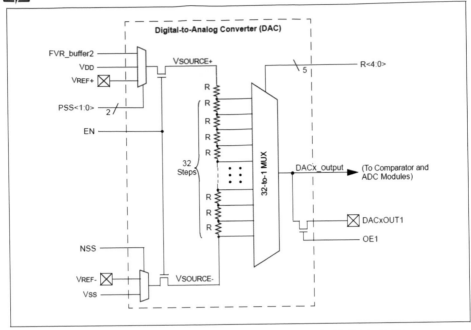

圖 3.2.2 五位元 DAC 數位類比轉換器方塊圖

➤ *FVR（Fixed Voltage Reference）固定式參考電壓*

固定式參考電壓顧名思義，其輸出為固定不可調整的一種參考電壓，目的是為系統提供一組穩定的電壓源，不受 MCU 供電電壓 V_{DD} 變動而影響。PIC16F1768 的 FVR 還另外提供三個電壓檔位供選擇：1.024V、2.048V、4.096V。

最高電壓 4.096V 有兩種原因，一個是 4096 剛好是 2 的倍數，若涉及 ADC 或 DAC 時，剛好整除，減少沒必要的計算誤差。另一個原因還是來自於內部穩壓器，產生一個穩定電壓，必然需要一個穩壓器，而穩壓器需要些許的工作電壓差，較大的壓差雖然稍微增加功耗，對於 5V 而言，4.096V 能確保輸出更穩定，不受 5V 小範圍變動而影響。

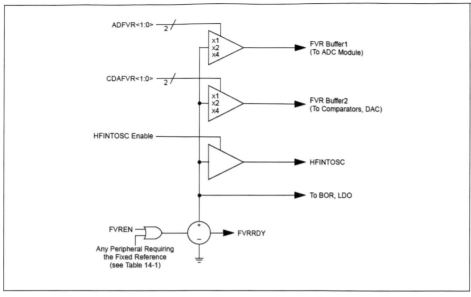

圖 3.2.3 FVR 固定式參考電壓

　　參考圖 3.2.3。FVR 提供的是基礎的 1.024V 參考電壓，然後提供倍壓選擇並接至兩個輸出至：FVR_Buffer1 與 FVR_Buffer2。

　　由此可知，FVR 最終提供的是兩個輸出供其他模組使用，而兩個輸出電壓可以獨立選擇三種電壓中的一種（1.024V、2.048V、4.096V）。

　　筆者時常選擇 1.024V 於電流控制或保護，因為精準的低參考電壓，有助於電流感測線路的選擇，對於提升效能與精準度有非常大的幫助。

➢　*OPA（Operational Amplifier）運算放大器*

　　PIC16F1768 內部的 OPA，其增益帶寬積(GBWP: Gain－Bandwidth Product)為 3MHz，並且輸入與輸出都是軌對軌（rail-to-rail），屬於性能相當好的 OPA，於電源應用中，足以應付極小的訊號等級。

參考圖 3.2.4，是內部的 OPA 的功能方塊圖。

可以發現，不僅正負輸入引腳的選擇相當豐富，還支援內部訊號直接連接，對於節省引腳相當有效，並且內部連接還能保密，從外部電路看不出來設計者真正的連接方式。

除眾多引腳選擇外，此 OPA 還支援單位增益模式（Unity Gain Mode），意思是可以直接從內部接線，將 OPA 負端輸入與輸出直接短路，此功能可用於將 OPA 變成內部電壓隨耦器(Voltage Follower)，將內部某些模組電壓直接輸出至引腳上，例如鋸齒波。

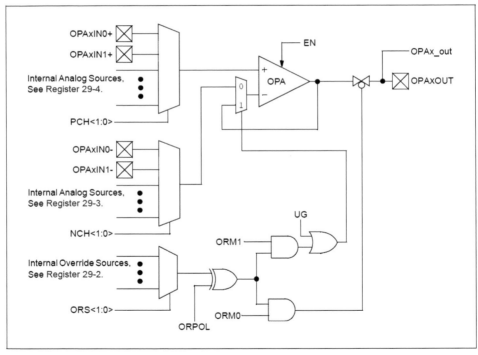

圖 3.2.4 OPA 運算放大器

參考圖 3.2.4 下方有些邏輯閘，接到一個像閥門的東西，串接於 OPA 輸出的銜接路徑上，這是做什麼用呢？動動腦，有益健康☺

像閥門的東西稱為三態(Tri-stated)邏輯，所謂三態邏輯的意思是，一般數位輸出要不高準位，要不就是低準位，然而有時候我們需要的輸出不是高準位也不是低準位，而是需要開路（高阻抗）狀態。簡單來看，可以理解為內部斷開，引腳呈現 "浮接" 狀態，此三種形態就稱為三態邏輯。當 OPA 進入三態(Tri-stated)模式時，OPA 對外連接會暫時斷開，從外部往 OPA 看進去，就是沒有接任何東西，OPA 輸出為 "浮接" 狀態。

這個功能相當有意思，待模組介紹完後，繼續分享其強大之處！

➤ *PRG（Programmable Ramp Generator）可程式斜坡產生器*

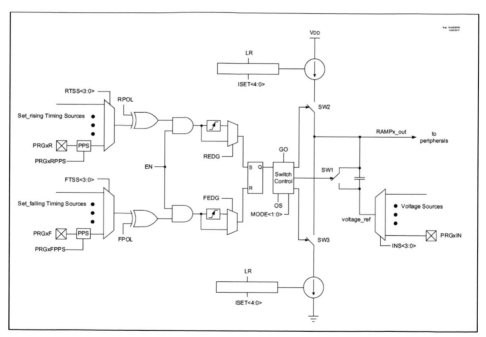

圖 3.2.5 PRG 可程式斜坡產生器

PIC16F1768 支援最小斜率：0.04V/us，最大斜率：2.5V/us，範圍算是相得的大，因此使用上更具彈性。

　　圖 3.2.5 PRG 可程式斜坡產生器方塊中，主要原理是透過對圖中的電容做充放電，藉由充放電的過程，得到上升或是下降的斜坡波形。更仔細觀察，可以理解：

- *SW1 可使電容電壓歸零*
- *SW2 可使上方電流源對電容充電*
- *SW3 可使下方電流源對電容放電*

　　而整個 PRG 功能模組包含三個輸入與一個最終輸出，同時比對時序圖較容易理解。

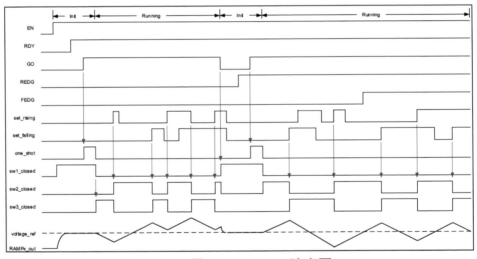

圖 3.2.6 PRG 時序圖

　　參考圖 3.2.6 時序圖，可以看到三個關鍵輸入：

- *voltage_ref (圖 3.2.5 的 "Voltage Sources")*

此為一個輸入參考電壓，當 SW1 使電容短路放電時，PRG 輸出電壓等於此參考電壓，也就是相對於 Vss（MCU 的地）的起始參考電壓

- *set_rising (圖 3.2.5 的 "Set_rising Timing Sources")*

此為一種輸入觸發訊號，當此觸發訊號觸發PRG 後，PRG 啟動SW2，開始對電容充電。圖 3.2.6 中的斜坡上升區段就是這樣產生，PRG 輸出電壓等於參考電壓加上電容電壓。

● set_falling（圖3.2.5 的 "Set_falling Timing Sources"）

此為一種輸入觸發訊號，當此觸發訊號觸發PRG 後，PRG 啟動SW3，開始對電容放電。圖 3.2.6 中的斜坡下降區段就是這樣產生，PRG 輸出電壓等於參考電壓減掉電容電壓。

➤ 比較器

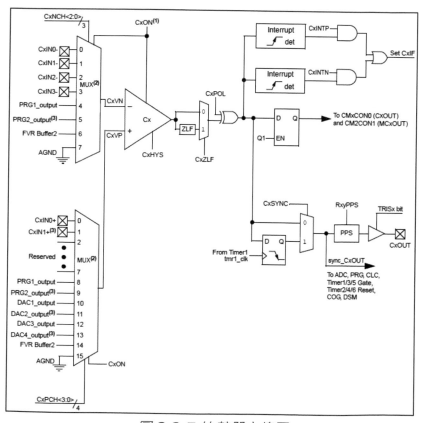

圖 3.2.7 比較器方塊圖

類比控制迴路少不了高速比較器，PIC16F1768 同樣具備了高速比較器，其方塊圖（3.2.7）可以看到輸入來源可選擇性相當豐富，並且若佈線時需要對調正負輸入，還可以內部設定輸出極性翻轉，讓引腳規劃變的相當便利。

比較器可以觸發產生中斷，同時也能當觸發源，進而觸發其他硬體模組，例如觸發 COG 模組，直接關閉 PWM，必要時還能輸出至引腳上，直接觀察與確認訊號時序。

➢ *16-Bit PWM（Pulse-Width Modulation）模組*

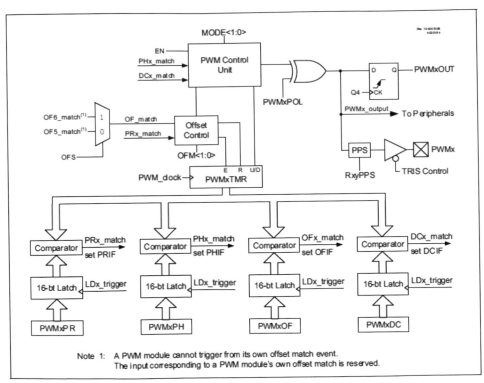

圖 3.2.8 16-Bit PWM 方塊圖

PIC16F1768 提供 16 位元的 PWM 模組是數位 PWM 模組，採用高頻的輸入時脈來源，進而產生高解析度 PWM。也因為是數位 PWM 模組，當需要特定 PWM 輸出，需要使用韌體直接設定或修改：週期（PWMxPR）、相位（PWMxPH）、偏移量（PWMxOF）、佔空比（PWMxDC）。此 PWM 模組可用於輸出至引腳上，或是用來當別的模組的觸發源，例如用來當前一節提到的〝Clock〞。

➢ *8-Bit PWM（Pulse-Width Modulation）模組*

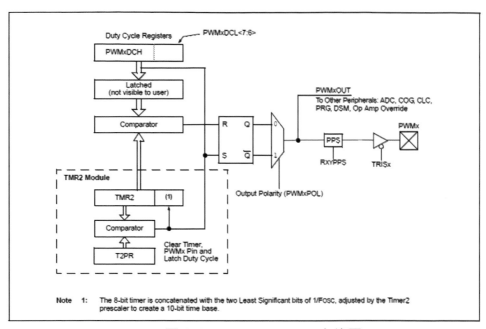

圖 3.2.9 10-Bit PWM 方塊圖

　　PIC16F1768 另外提供 8 位元的 PWM 模組也是數位 PWM 模組，採用較低頻的時脈來源，屬於低解析度 PWM。也因為是數位 PWM 模組，當需要特定 PWM 輸出，需要使用韌體直接設定或修改：週期（T2PR）、佔空比（PWMxDCH）。

　　此 PWM 模組雖為低解析度，同樣也可用於輸出至引腳上，或是用來當別的模組的觸發源，例如用來當前一節提到的〝Clock〞。

非必要時，筆者通常留著高解析度 PWM 模組給其它功能使用，低解析度用來做混合式數位電源的 PWM 頻率來源。

➤　COG（Complementary Output Generator）互補輸出產生器

COG 互補輸出產生器，看名稱就可以猜到，將輸入訊號轉為互補訊號，由於是互補關係，因此同時支援 Deadtime 的設置。此產生器不僅僅可以輸出互補訊號，還支援其他模式，例如 Push-Pull 模式等等。此書探討 Buck Converter 為主，因此採用的是半橋模式，如圖 3.2.10。

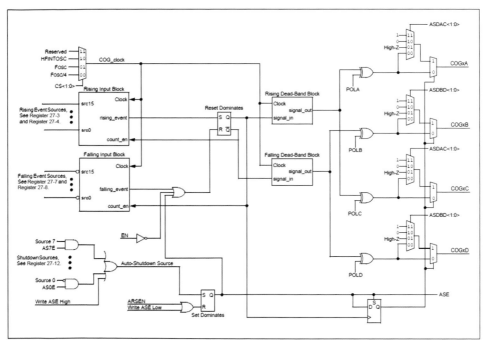

圖 3.2.10 COG 半橋模式方塊圖

常有人問筆者，使用低精度用來當 "Clock"，混合式數位電源不也就跟著低 PWM 精度？其實不盡然，頻率精度部分確實會受影響，但佔空比卻不會，因為 "Clock" 只是用來觸發 COG（混合式數位電源的 S-R Latch 模組）上升緣，佔空比是下降緣決定的，而混合式數位電源的下降源來自比較器結果，所以有解析度問題？比較器並非數位的，沒有數位解析度問題，佔空比也就沒有數位解析度限制。

COG 主要接收三種輸入源，並產生相對應的動作如下：

● *Rising Event Resources (上升緣觸發源)*

此輸入源具備多種選擇，並且支援同時多輸入，其中一個輸入發出觸發訊號，即能觸發 Rising Event。

當此輸入源進入 Rising Event，SR-Latch 被觸發 "Set"。

● *Falling Event Resources (下降緣觸發源)*

此輸入源具備多種選擇，並且支援同時多輸入，其中一個輸入發出觸發訊號，即能觸發 Falling Event。

當此輸入源進入 Falling Event，SR-Latch 被觸發 "Reset"。

● *Auto-Shutdown Resources (自動關閉觸發源)*

此輸入源具備多種選擇，並且支援同時多輸入，其中一個輸入發出觸發訊號，即能觸發 Auto-Shutdown Event。

當此輸入源進入 Auto-Shutdown Event，COG 中的 SR-Latch 被觸發 "Reset"，並且即刻關閉所有輸出，必要的話可以設定為自動恢復還是保持關閉，直到軟體判斷可以重新啟動。

半橋模式下的 COG，輸出引腳為 COGxA 與 COGxB（x 為模組編號）。其 Deadtime 的時序參考圖 3.2.11。Deadtime 的原理是安插延遲於 COGxA 與 COGxB 的上升緣，兩個延遲時間可以獨立設定，因此兩 deadtime 的時間長度允許不相同。若同時使用 Phase Delay（相位延遲）

功能，Deadtime 也會被往後推遲，功能並不重疊。若需要半橋模式用於全橋，可以另使用 COGxC（與 COGxA 同步）與 COGxD（與 COGxB 同步）。

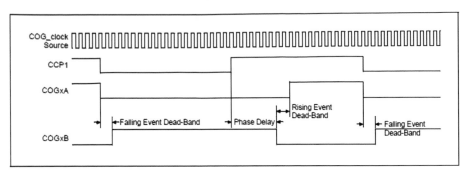

圖 3.2.11 半橋模式時序圖

➢ DSM（Data Signal Modulator）資料訊號調變器

DSM 資料訊號調變器在 MCU 中不常見，讀者對於此模組可能相對陌生，但其妙用非常有趣，因此筆者特別寫一段表彰一下。先說說其基本輸入的訊號與輸出訊號的產生，參考方塊圖 3.2.12，輸入訊號有三個，輸出只有一個：

● Modulation Sources
 載波調變條件輸入源，狀態只有High 或Low 兩種準位狀態，其輸入源有多種選擇，但同時只能選用一種。

● Carrier High Sources
 "High" 載波輸入源，其輸入源也是很多種選擇，同時只能選用一種。其中"High" 的意思是，當載波調變條件狀態為 High 時，DSM 輸出訊號就同步於此載波輸入源。

● Carrier Low Sources
 "Low" 載波輸入源，其輸入源也是很多種選擇，同時只能選用一種。其中"Low" 的意思是，當載波調變條件狀態為 Low 時，DSM 輸出訊號就同步於此載波輸入源。

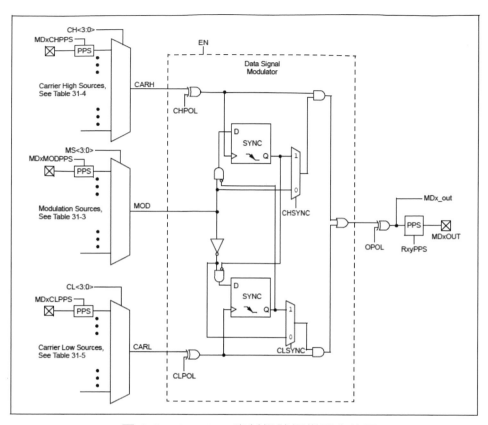

圖 3.2.12 DSM 資料訊號調變器方塊圖

上面說明是不是很饒舌呢？看圖 3.2.13 非同步模式時序圖做為參考，能更簡單的理解上面的說明。

Modulator 就是上述 Modulation Sources（載波調變條件輸入源），當狀態為 High 時，MDx_out（DSM 輸出）等於 Carrier High 的輸入訊號，一模一樣。

當 Modulator 轉變為 Low 時，MDx_out（DSM 輸出）等於 Carrier Low 的輸入訊號，同樣是一模一樣，完全同步。圖 3.2.13 僅是多種模式中的一種，稱為非同步模式，輸出跟著 Modulator 轉變而立刻轉變，還有其他模式稍有不同，請參考原廠文件，學習更多細節。

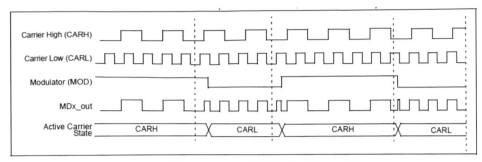

圖 3.2.13 非同步模式時序圖

DSM 說得是天花亂墜，看雲裡來霧裡去，沒看到妙用之處呀！？

參考下圖 3.2.14，從實際日行燈上量到的電流波形，圖(a)中的 I_{LED} 呈現方波狀態，若仔細觀察，可以看到電流最低約滿載的 10%，也就是一直切換於 10%與 100%之間。

然而一般放大波形觀察電流的情況下，都會觀察到圖(b)左上角的電流波形，電流上升過程會產生尖波的問題，下降亦然，然實際觀察混合式數位方式卻沒有，這是為什麼呢？實際測試，0%-100%也沒問題。

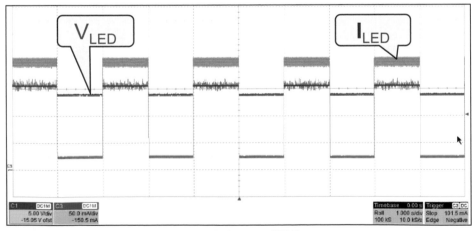

(a) LED 調光

圖 3.2.14 車用日行燈調光案例

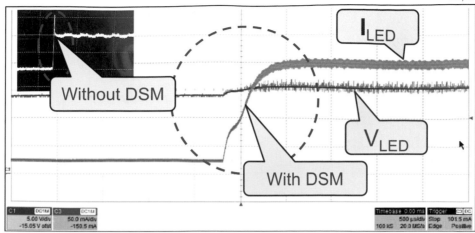

(b)LED 調光放大圖

圖 3.2.14 車用日行燈調光案例(續)

　　這就是 DSM 的妙用之一，尖波產生的原因來自於調光過程中，Duty 變化過大導致。OPA 的計算積分結果，事實上就是存儲在 OPA 外的電容上，以圖 3.2.15 為例，Type-2 的計算結果，輸出電壓 I_{Comp} 就是儲存於 C1 與 C2 上。

　　假設調光從 100% 變成 0% 後再回到 100%，需要暫時停止計算時，只要把圖中的開關打開，OPA 便停止對 C1 與 C2 充放電，計算便停止，直到需要恢復 100%，開關再次關上，OPA 便自動恢復計算，然而再次關上瞬間，I_{Comp} 由於維持不變，所以電流直接恢復 100% 相應的電流，恰到好處！但還記得說明 OPA 時提過三態(Tri-stated)模式？圖中的開關就是 Tri-stated 狀態。而此開關可以透過 DSM 自動處理，軟體完全不用介入。只要給定 DSM 的載波調變條件輸入源之後，並連結到 OPA 三態 (Tri-stated)模式，DSM 便會自動接管這個過程。

　　假設調光從 100% 變成 10% 後再回到 100%，情況就有所不同，電流 10% 並非 0%，因此不暫停計算，這時就需要一點密技！當調光從 100% 變成 10% 時，對於 10% 電流，100% 電流下的 I_{Comp} 肯定太大，然而既然 I_{Comp} 儲存於 C1 與 C2 上，將 C1 與 C2 放電重來不就行了？

所以前面例子是暫停計算，這個例子需要的是補償器復位，C1 與 C2 重新充電積分，相當於一個很短時間的緩啟動機制。

此時需要的不是 DSM，而是將 OPA 的輸出與負端輸入引腳暫時改為 I/O 引腳，然後短路到地後，立刻恢復原狀，C1 與 C2 就放電結束了，OPA 將會自動重新對 C1 與 C2 重新充電積分，就能得到圖 3.2.14(b)中的美妙結果！

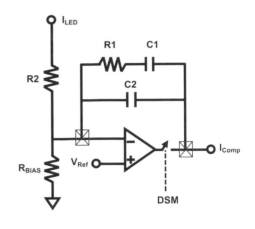

圖 3.2.15 OPA Tri-stated 模式

3.3 混合式數位電壓模式 BUCK CONVERTER 實作

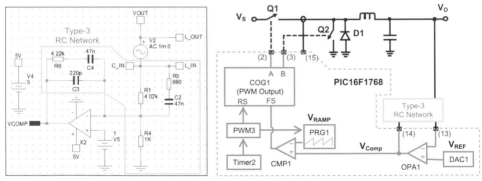

圖 3.3.1 混合式數位電壓模式 Buck Converter

圖 3.3.1 是接下來將完成的基本方塊圖，其中左右的 Type-3 RC 參數值，已經於第一章中計算，並於第二章中根據模擬結果微調。如有興趣，可以回到第一章與第二章相關小節回顧計算過程。

接下來一起使用 PIC16F1768 來邊實作邊驗證理論推算結果。

3.3.1. 設計混合式數位電壓模式控制迴路

圖 3.3.1 同時也說明了混合式數位電壓模式需要使用的一些模組,前面小節已經個別介紹模組功能,此節將探討的是如何實作完成,換言之,如何將這些模組連接起來呢?

事實上可以這麼想像,PIC16F1768 內部設計了這些模組,這些模組間的接線是實體線,並且是人為可以決定的,設計者要做的就是發揮創意,設計所需的方塊圖後, "寫程式" 讓 PIC16F1768 知道哪些模組需要被連接起來,然而對於硬體工程師而言,光是專精電源硬體設計已經花了大半輩子,還怎麼學寫程式?

介紹讀者一個好東西:MCC SMPS Power Library

Microchip 推出的這個混合式數位控制輔助設計工具簡直是佛心來的,僅需要使用滑鼠勾勾選選,鍵盤輸入參數,MCC SMPS Power Library 就能自動產生程式,讓 PIC16F1768 知道哪些模組需要被連接起來,接著將程式燒錄到 MCU 中,打完收工!

是不是很讚呢!就是這麼簡單又愉快!☺

使用 MCC SMPS Power Library 前,需要先於 MPLAB X IDE 建立一個程式專案,所以我們先一起一步步建立第一個程式專案,然後才使用 MCC SMPS Power Library 產生必要的程式,最後測試驗證。

➤ 步驟一:建立一個程式專案

首先開啟 MPLAB X IDE,並於選單中點選『File』>『New Project...』,隨後出現 New Project 設定視窗的 Step 1. Choose Project(如圖 3.3.2),於視窗中選擇 "Standalone Project" 後點選 "Next >"。Step 2. Select Device(如圖 3.3.3),於視窗中輸入 PIC16 編號 "PIC16F1768" 後點選 "Next >"。

PIC16 選擇後,MPLAB X IDE 會自動根據選擇,直接進入 Step 4。

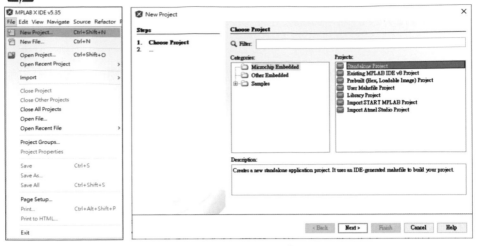

圖 3.3.2 New Project 設定視窗（Choose Project）

Step 4. Select Tool - Optional（如圖 3.3.4），於視窗中選擇讀者所持有的燒錄器，後點選 "Next >"，若不確定使用何種燒錄器，可以任選，於燒錄時再重新選擇也可以。

燒錄器選擇後，例如筆者選用便宜的 PICkit 4，MPLAB X IDE 會自動根據選擇，直接進入 Step 6。

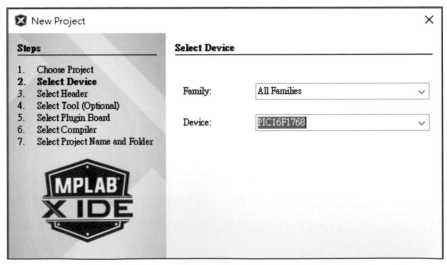

圖 3.3.3 New Project 設定視窗（Select Device）

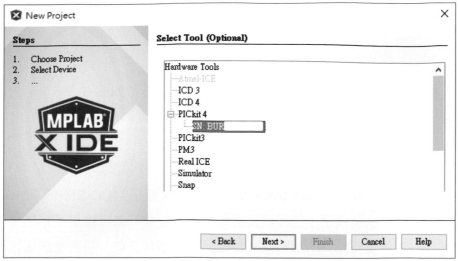

圖 3.3.4 New Project 設定視窗 (Select Tool - Optional)

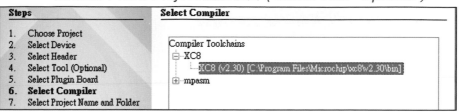

圖 3.3.5 New Project 設定視窗 (Select Compiler)

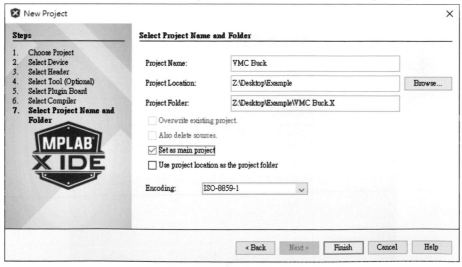

圖 3.3.6 New Project 設定視窗 (Project Name and Folder)

Step 6. Select Compiler（如圖 3.3.5），於視窗中選擇讀者所安裝的編譯器（請注意：版本差異可能造成實驗結果不同），筆者當前使用 XC8 v2.30 版，後點選 "Next >"。

Step 7. Select Project Name and Folder（如圖 3.3.6），於視窗中選擇讀者所指定的專案儲存位置，並替專案取個專案名稱，例如 VMC Buck，最後點選 "Finish"。

➢ *步驟二：使用 MCC SMPS Power Library 產生開迴路測試程式*

步驟一已經建立一個基本程式專案，接下來就是 MCC SMPS Power Library 上場的時候了！然而測試閉迴路控制之前，筆者總是不厭其煩的建議所有電源工程師，千萬別急，測試閉迴路控制之前，是否應該確認硬體是否正確？至少得確認下面幾件事呀！

- *PWM 輸出邏輯與腳位是否正確？*
- *PWM 頻率是否正確？*
- *Deadtime 是否正確？*
- *加到滿載是否異常？*

至少先確定之前硬體功率級是沒問題的，所以產生開迴路控制程式是對於測試電源相當重要的第一步。幸好，Microchip 此佛系工具直接支援此功能，可以直接將系統變成簡單固定佔空比開迴路控制。

圖 3.3.7 開啟 MCC

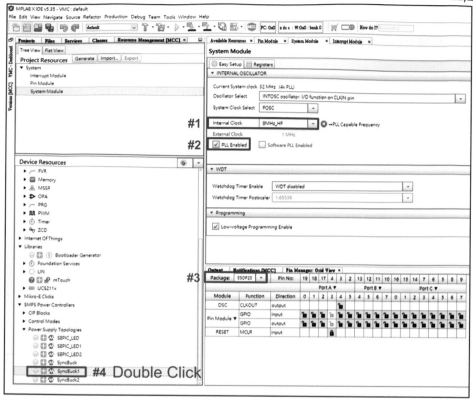

圖 3.3.8 PIC16F1768 基礎設定

　　步驟二目標是使用 MCC SMPS Power Library 產生開迴路測試程式，確認硬體是否正確。請如圖 3.3.7 所示，於 MPLAB X IDE 環境中，點選 MCC 按鈕，呼叫 MCC 工具，通常會先出現一個視窗，詢問隨後 MCC 的設定參數要儲存於哪？檔案名稱？沒有特別需求的話，通常直接點 "存檔" 即可，儲存於同一個專案路徑下。

　　參考圖 3.3.8，接著依序設置：

　　步驟#1 與#2：於 MCC 視窗中，找到 "Resource Management [MCC]" 子視窗，然後點選 "System Module"，並於 System Module 視窗中，選擇 PIC16F1768 的基本時脈，也就是要 MCU 跑多快，例如筆者選擇 "8MHz_HF"，並使能 PLL 功能。

步驟#3：於 MCC 視窗中，找到 "Pin Manager: Grid View" 子視窗，然後確認實際使用的 PIC16F1768 包裝(外型)，例如筆者使用 "SSOP20"。

步驟#4：於 MCC 視窗中，找到 "Device Resources" 子視窗，然後滾動子視窗以尋找"SMPS Power Controllers" / "Power Supply Topologies" / "SyncBuck1"，雙點擊 "SyncBuck1"。

其實選擇 SyncBuck 或 SyncBuck1 或 SyncBuck2 都可以，主要差異是 "預設使用模組" 不同。換言之，例如 PIC16F1768 可以控制兩組 Sync Buck，SyncBuck1 "預設" 使用 OPA1、CMP1、..等，若剛好一樣就不需要再改的概念。反之，若不同呢？就隨選一個最接近的，然後根據需求，於 MCC 相關方塊中選擇換掉模組，例如 OPA1 換成 OPA2。筆者手上的控制板所引用的模組跟 SyncBuck1 預設一樣，所以選擇 SyncBuck1。

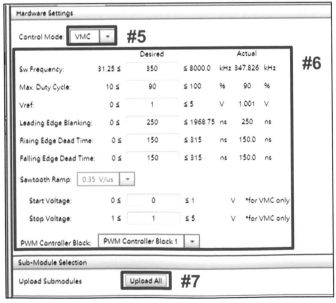

圖 3.3.9 Sync Buck1 基礎設定

參考圖 3.3.9。

步驟#5～#7：於 MCC 視窗中，找到 "Resource Management [MCC]" 子視窗，然後點選 "SMPS Power Controllers" / "Power Supply Topologies" / "SyncBuck1"，並選擇 SyncBuck1 視窗中的 Configuration 子頁，選擇 VMC（Voltage Mode Control 電壓模式控制），並且修改電源相關參數，代表意義與筆者設定參考：

- *Sw. Frequency 開關切換頻率（kHz）：350*
- *Max. Duty Cycle 最大佔空比（%）：90*
- *Vref 電壓迴路參考電壓（V）：1*
- *Leading Edge Blanking 比較器前緣遮罩時間（ns）：250*
- *Rising Edge Dead Time 上升緣死區時間（ns）：150*
- *Falling Edge Dead Time 下降緣死區時間（ns）：150*
- *Sawtood Ramp 鋸齒波 V_{Ramp} 斜率設定：（自動計算）*
    - ◆ *Start Voltage 鋸齒波 V_{Ramp} 起始電壓（V）：0*
    - ◆ *Stop Voltage 鋸齒波 V_{Ramp} 終止電壓（V）：1*
      所以 V_{Ramp} 等於 0～1Vpp 的鋸齒波。

設定後，選取 "Upload All"，將設定全部自動引導到 MCC 模組中。

關於 V_{Ramp} 設定，設定 0～1Vpp 或是 0～5Vpp 都能看到正確輸出電壓，那麼差別是什麼呢？是不是覺得怪怪的？

1.6.5 小節已經探討過 $G_{PWM}(s)$，有興趣可以往回翻，回顧一下。其中一個重點是 V_{Ramp} 直接影響 PWM 增益，V_{Ramp} 越大，PWM 增益變得越小，系統增益也就等比例變小。

假設 V_{Ramp} 等於 0～1Vpp 與 0～5Vpp 兩種，讀者可以試想一下：

補償器不變，OPA 從 0V 積分到 1V 速度快？還是從 0V 積分到 5V 速度快？所以，想當然爾，V_{Ramp} 越大，系統需要更長的時間達到滿 Duty，是不是反應速度變慢了呢？也就是頻寬變小了，對吧！？

很多道理都是相通的，然而為何前面說 "怪怪的"？而不是說有問題？

若沒有量頻寬，不管是 V_{Ramp} 幾伏特（最低高於 0V，最高等於 MCU Vdd 電壓），OPA 都會自動計算配合，因此電源 "看起來" 似乎正常工作，事實測試一下可能也沒看出問題，但性能就是不一樣，說不出的怪。☺

接續第二章的模擬驗證，筆者可以修改 VMC 例子中的鋸齒波電壓，從 0~1V 改成 0~5V，然後只量 Plant 波德圖，參考圖 3.3.11。從模擬可以看出 V_{Ramp} 變 5V 時，Plant 增益明顯變小，若沒有配合修正，例如沒有修改 F_0 以修正頻寬，系統開迴路增益將等比例下降。

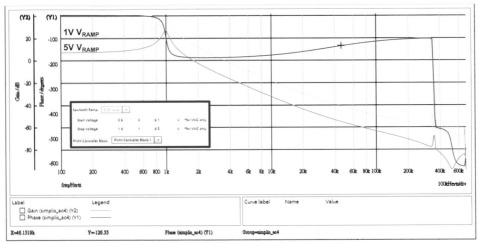

圖 3.3.10 V_{Ramp} 對系統增益的影響

鬼主意（創意）往往就是這麼產生的！也就是說，V_{Ramp} 可以直接線性改變系統增益與頻寬，你是不是已經猜到筆者要說什麼了呢？傳統電源受限於 IC 設計，系統的頻寬跟著輸入電壓變動而線性變動，造成設計上的取捨問題。若能根據不同輸入電壓，配置不同的 V_{Ramp}，是不是又解決了一個難題！？這就是混合式數位電源的好玩之處。

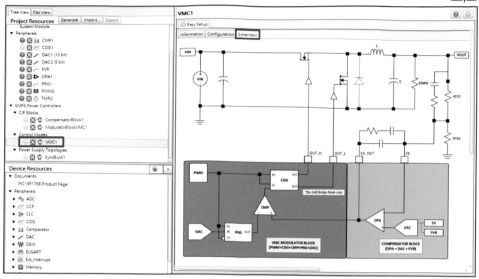

圖 3.3.11 VMC1 Block Diagram

　　若讀者有興趣，另外可以於 MCC 視窗中，找到 "Resource Management [MCC]" 子視窗，然後點選 "SMPS Power Controllers" / "Control Modes" / "VMC1"，並選擇 VMC1 視窗中的 Schematic 子頁，可以看到剛剛的步驟 #7 "Upload All" 是 Uploaded 了什麼？

　　實際上，當使用者按下步驟 #7 的 "Upload All" 後，MCC SMPS Library 自動將圖 3.3.11 的模組方塊圖接好，隨時可以產生程式，是不是相當的方便，還沒有寫到任何一行程式呢。

　　然而別急著產生程式，別忘了目前首要任務是產生開迴路控制程式，並且目前完成的僅是內部模組配置，尚未告訴 MCU 實際引腳配置。

　　步驟 #8：於 MCC 視窗中，找到 "Pin Manager: Grid View" 子視窗，然後於 SyncBuck1 模組腳位中，選擇所需的主開關 PWM 輸出（OUT_H）與同步整流開關 PWM 輸出（OUT_L）。

　　筆者為例，主開關 PWM 輸出於 RA5，同步整流開關 PWM 輸出於 RA4。如圖 3.3.12。其餘引腳包含 OPA 輸出(EA_O)與回授訊號(FB)等等，都需要確認一下，因筆者選用預設的同一個 OPA，所以不需要更改。

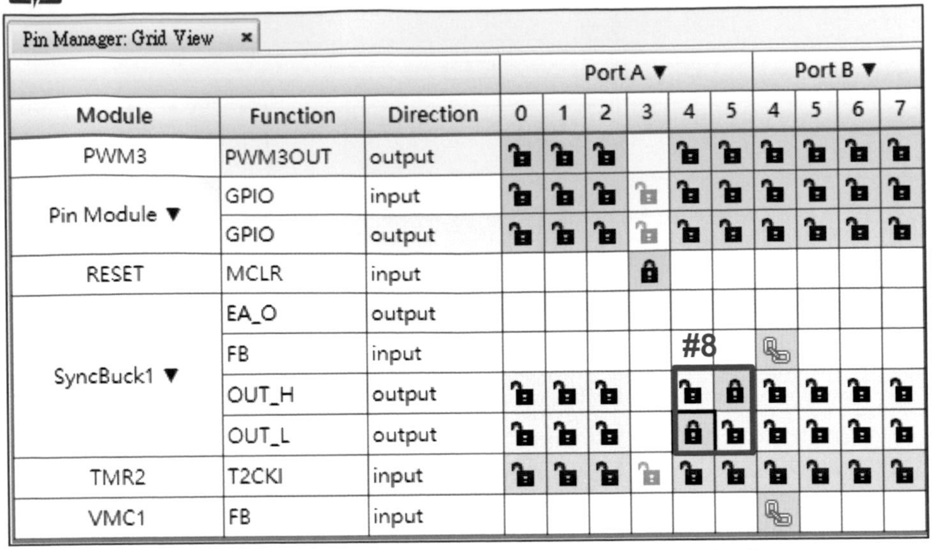

Module	Function	Direction	Port A 0	1	2	3	4	5	Port B 4	5	6	7
PWM3	PWM3OUT	output	🔓	🔓	🔓		🔓	🔓	🔓	🔓	🔓	🔓
Pin Module ▼	GPIO	input	🔓	🔓	🔓	🔒	🔓	🔓	🔓	🔓	🔓	🔓
	GPIO	output	🔓	🔓	🔓	🔒	🔓	🔓	🔓	🔓	🔓	🔓
RESET	MCLR	input				🔒						
SyncBuck1 ▼	EA_O	output										
	FB	input					#8		🔗			
	OUT_H	output	🔓	🔓	🔓		🔓	🔒	🔓	🔓	🔓	🔓
	OUT_L	output	🔓	🔓	🔓		🔒	🔓	🔓	🔓	🔓	🔓
TMR2	T2CKI	input	🔓	🔓	🔓	🔒	🔓	🔓	🔓	🔓	🔓	🔓
VMC1	FB	input							🔗			

圖 3.3.12 SyncBuck1 對外引腳設定

步驟#9～12：於 MCC 視窗中，找到 "Resource Management [MCC]" 子視窗，然後點選 "SMPS Power Controllers" / "CIP Blocks" / "ModulatorBlockVMC1"，即可於 ModulatorBlockVMC1 視窗中勾選 "Standalone Open Loop PWM"，亦即固定 PWM Duty 方式輸出 PWM。至於最大佔空比值，可以很直覺的設定於 Max. Duty Cycle 選項中，單位為%，例如筆者選擇固定 40%，所以將 90 改成 40。參考圖 3.3.13。接著就能開始產生相關程式，點選 "Generate"，通常會跳出提醒視窗，按下 "Yes" 後，程式隨即自動產生。

步驟#13：於 MPLAB 視窗下，找到 "Output" 子視窗，可以確認 MCC 自動產生程式是否已經完成，有些電腦會比較慢，需要一點時間。

當顯示 Generation complete. 就是已經完成，即可按下圖 3.3.14 上的燒錄按鈕，進行燒錄，回想過程，是不是沒有寫到任何一行程式呢？

這個工具有趣的地方就在於實際上是 MCU，但設計過程卻沒有寫程式的過程，相當適合純硬體工程師用來發揮創意，入門數位電源的領域。參考圖 3.3.15，量測 RA5 與 RA4，簡單判斷 PWM 基本規格是否正確。

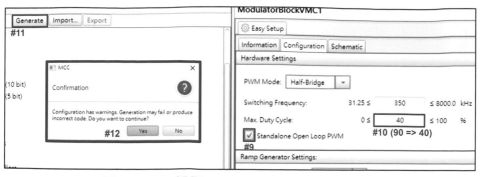

圖 3.3.13 設置Standalone Open Loop PWM

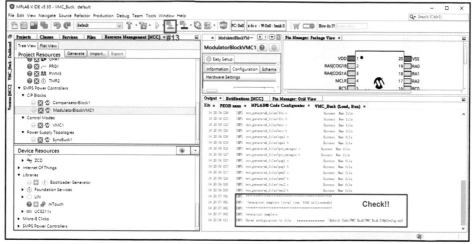

(a)

```
INFO:  ********************************************************
INFO:  Generation complete (total time: 4560 milliseconds)        Check!!
INFO:  ********************************************************
INFO:  Generation complete.
INFO:  Saved configuration to file  ••••••••••••••  \Hybrid Code\VMC Buck\VMC Buck.X\MyConfig.mc3
```

(b)

圖 3.3.14 燒錄程式

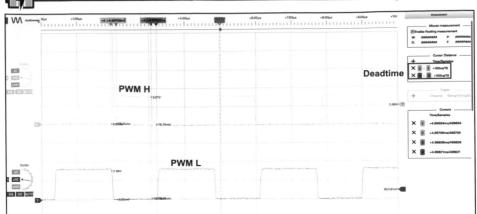

圖 3.3.15 開迴路 PWM 訊號量測

此時可確認下面幾個參數：

- PWM 輸出邏輯與腳位是否正確？
  正確（筆者手上的板子正確☺）。

- PWM 頻率是否正確？
  348.26kHz，稍微偏移 350kHz 設定值，這是因為預設選用
  的是解析度較低的組合 PWM3 + Timer2，若需要更精準的
  PWM 頻率，只需要選用高解析度的組合。

- Deadtime 是否正確？
  正確，符合設定 150ns。

- 佔空比是否 40%?
  稍微偏移至 33.70%，因為設定 40% 並不包含 Deadtime，
  並且不包含解析度誤差。這些偏移可以回到最大 Duty 設置
  處，再次手動微調即可，此處僅是測試，不影響實際閉迴路
  控制時的佔空比精準度。實際閉迴路控制時的佔空比是由比
  較器控制決定，沒有數位解析度問題。

- 加到滿載是否異常？
  正常（筆者手上的板子正常☺）。

➤　　*步驟三：使用MCC SMPS Power Library 產生閉迴路測試程式*

上一個步驟二已經完成確認硬體基本上沒有問題，所以可以開始著手閉迴路測試了！

步驟#14～16：於 MCC 視窗中，找到 "Resource Management [MCC]" 子視窗，然後點選 "SMPS Power Controllers" / "CIP Blocks" / "ModulatorBlockVMC1" ，於 ModulatorBlockVMC1 視窗中取消 "Standalone Open Loop PWM" 。

至於最大佔空比值，恢復到90%。參考圖 3.3.16。

接著再次產生相關程式，點選 "Generate" ，通常會再跳出提醒視窗，按下"Yes"後，程式隨即再次自動產生。

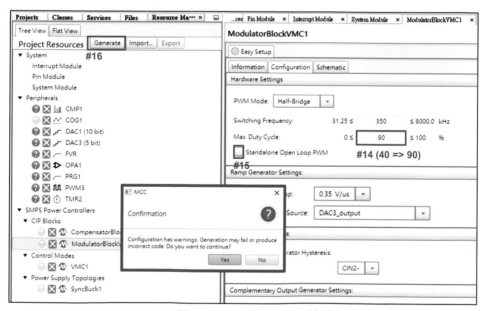

圖 3.3.16 恢復閉迴路控制

步驟#17：於 MPLAB 視窗下，找到"Output" 子視窗，同樣可以確認 MCC 自動產生程式是否已經完成，有些電腦會比較慢，需要一點時間。

顯示 Generation complete 就是已經完成，此時完整基本程式已經完成，參考下圖 3.3.17，對 MCU 進行燒錄程式，並檢查是否燒錄成功。

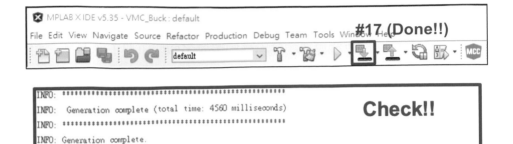

圖 3.3.17 燒錄程式

3.3.2. 混合式數位電壓模式實測

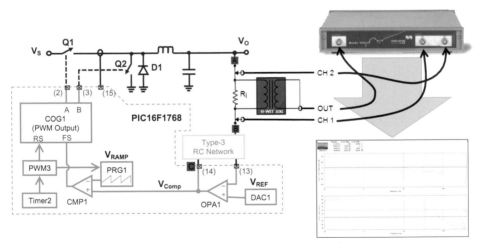

圖 3.3.18 波德圖量測示意圖

說到實測，再次搬出神器 Bode-100 來驗證控制迴路是否符合設計要求。參考圖 3.3.18 波德圖量測示意圖，訊號注入位置於圖中的 A 與 B 點，兩支偵測探棒 CH1 與 CH2 則根據量測對象，於 A、B、C 之間量測。

➢ *Plant 量測與驗證：CH1 量測 C 點，CH2 量測 A 點*
（參考圖 3.3.18）

此量測主要是觀測從 C 點看進去到 A 點位置之間的頻率響應，C 點代表的意義是控制迴路輸出 V_{Comp}，A 點代表的意義是系統輸出 V_O。

所以 C 點到 A 點位置之間的頻率響應包含了兩個區塊（參考第一章的定義），量測結果請參考圖 3.3.19，方便對比結果，直接引用 Mindi 章節之結果作為對比：

- *PWM 增益 $G_{PWM}(s)$，其中包含 Vs =12V 對系統的增益量*
  - *DC Gain 應約為 20log10(Vs/V_{RAMP}) = 22dB*
    同時讓讀者再感受一下 PWM 增益影響，所以筆者也實際驗證不同 V_{RAMP} 對於 DC Gain 的影響，從理論、模擬到實務都得到驗證。
    結果符合預期。

- *Plant 轉移函數 $G_{Plant}(s)$*
  - *f_{LC} 雙極點位置應約為 801.57Hz，實際電感與電容零件誤差，偏移至 889.68Hz。*

  - *F_{ESR} ESR 零點位置應約為 5651.81Hz，實際因電容零件誤差與整體 ESR 比理論值大（需包含線路電阻），因此 F_{ESR} 偏移至 4.5kHz 左右。*

  - *f_{LC} 雙極點位置後，至 F_{ESR} ESR 零點前，增益曲線斜率：-40 dB/Decade，結果符合預期。*

  - *F_{ESR} ESR 零點後，增益曲線斜率：-20 dB/Decade，結果符合預期。*

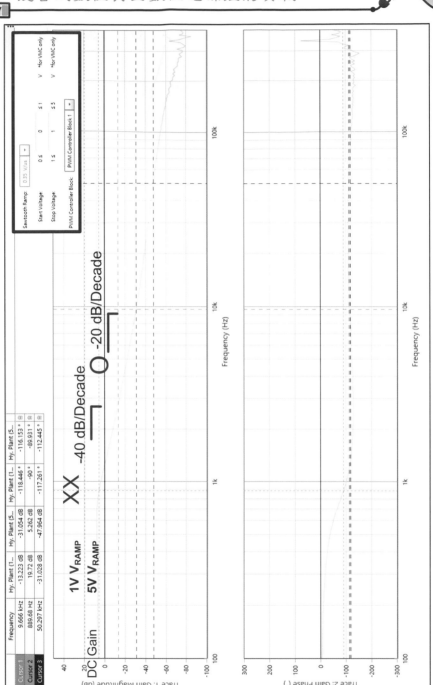

圖 3.3.19 VCM Plant 量測

➢ *控制迴路 H**Comp(s)量測與驗證：CH1 量測 B 點，CH2 量測 C 點*
（參考圖 3.3.18）

此量測主要是觀測從 B 點看進去到 C 點位置之間的頻率響應，B 點代表的意義是控制迴路輸入，C 點代表的意義是控制迴路輸出 V_{Comp}。

所以量測 B 點到 C 點位置之間，主要就是量測控制迴路 $H_{Comp}(s)$ 的頻率響應，量測結果請參考圖 3.3.20，方便對比結果，同樣直接引用 Mindi 章節之結果作為對比：

- *Type-3（三型）控制器應該是 3 個極點，2 個零點，結果符合預期。*

- *結果與 Mindi 模擬結果吻合（請注意，是與 Mindi 最後根據真實情況而調整的 RC 值結果做比對）。*

- *可以看出，為了配合實際零件值，必然需要有所妥協，所以部分極零點的位置與理想的位置有所差異，這也是類比控制迴路所難避免的限制。*

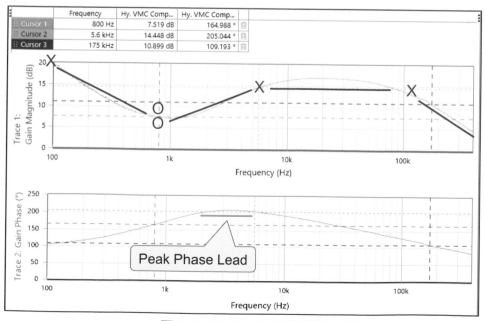

圖 3.3.20 VMC 控制迴路量測

> 系統開迴路 $T_{OL}(s)$ 量測與驗證：CH1 量測 B 點，CH2 量測 A 點
> （參考圖 3.3.18 ）

  此量測主要是觀測從 B 點看進去到 A 點位置之間的頻率響應，B 點代表的意義是控制迴路輸入，A 點代表的意義是系統輸出 V_O。所以量測 B 點到 A 點位置之間，主要就是量系統開迴路 $T_{OL}(s)$ 的頻率響應，量測結果請參考圖 3.3.21，於 Mindi 模擬過程中，補償控制器波德圖分析已經告訴我們，由於補償器 RC 值的耦合性問題，極零點擺置產生偏移，系統開迴路波德圖的最終結果必然受影響，加上 Plant 實際上也是偏移的，所以真實的系統開迴路 $T_{OL}(s)$ 量測結果可以看出部分指標會有些微偏移：

- F_C 頻率點增益曲線斜率-20 dB/Decade，而高頻區段，增益曲線斜率：-40 dB/Decade
  結果符合預期。

- F_C 模擬為 10.37kHz，實際零件誤差偏移至 11.837kHz，需要的話，可利用 Mindi 章提到之方法，透過實際結果再修正一次補償線路之參數即可。

- P.M. 模擬為 75 度，實際 75.449 度。
  結果符合預期。

- G.M. 預設須大於 10dB，結果 23.683dB。
  結果符合預期。

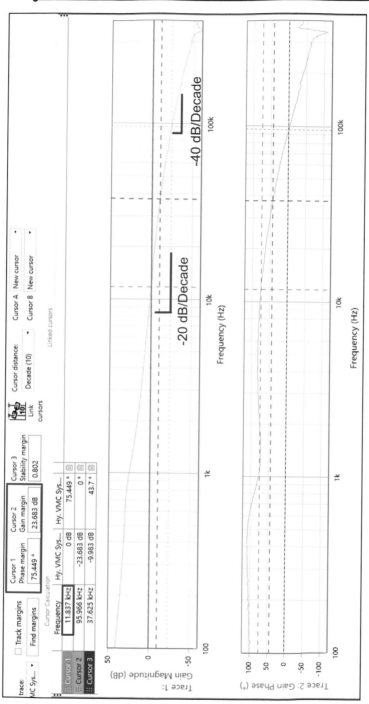

圖 3.3.21 VMC 系統開迴路測

3.3.3. AGC 前饋控制與電流箝位

混合式數位電壓模式 Buck Converter 畢竟還是電壓模式，因此於實際應用中，常見兩個問題被拿出來討論：

➢ *開關電流限制與保護*

假設有一個案例，輸入電壓範圍要求為 6V~18V，但實際應用發現，偶爾輸入電壓會低於6V，甚至低到3V，導致輸入電流（開關電流大於設計最大額定值的兩倍而燒毀），除了加大額定規格解決外，最便宜且快速的解決做法，就需要直接限制電流。

➢ *對於輸入電壓變化影響的調節能力*

假設有一個案例，前端輸入接的是電池，對於輸出的範圍與漣波要求較為嚴格，因此當替換電池瞬間而輸入電壓變化極快時，輸出會因輸入快速變動而造成超出規格。當然選擇電流模式是一種方式，還有其他快速解決的方式（硬體變動最小的方式）嗎？

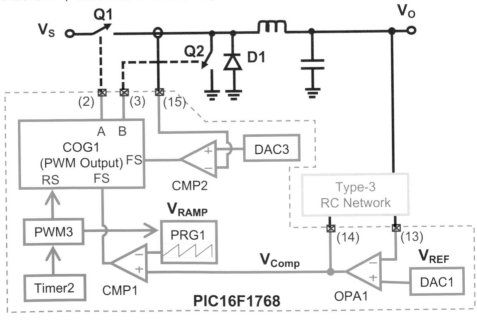

圖 3.3.22 開關電流限制與保護

這兩個問題是電壓模式的主要特性問題，因此解決方式需要修改核心控制方塊圖。我們一起逐一解決這兩個問題，先決條件是不需要 "寫" 程式哦！參考圖 3.3.22，既然目的是限制開關電流而達到保護的作用，只需要於 MCU 中，再調用一個 DAC（DAC3）作為最大電流基準設置，一個比較器（CMP2）作為最大電流檢測比較，然後將結果導入 COG1 中。

如果實際電流大於或等於 DAC（DAC3）的設定值，比較器（CMP2）將要求 COG1 提早關閉 PWM，直到下一次新的 PWM 週期才恢復。

如此一來，實際電流就受到限制，並且如同峰值電流控制模式一般，輸入電流呈現恆定狀態，但這只是用來避免突發狀況，並非長時間操作之用，因此並不需要加入斜率補償功能。其中 "FS" 是指 Falling Event Resources，用來週期性關閉 PWM 的來源。若使用者希望直接長時間關閉 PWM，直到使用者決定再次輸出 PWM，那麼可以選擇接到 "AS" Auto-Shutdown Resources，就可以直接長時間關閉 PWM。

如圖 3.3.23（圖左），於 MCC 視窗中，找到 "Device Resources" 子視窗，然後雙點擊 "Comparator" 下的 "CMP2"，然後再雙點擊 "DAC" 下的 "DAC3 (5 bit)"。雙點擊後，就能將 CMP2 與 DAC3 加入使用的模組行列中，如圖 3.3.23（圖右）。

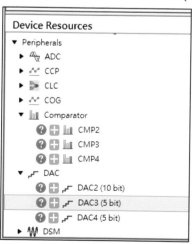

圖 3.3.23 開關電流限制與保護模組

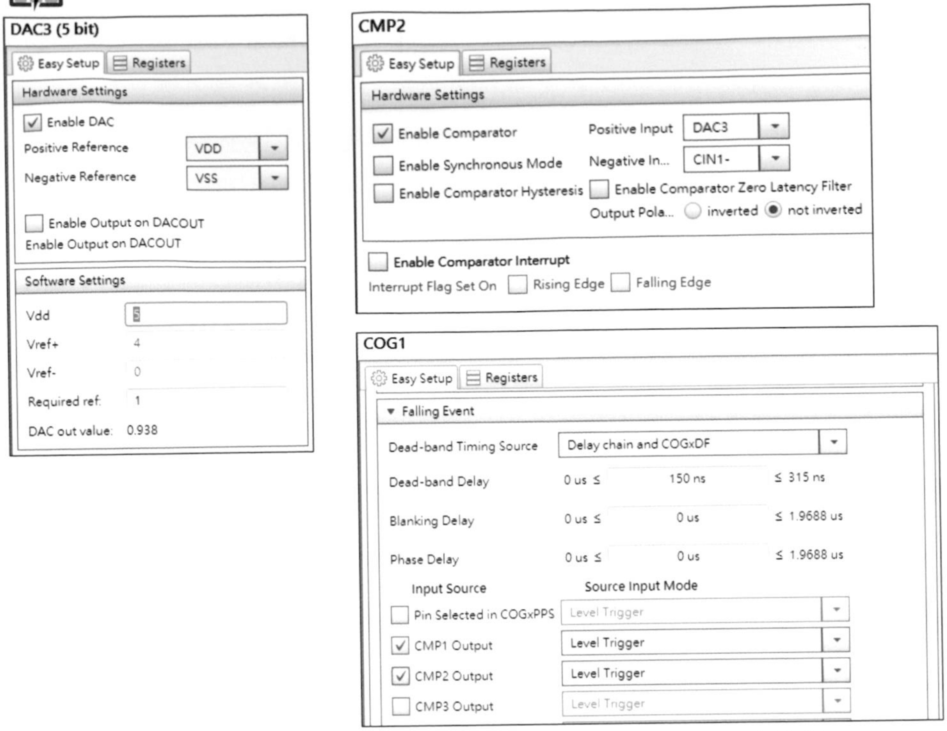

DAC3 (5 bit)

Easy Setup | Registers

Hardware Settings

☑ Enable DAC

Positive Reference | VDD ▼

Negative Reference | VSS ▼

☐ Enable Output on DACOUT
Enable Output on DACOUT

Software Settings

Vdd	5
Vref+	4
Vref-	0
Required ref:	1
DAC out value:	0.938

CMP2

Easy Setup | Registers

Hardware Settings

☑ Enable Comparator   Positive Input | DAC3 ▼

☐ Enable Synchronous Mode   Negative In... | CIN1- ▼

☐ Enable Comparator Hysteresis ☐ Enable Comparator Zero Latency Filter

       Output Pola... ○ inverted ● not inverted

☐ **Enable Comparator Interrupt**

Interrupt Flag Set On ☐ Rising Edge ☐ Falling Edge

COG1

Easy Setup | Registers

▼ Falling Event

Dead-band Timing Source	Delay chain and COGxDF		▼
Dead-band Delay	0 us ≤	150 ns	≤ 315 ns
Blanking Delay	0 us ≤	0 us	≤ 1.9688 us
Phase Delay	0 us ≤	0 us	≤ 1.9688 us

Input Source	Source Input Mode	
☐ Pin Selected in COGxPPS	Level Trigger	▼
☑ CMP1 Output	Level Trigger	▼
☑ CMP2 Output	Level Trigger	▼
☐ CMP3 Output	Level Trigger	▼

圖 3.3.24 MCC 設定開關電流限制與保護模組

參考圖 3.3.24，接著依序設定：

- **DAC3**
  輸入參考電壓可根據實際狀況選擇，假設使用VDD 與 VSS，則不需要改變。

  但記得修改 Required reference，此為最大電流的設置值（需換算為參考電壓），但 DAC 實際上是有解析度限制的，因此根據輸入參考電壓，會自動計算出實際設置值供使用者參考（DAC out value）。

- **CMP2**
  需要自行選擇引腳接線，例如圖中，正端輸入選擇接到 DAC3，負端輸入選擇接到實際引腳CIN1-上。

若遇到引腳被佔用，兩個輸入需要對調，那也是沒問題的，因為輸出極性可以直接修改成反相。

- COG1
COG1 下的 Falling Event 中，增加 CMP2 為其輸入來源之一，這樣 CMP2 就能直接讓 PWM 提早關閉。

設定完成後，接下來就是再熟悉不過的連續動作， "Generate" 產生程式，然後燒錄，然後再再次打完收工！是不是不用寫程式！解決問題就該這麼簡單又俐落。☺

關於第二個問題就相對複雜一點，但還是一樣不用寫程式，關鍵在於模組調用而已。所以 MCC 的設定就不再贅述，直接說明原理。

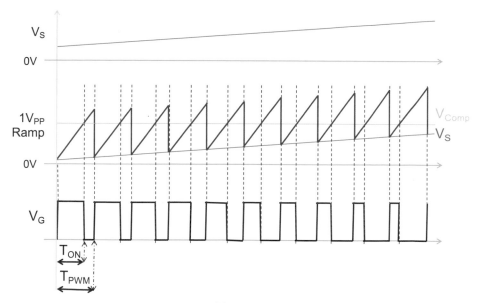

圖 3.3.25 輸入電壓前饋控制時序圖

參考圖 3.3.25（輸入電壓前饋控制時序圖），基於原本的設計構想，V_{Ramp} 是一個 1V 峰對峰的鋸齒波，V_{Comp} 高於 V_{Ramp} 時，VG 輸出為 High，反之輸出為 Low。

若能將輸入電壓 Vs 作為 V_{Ramp} 的直流偏移量，將 V_{Ramp} 墊高，並且正比於 Vs。分析一下結果，當輸入電壓變高時，由於 V_{Ramp} 墊高，因此提早高於 V_{Comp}，使輸出提早為 Low，更廣義解釋，這是一種簡單的前饋控制法，將輸入電壓的變化去耦合，使輸出變化不受影響（或影響降到最低）。並且，這一來一往，並不需要 MCU 介入，皆是硬體直接動作，所以速度非常快，因此才能將影響降到最低。

參考圖 3.3.26，只需要再透過 MCC，於系統中再加入一個 DAC2，並於 PRG1 中指定每次 Reset 時，啟始電壓等於 DAC2 輸出電壓（鋸齒波爬升的啟始電壓），而 DAC2 目的是用於橋接 Vs 到 PRG1 上，因此有兩種接線方式（使用 PIC16F1768）：

- *Vs 透過Vref+ 進入DAC2，並於DAC2 中設定輸出為最大 (DAC2 輸出等於Vref+)*
- *Vs 透過Vref- 進入DAC2，並於DAC2 中設定輸出為最小 (DAC2 輸出等於Vref-)*

同樣使用 MCC 設定，然後 Generate" 產生程式，然後燒錄，然後再再再次打完收工！真是歡樂呢！

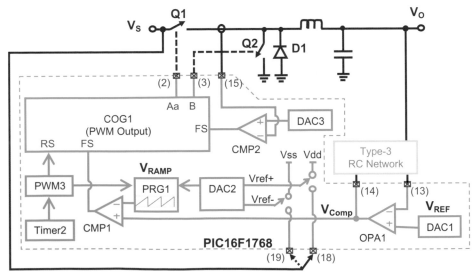

圖 3.3.26 輸入電壓前饋控制方塊圖

3.4 混合式數位峰值電流模式 BUCK CONVERTER 實作

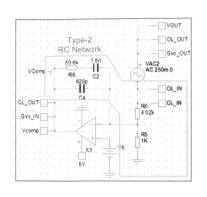

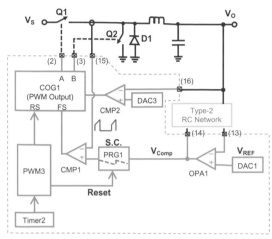

圖 3.4.1 混合式數位峰值電流模式 Buck Converter

　　圖 3.4.1 是接下來將完成的基本方塊圖，其中左右的 Type-2 RC 參數值，已經於第一章中計算，並於第二章中根據模擬結果微調。如有興趣，可以回到第一章與第二張相關小節回顧計算過程。

　　接下來一起使用 PIC16F1768 來邊實作邊驗證理論推算結果。

3.4.1. 設計混合式數位峰值電流模式控制迴路

　　圖 3.4.1 同時也說明了混合式數位峰值電流模式需要使用的一些模組，前面小節已經個別介紹模組功能，此節將探討的是如何實作完成，如何將這些模組連接起來呢？事實上可以這麼想像，PIC16F1768 內部設計了這些模組，這些模組間的接線是實體線，並且是人為可以決定的，設計者要做的就是發揮創意，設計所需的方塊圖後，“寫程式”讓 PIC16F1768 知道哪些模組需要被連接起來，同樣的問題，對於硬體工程師而言，光是專精電源硬體設計已經花了大半輩子，還怎麼學寫程式？

介紹讀者使用這個好東西：MCC SMPS Power Library

Microchip 推出的這個混合式數位控制輔助設計工具簡直是佛心來的，僅需要使用滑鼠勾勾選選，鍵盤輸入參數，MCC SMPS Power Library 就能自動產生程式，讓 PIC16F1768 知道哪些模組需要被連接起來，接著將程式燒錄到 MCU 中，打完收工！

是不是很讚呢！就是這麼簡單又愉快！☺

使用 MCC SMPS Power Library 前，需要先於 MPLAB X IDE 建立一個程式專案，所以我們先一起一步步建立第一個程式專案，然後才使用 MCC SMPS Power Library 產生必要的程式，最後測試驗證。

➢ *步驟一：建立一個程式專案*

首先開啟 MPLAB X IDE，並於選單中點選『File』>『New Project...』，隨後出現 New Project 設定視窗的 Step 1. Choose Project（如圖 3.4.2），於視窗中選擇 "Standalone Project" 後點選 "Next >"。

Step 2. Select Device（如圖 3.4.3），於視窗中輸入 PIC16 編號 "PIC16F1768" 後點選 "Next >"。PIC16 選擇後，MPLAB X IDE 會自動根據選擇，直接進入 Step 4。

Step 4. Select Tool - Optional（如圖 3.4.4），於視窗中選擇讀者所持有的燒錄器，後點選 "Next >"，若不確定使用何種燒錄器，可以任選，於燒錄時再重新選擇也可以。燒錄器選擇後，例如筆者選用便宜的 PICkit 4，MPLAB X IDE 會自動根據選擇，直接進入 Step 6。

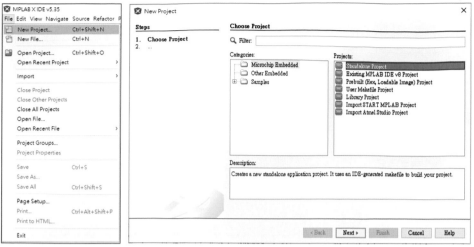

圖 3.4.2 New Project 設定視窗（Choose Project）

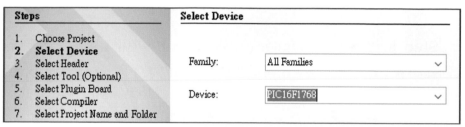

圖 3.4.3 New Project 設定視窗（Select Device）

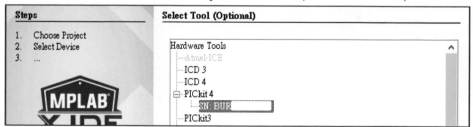

圖 3.4.4 New Project 設定視窗（Select Tool - Optional）

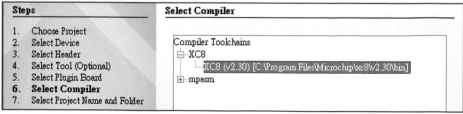

圖 3.4.5 New Project 設定視窗（Select Compiler）

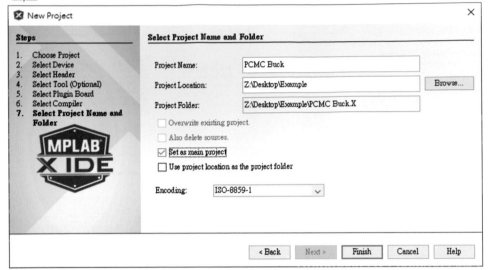

圖 3.4.6 New Project 設定視窗（Project Name and Folder）

Step 6. Select Compiler（如圖 3.4.5），於視窗中選擇讀者所安裝的編譯器（請注意：版本差異可能造成實驗結果不同），筆者當前使用 XC8 v2.30 版，後點選 "Next >"。

Step 7. Select Project Name and Folder（如圖 3.4.6），於視窗中選擇讀者所指定的專案儲存位置，並替專案取個專案名稱，例如 PCMC Buck，最後點選 "Finish"。

➢ 步驟二：使用 MCC SMPS Power Library 產生開迴路測試程式

步驟一已經建立一個基本程式專案，接下來就是 MCC SMPS Power Library 上場的時候了！然而測試閉迴路控制之前，筆者總是不厭其煩的建議所有電源工程師，千萬別急，測試閉迴路控制之前，是否應該確認硬體是否正確？至少得確認下面幾件事呀！

● PWM 輸出邏輯與腳位是否正確？

● PWM 頻率是否正確？

● Deadtime 是否正確？

- 加到滿載是否異常？

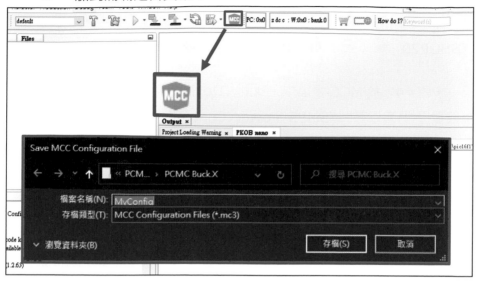

圖 3.4.7 開啟 MCC

　　哪怕不小心把電源燒了，至少確定之前硬體功率級是沒問題的，所以產生開迴路控制程式是對於測試電源相當重要的第一步。幸好，Microchip 此佛系工具直接支援此功能，可以直接將系統變成簡單固定佔空比開迴路控制。

　　步驟二的目標是使用 MCC SMPS Power Library 產生開迴路測試程式，確認硬體是否正確。請如圖 3.4.7 所示，於 MPLAB X IDE 環境中，點選 MCC 按鈕，呼叫 MCC 工具，通常會先出現一個視窗，詢問隨後 MCC 的設定參數要儲存於哪？檔案名稱？沒有特別需求的話，通常直接點 "存檔" 即可，儲存於同一個專案路徑下。

　　參考圖 3.4.8，接著依序設置：

　　步驟#1 與#2：於 MCC 視窗中，找到 "Resource Management [MCC]" 子視窗，然後點選 "System Module"，並於 System Module 視窗中，選擇 PIC16F1768 的基本時脈，也就是要 MCU 跑多快，例如筆者選擇 "8MHz_HF"，並使能 PLL 功能。

步驟#3：於 MCC 視窗中，找到 "Pin Manager: Grid View" 子視窗，然後確認實際使用的 PIC16F1768 包裝(外型)，例如筆者使用 "SSOP20"。

步驟#4：於 MCC 視窗中，找到 "Device Resources" 子視窗，然後滾動子視窗以尋找"SMPS Power Controllers" / "Power Supply Topologies" / "SyncBuck1"，雙點擊 "SyncBuck1"。

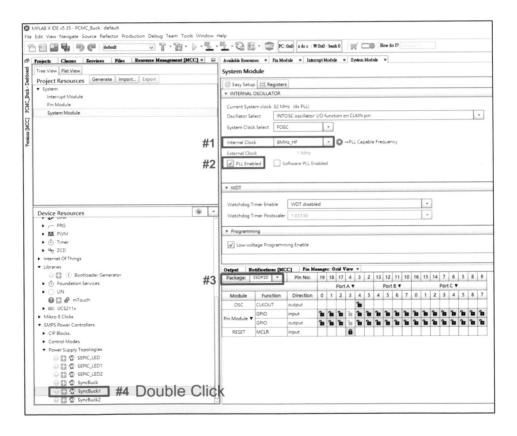

圖 3.4.8 PIC16F1768 基礎設定

其實選擇 SyncBuck 或 SyncBuck1 或 SyncBuck2 都可以，主要差異是 "預設使用模組" 不同。例如 PIC16F1768 可以控制兩組 Sync Buck，SyncBuck1 "預設" 使用 OPA1、CMP1、..等，若剛好一樣就不需要再改的概念。

反之，若不同呢？就隨選一個最接近的，然後根據需求，於 MCC 相關方塊中選擇換掉模組，例如 OPA1 換成 OPA2。筆者手上的控制板所引用的模組跟 SyncBuck1 預設一樣，所以選擇 SyncBuck1。

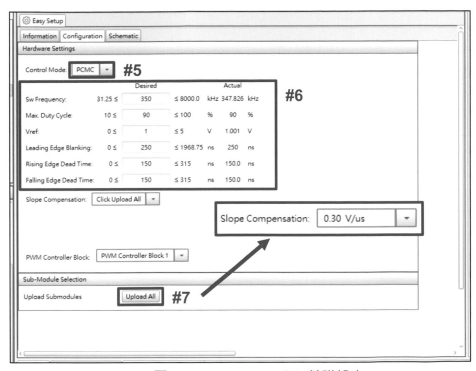

圖 3.4.9 Sync Buck1 基礎設定

參考圖 3.4.9：

步驟#5～#7：於 MCC 視窗中，找到 "Resource Management [MCC]" 子視窗，然後點選 "SMPS Power Controllers" / "Power

Supply Topologies" / "SyncBuck1" · 並選擇 SyncBuck1 視窗中的 Configuration 子頁 · 選擇 PCMC (Peak Current Mode Control 峰值電流模式控制) · 並且修改電源相關參數 · 代表意義與筆者設定參考:

- *Sw. Frequency 開關切換頻率 (kHz) : 350*
- *Max. Duty Cycle 最大佔空比 (%) : 90*
- *Vref 電壓迴路參考電壓 (V) : 1*
- *Leading Edge Blanking 比較器前緣遮罩時間 (ns) : 250*
- *Rising Edge Dead Time 上升緣死區時間 (ns) : 150*
- *Falling Edge Dead Time 下降緣死區時間 (ns) : 150*

設定後 · 選取 "Upload All" · 將設定全部自動引導到 MCC 模組中 · 並接著自動填寫斜率補償 Slope Compensation : (預設) 0.3 V/us。

根據前章節 1.7.1 筆者預設的電源規格計算 · 理想斜率補償為 90mV 以上。但注意 · 90mV 是指一週期時間的下降幅度 · 而 MCC 支援的設定單位是 mV/usec。因此需要另外換算成同單位所下降的電壓斜率。

本範例 PWM 頻率是 350kHz · 週期時間是 1/350kHz。因總斜率補償下降幅度希望是 90mV · 那麼可以得知 · 對比時間 usec 的斜率為:

$$V_{SC} = \frac{90mV}{1/350kHz} \times \frac{sec}{usec} = 31.5 \ mV/usec$$

取 PRG1 最接近的設定值:40mV/usec

注意 · 第一章節已經提到 · 斜率補償並非越大越好 · 後面驗證時有波形可以參考 · 適當就好。

步驟#8～#9：

於 MCC 視窗中，找到 "Resource Management [MCC]" 子視窗，然後點選 "PRG1"，而後於 PRG1 視窗中的 Register 子頁，進行設定 PRG1CON2 的 LR 位元為 Enable 以及 RG1ISET 位元改為 0.04 V/us。此值已經加入適當程度的設計餘裕，若再增加斜率，便會開始慢慢的在一定程度上影響迴路響應，以及甚至造成頻寬縮小，相位餘裕下降等困擾。

圖 3.4.10 斜率補償調整

另外，若讀者有興趣，另外可以於 MCC 視窗中，找到 "Resource Management [MCC]" 子視窗，然後點選 "SMPS Power Controllers" / "Control Modes" / "PCMC1"，並選擇 PCMC1 視窗中的 Schematic 子頁，可以看到剛剛的步驟 #7 "Upload All" 是 Uploaded 了什麼？

實際上，當使用者按下步驟 #7 的 "Upload All" 後，MCC SMPS Library 自動將圖 3.4.11 的模組方塊圖接好，隨時可以產生程式，是不是相當的方便，還沒有寫到任何一行程式呢！

然而別急著產生程式，別忘了目前首要任務是產生開迴路控制程式，並且目前完成的僅是內部模組配置，尚未告訴 MCU 實際引腳配置。

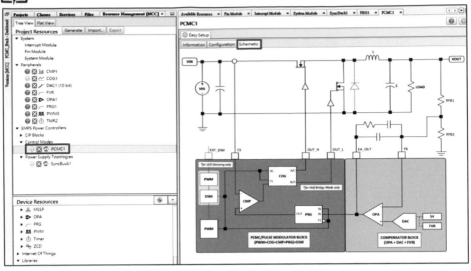

圖 3.4.11 PCMC1 Block Diagram

Module	Function	Direction	Port A ▼						Port B ▼				Port C ▼							
			0	1	2	3	4	5	4	5	6	7	0	1	2	3	4	5	6	7
DAC1 (10 bit) ▼	DAC1OUT1	output	🔓																	
	DAC1REF-	input	🔓																	
	VREF+	input		🔓																
ModulatorBlockPCMC1	CS	input		🔓										🔓	🔓	🔓				
OPA1 ▼	OPA1IN0+	input							🔓											
	OPA1IN0-	input							🔓											
	OPA1IN1+	input														🔓				
	OPA1IN1-	input													🔓					
OSC	CLKOUT	output					🔓													
PCMC1 ▼	CS	input		🔓										🔓	🔓	🔓				
	FB	input							🔓											
PRG1 ▼	PRG1F	input	🔓	🔓	🔓	🔓	🔓	🔓	🔓	🔓	🔓	🔓	🔓	🔓	🔓	🔓	🔓	🔓	🔓	🔓
	PRG1R	input	🔓	🔓	🔓	🔓	🔓	🔓	🔓	🔓	🔓	🔓	🔓	🔓	🔓	🔓	🔓	🔓	🔓	🔓
PWM3	PWM3OUT	output	🔓	🔓	🔓	🔓	🔓	🔓	🔓	🔓	🔓	🔓	🔓	🔓	🔓	🔓	🔓	🔓	🔓	🔓
Pin Module ▼	GPIO	input	🔓	🔓	🔓	🔓	🔓	🔓	🔓	🔓	🔓	🔓	🔓	🔓	🔓	🔓	🔓	🔓	🔓	🔓
	GPIO	output	🔓	🔓	🔓	🔒	🔓	🔓	🔓	🔓	🔓	🔓	🔓	🔓	🔓	🔓	🔓	🔓	🔓	🔓
RESET	MCLR	input				🔒										#11				
SyncBuck1 ▼	CS	input		🔓										🔓	🔓	🔓				
	EA_O	output														🔒				
	FB	input							#10 🔓											
	OUT_H	output	🔓	🔓	🔓		🔒	🔓	🔓	🔓	🔓	🔓	🔓	🔓	🔓	🔓	🔓	🔓	🔓	🔓
	OUT_L	output	🔓	🔓	🔓		🔒	🔓	🔓	🔓	🔓	🔓	🔓	🔓	🔓	🔓	🔓	🔓	🔓	🔓
TMR2	T2CKI	input	🔓	🔓	🔓	🔓	🔓	🔓	🔓	🔓	🔓	🔓	🔓	🔓	🔓	🔓	🔓	🔓	🔓	🔓

圖 3.4.12 PCMC1 對外引腳設定

步驟#10：於 MCC 視窗中，找到 "Pin Manager: Grid View" 子視窗，然後於 SyncBuck1 模組中，選擇所需的主開關 PWM 輸出（OUT_H）與同步整流開關 PWM 輸出（OUT_L）。

筆者為例，主開關 PWM 輸出於 RA5，同步整流開關 PWM 輸出於 RA4。如圖 3.4.12。

步驟#11：於 MCC 視窗中，找到 "Pin Manager: Grid View" 子視窗，然後於 SyncBuck1 模組中，選擇峰值電流回授引腳。

其餘引腳包含OPA輸出(EA_O)與回授訊號(FB)等等，都需要確認一下，因筆者選用預設的同一個 OPA，所以不需要更改。

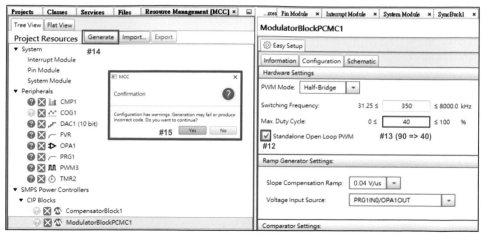

圖 3.4.13 設置Standalone Open Loop PWM

步驟#12～15：於 MCC 視窗中，找到 "Resource Management [MCC]" 子視窗，然後點選 "SMPS Power Controllers" / "CIP Blocks " / " ModulatorBlockPCMC1 "，即 可 於 ModulatorBlockPCMC1 視窗中勾選 "Standalone Open Loop PWM"，亦即固定 PWM Duty 方式輸出 PWM。

至於最大佔空比值，可以很直覺的設定於 Max. Duty Cycle 選項中，單位為%，例如筆者選擇固定40%，所以將 90 改成 40。參考圖 3.4.13。

接著就能開始產生相關程式，點選 "Generate" ，通常會跳出提醒視窗，按下"Yes"後，程式隨即自動產生。

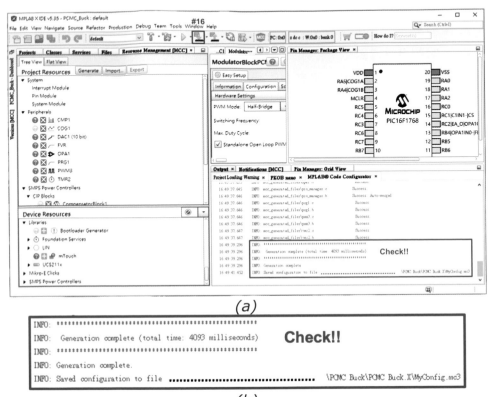

(a)

```
INFO:   ************************************************          Check!!
INFO:   Generation complete (total time: 4093 milliseconds)
INFO:   ************************************************
INFO:   Generation complete.
INFO:   Saved configuration to file ■■■■■■■■■■■■■■■■■■■    \PCMC Buck\PCMC Buck.X\MyConfig.mc3
```

(b)

圖 3.4.14 燒錄程式

步驟#16：參考圖3.4.14，於MPLAB視窗下，找到"Output" 子視窗，可以確認 MCC 自動產生程式是否已經完成，有些電腦會比較慢，需要一點時間。當顯示 Generation complete.就是已經完成，即可按下圖3.4.14 上的燒錄按鈕，進行燒錄，回想過程，是不是沒有寫到任何一行程式呢？

這個工具有趣的地方就在於實際上是 MCU，但設計過程卻沒有寫程式的過程，相當適合純硬體工程師用來發揮創意，入門數位電源的領域。

參考圖 3.4.15，量 RA5 與 RA4 簡單判斷 PWM 基本規格是否正確。

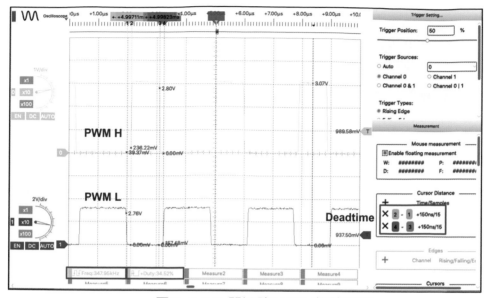

圖 3.4.15 開迴路 PWM 訊號量測

此時可確認下面幾個參數：

- *PWM 輸出邏輯與腳位是否正確？*

  正確（筆者手上的板子正確☺）。

- *PWM 頻率是否正確？*

  347.95kHz，稍微偏移 350kHz 設定值，這是因為預設選用的是解析度較低的組合 PWM3 + Timer2，若需要更精準的 PWM 頻率，只需要選用高解析度的組合。

- *Deadtime 是否正確？*

  正確，符合設定150ns。

- *佔空比是否40%?*

  稍微偏移至 34.52%，因為設定 40%並不包含 Deadtime，並且不包含解析度誤差。這些偏移可以回到最大 Duty 設置處，再次手動微調即可，此處僅是測試，不影響實際閉迴路

　　　　控制時的佔空比精準度。實際閉迴路控制時的佔空比是由比
　　　　較器控制決定，沒有數位解析度問題。

● 　加到滿載是否異常？
　　　　正常（筆者手上的板子正常☺）。

➢ 　步驟三：使用 MCC SMPS Power Library 產生閉迴路測試程式

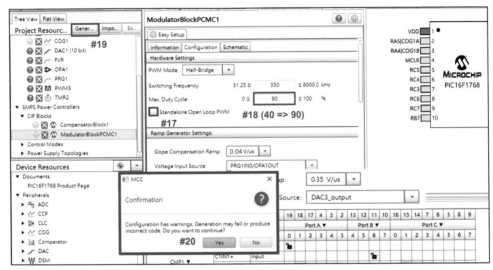

圖 3.4.16 恢復閉迴路控制

　　上一個步驟二已經完成確認硬體基本上沒有問題，所以可以開始著手閉迴路測試了！

　　步驟#17~20：於 MCC 視窗中，找到 "Resource Management [MCC]" 子視窗，然後點選 "SMPS Power Controllers" / "CIP Blocks" / "ModulatorBlockPCMC1"，於 ModulatorBlockPCMC1 視窗中取消 "Standalone Open Loop PWM"。

　　至於最大佔空比值，恢復到 90%。參考圖 3.4.16。接著再次產生相關程式，點選 "Generate"，通常會再跳出提醒視窗，按下"Yes"後，程式隨即再次自動產生。

步驟#21：於 MPLAB 視窗下，找到"Output" 子視窗，同樣可以確認 MCC 自動產生程式是否已經完成，有些電腦會比較慢，需要一點時間。

此時完整基本程式已經完成，參考下圖 3.4.17，對 MCU 進行燒錄程式，並檢查是否燒錄成功。

圖 3.4.17 燒錄程式

3.4.2. 混合式數位峰值電流模式實測

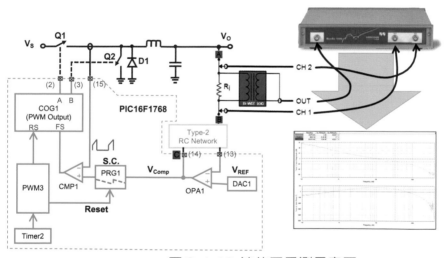

圖 3.4.18 波德圖量測示意圖

再次搬出神器 Bode-100 來驗證控制迴路是否符合設計要求。參考圖 3.4.18 波德圖量測示意圖，訊號注入位置於圖中的 A 與 B 點，兩支偵測探棒 CH1 與 CH2 則根據量測對象，於 A、B、C 三點之間交叉量測。

➤ *Gvo(s) 量測與驗證：CH1 量測 C 點，CH2 量測 A 點*

參考圖 3.4.18，此量測主要是觀測從 C 點看進去到 A 點位置之間的頻率響應，C 點代表的意義是控制迴路輸出 V_{Comp}，A 點代表的意義是系統輸出 V_O。所以 C 點到 A 點位置之間的頻率響應包含了兩個區塊（參考第一章的定義），量測結果請參考圖 3.4.19，方便對比結果，直接引用 Mindi 章節之結果作為對比：

- *$G_{VO}(s)$：符合預期！（參考圖 3.4.19）*
    - *不同斜率補償設定：40mV/us、90mV/us 與 300mV/us*
      可以看得出來，補償斜率越大，最終會影響 G.M.、P.M.、頻寬
    - *Plant Pole f_P 低於 100Hz，符合預期！*
    - *f_Z 約 5651.8Hz，符合預期！*
      不同於 f_P，f_Z 與 R_{LOAD} 無關，是固定在約 5651.8Hz

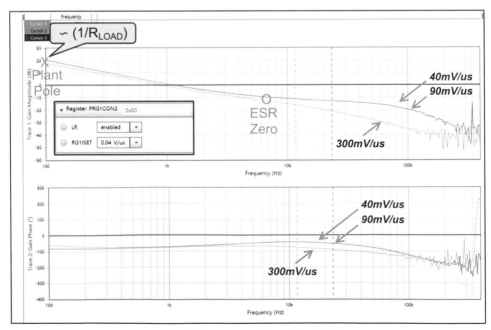

圖 3.4.19 $G_{VO}(s)$ 量測

➢ 控制迴路 $H_{Comp}(s)$ 量測與驗證：CH1 量測 B 點，CH2 量測 C 點

參考圖 3.4.18，此量測主要是觀測從 B 點看進去到 C 點位置之間的頻率響應，B 點代表的意義是控制迴路輸入，C 點代表的意義是控制迴路輸出 V_{Comp}。所以量測 B 點到 C 點位置之間，主要就是量測控制迴路 $H_{Comp}(s)$ 的頻率響應，量測結果請參考圖 3.4.20，同樣直接引用 Mindi 章節之結果作為對比：

- Type-2（二型）控制器應該是 2 個極點，1 個零點，其中：
  - f_{Z1} 約 2000Hz
  - f_{P1} 約 5651.8Hz
- 結果與 Mindi 模擬結果吻合（請注意，是與 Mindi 最後根據真實情況而調整的 RC 值結果做比對）。
- 可以看出，為了配合實際零件值，必然需要有所妥協，所以部分極零點的位置與理想的位置有所差異，這也是類比控制迴路所難避免的限制。

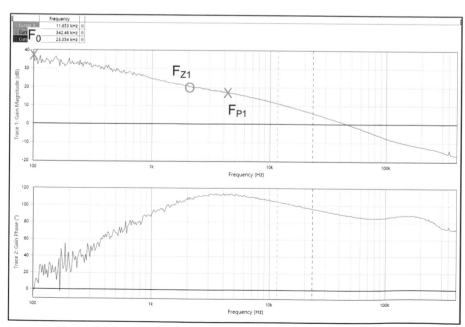

圖 3.4.20 PCMC 控制迴路量測

➤ *系統開迴路 $T_{OL}(s)$ 量測與驗證：CH1 量測 B 點，CH2 量測 A 點*

參考圖 3.4.18，此量測主要是觀測從 B 點看進去到 A 點位置之間的頻率響應，B 點代表的意義是控制迴路輸入，A 點代表的意義是系統輸出 V_O。所以量測 B 點到 A 點位置之間，主要就是量系統開迴路 $T_{OL}(s)$ 的頻率響應，量測結果請參考圖 3.4.21，於 Mindi 模擬過程中，補償控制器波德圖分析已經告訴我們，由於補償器 RC 值的耦合性問題，系統開迴路波德圖的最終結果必然受影響，加上 Plant 實際也偏移的，所以真實 $T_{OL}(s)$ 會有所偏移：

- *FC 頻率點增益曲線斜率-20 dB/Decade，而高頻區段，增益曲線斜率：-40 dB/Decade，結果符合預期。*

- *FC 模擬為 9.3kHz，實際零件誤差偏移至 10.475kHz，需要的話，可利用 Mindi 章提到之方法，透過實際結果再修正一次補償線路之參數即可。*

- *P.M. 模擬為 67.72 度，實際 69.833 度，結果符合預期。*

- *G.M. 模擬為 31.4dB，實際 31.22dB，結果符合預期。*

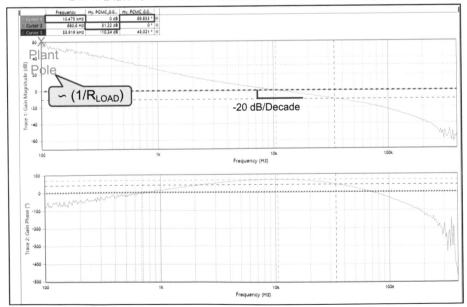

圖 3.4.21 系統開迴路 $T_{OL}(s)$ 量測

3.5 善用混合式數位電源除錯能力

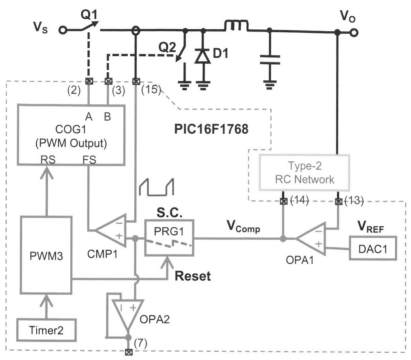

圖 3.5.1 善用混合式數位電源除錯能力（檢查PRGx）

前面介紹的實務案例過程，幾乎全使用 MCC 這個開發環境所完成，唯獨那一行程式。假設發生問題，該怎麼辦呢？例如斜率補償設定，讀者怎麼知道是否正確呢？建議使用混合式數位電源控制器工程師們，可以先想好接線方式，再使用 MCC 工具完成接線工作。

除錯通常兩種訊號，連續類比訊號與非連續數位訊號。一般來說，非連續訊號相對簡單，通常可以直接連接到實際引腳上，例如臨時想知道 PWM3 輸出是否正確，可直接將 PWM3 連接於引腳上即可。而連續的類比訊號，例如斜率補償訊號，就需要透過 OPA 的幫忙，將 OPA 設定為電壓隨耦器，將斜率補償訊號接至 OPA 輸入，再將 OPA 輸出接至實際引腳上即可。

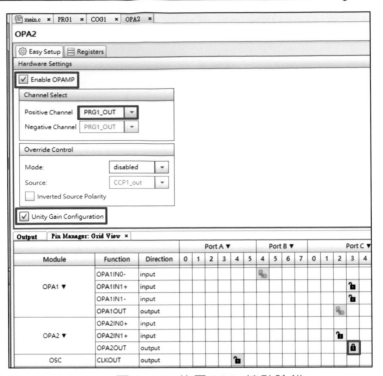

圖 3.5.2 使用 OPA 協助除錯

　　圖 3.5.1，透過 OPA2 將 PRG1 的輸出，複製到引腳#7 上。知道接線方式後，接下來當然是 MCC 再次上場的時候了！於 MCC 視窗中，找到 "Device Resources" 子視窗，雙點擊 "Peripherals" / "OPA" 下的 "OPA2"，以新增 OPA2 到 Project Resources 中。（參考圖 3.5.2）接著於 "Resource Management [MCC]" 子視窗，然後點選 "Peripherals" / "OPA2"，即可於 OPA2 視窗中依序設定：

- *Enable OPAMP（使能 OPA2）：勾選*
- *Positive Channel（正輸入端）：選擇 PRG1_OUT*
- *Unity Gain Configuration（隨耦器模式）：勾選*

另外，於 Pin Manager 視窗中，找到 OPA2 模組，將 OPA2OUT 連結到 Port C-3（#7 pin），至此 MCC 已經設定完畢。接著就能開始

產生相關程式，點選 "Generate" ，通常會跳出提醒視窗，按下"Yes"後，程式隨即自動產生，然後燒錄。

使用示波器量 MCU 第 7 腳，就能看到 OPA2（=PRG1）輸出囉！參考圖 3.5.3。由於斜率不大，因此筆者使用 AC 模式，方便儘量放大的方式觀察 PRG1 訊號，整體下降幅度約 106.3mV，反算可以驗證約40mV/usec，所以設定正確。是不是很方便呢？

以往傳統類比 IC 最痛苦的事，就是看著電路動作異常，腦中閃過多種分析與揣測，卻因固化的類比電源，很可能導致很難直接驗證想法，只能不斷的實驗，以旁敲側擊的方式進行除錯，然而問題消失不代表真的不再發生，因為可能沒有辦法真正量到問題點。而混合式數位控制在程度上，解決了這樣的困擾。除此之外，混合式數位的要點在於組合，設計者對於所需的產品功能，進行組裝各種模組，然後透過 MCC 這工具快速產生所需的程式。因此，整個過程也有點像是蓋房子，設計者必須先畫好藍圖構想，然後 MCC 就是一台自動蓋房子的機器，根據藍圖自動蓋房子。有了房子後，設計者繼續於房子中裝潢出想要的夢幻房屋。裝潢可能需要加上保護線路，也可能加上特別遠端遙控家電的功能。複雜的遠端遙控功能，就是需要寫程式的部分，而保護線路就是繼續模組拼圖即可。

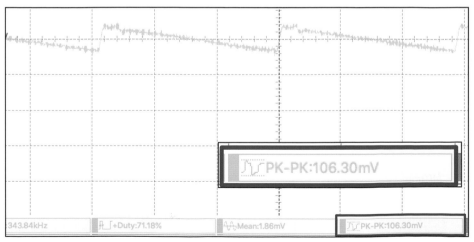

圖 3.5.3 OPA2（=PRG1）輸出（AC Mode）

例如加入輸出電壓過電壓保護，我們以圖 3.5.1 為基礎，做點修改如圖 3.5.4：加入 DAC3+CMP2，直接透過硬體實時檢查輸出電壓，過高就直接關閉 PWM。

混合式數位的強大在於架構是類比結構，卻有類似數位的除錯彈性，明明只是類比模組，卻具有組合並實現設計者巧思的能力。

筆者用這樣的 IC 參與設計過很多種應用，例如 PFC、COT DC/DC、PSR Flyback 等等，甚至峰值電流模式移相全橋轉換器，設計出獨特的電源晶片，猶如類比 IC 設計師一般有意思。

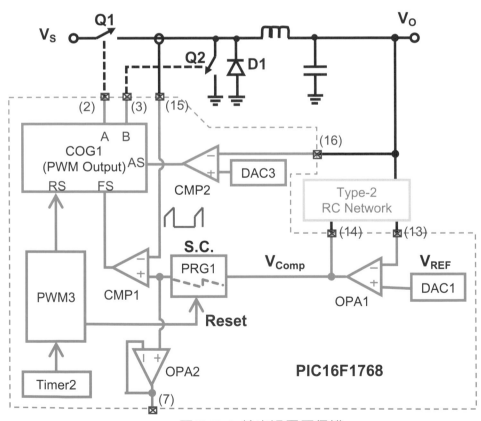

圖 3.5.4 輸出過電壓保護

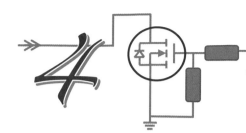

第4章
全數位電源

本書從第一章基礎理論推導，第二章模擬驗證，第三章混合數位控制電源實作，總算是到了一般電源工程師覺得最複雜的一個領域：全數位電源。

此章節主要說明如何實現數位電源控制迴路，並且承此書傳統，筆者同樣試著用最簡單易懂的方式說明，結合 **Microchip** 官方提供的工具軟體，快速完成整個控制迴路程式，期待這樣的方式，讓更多工程師能夠快速入門全數位電源的領域。甚至期待硬體工程師不再拒全數位控制於千里之外。

實現全數位電源之前，建議讀者姑且耐下性子，不厭其煩的再回顧一下 **1.8** 章節提到數位控制簡介與整理所需的模組，接著研讀此章節會更容易理解細部內容。廢話不多說，進入主題，開始逐步完成整個數位控制迴路吧！此章將以 **dsPIC33CK256MP506** 為核心控制器，逐步解釋與完成全數位控制設計。

4.1 建立基礎程式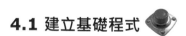

4.1.1. 建立基礎程式環境

使用 Microchip 的產品進行開發的好處在此顯露無遺，混合式數位電源開發所使用的開發環境與燒錄工具，跟全數位電源開發所需的開發環境與燒錄工具全都一樣，不用重學新的軟體，不需重新適應新的燒錄工具，相當的方便。

同樣使用 MPLAB X IDE 作為開發環境進行建立基礎程式環境。

➢ *步驟一：建立一個程式專案*

首先開啟 MPLAB X IDE，並於選單中點選『File』>『New Project...』，隨後出現 New Project 設定視窗的 Step 1. Choose Project（如圖 4.1.1），於視窗中選擇 "Standalone Project" 後點選 "Next >"。

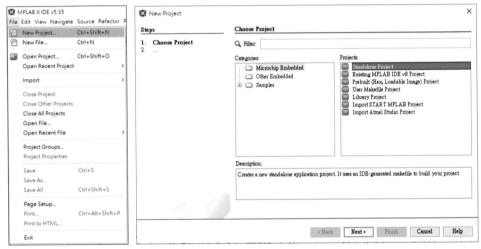

圖 4.1.1 New Project 設定視窗（Choose Project）

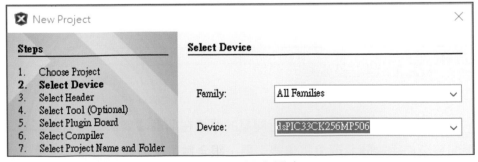

圖 4.1.2 New Project 設定視窗（Select Device）

Step 2. Select Device（如圖 4.1.2）,於視窗中輸入 dsPIC33 編號 "dsPIC33CK256MP506" 後點選 "Next >"。

dsPIC33 選擇後,MPLAB X IDE 會自動根據選擇直接進入 Step 4。

Step 4. Select Tool - Optional（如圖 4.1.3）,於視窗中選擇讀者所持有的燒錄器,後點選 "Next >",若不確定使用何種燒錄器,可以任選,於燒錄時再重新選擇也可以。

燒錄器選擇後,例如筆者選用較為高階的 ICD 4,MPLAB X IDE 會自動根據選擇,直接進入 Step 6。

Step 6. Select Compiler（如圖 4.1.4）,於視窗中選擇讀者所安裝的編譯器（請注意:版本差異可能造成實驗結果不同）,筆者當前使用 XC16 v1.61 版,後點選 "Next >"。

Step 7. Select Project Name and Folder（如圖 4.1.5）,於視窗中選擇讀者所指定的專案儲存位置,並替專案取個專案名稱,例如 VMC Buck,最後點選 "Finish"。

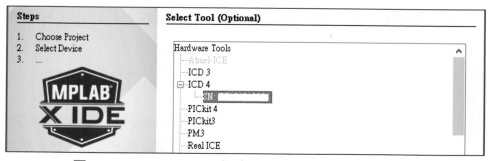

圖 4.1.3 New Project 設定視窗（Select Tool - Optional）

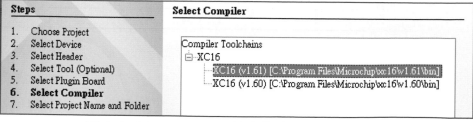

圖 4.1.4 New Project 設定視窗（Select Compiler）

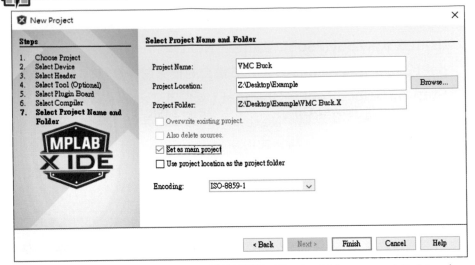

圖 4.1.5 New Project 設定視窗（Project Name and Folder）

> ➤ 步驟二：使用 MCC 建立基礎程式

無論混合式電源還是全數位電源，第一步都是需要建立基礎程式，然後才是應用程式層。這次不同於混合式數位電源設計，少了 MCC SMPS Library 的幫忙，更多細節需要使用者親自操刀配置，所以需要先知道要完成什麼目標。

參考圖 4.1.6 基礎程式流程圖，我們希望完成兩個程式迴路：

● 主程式

   當 MCU 開機後，逐步執行各個模組的初始化，接著進入一個無窮迴圈 while(1)，一般稱為主程式迴圈，要讓程式跑到主程式迴圈內，便需要初始化 MCU 的基本工作脈波（Clock）。

● 中斷服務程式

   中斷服務的意思是，當特定條件達到時，MCU 會暫停主程式，跳躍到特定條件的相應程式執行，於執行結束後，回到一開始跳躍的地方。筆者舉例產生一個 1 秒閃爍一次的 LED 訊號，我們將一起建立一個每 5ms 一次的中斷，然後判斷是否累計滿 0.5s，未滿 0.5s 就結束中斷，滿 0.5s 就翻轉 LED 狀態。

其中會用到三個模組：中斷管理模組、計時器（Timer）與 I/O
模組，所以初始化需要包含這三個模組。

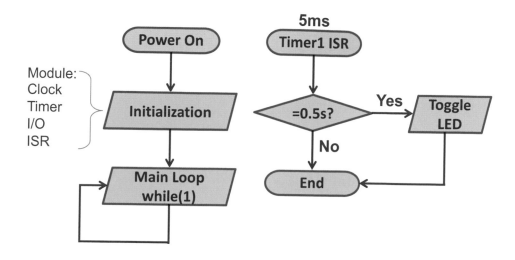

圖 4.1.6 基礎程式流程圖

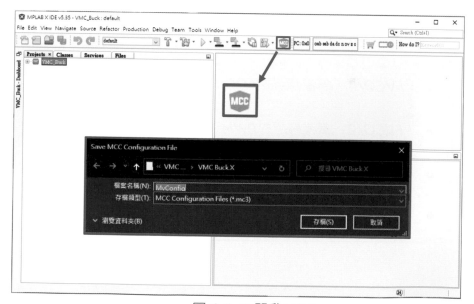

圖 4.1.7 開啟 MCC

雖然少了 MCC SMPS Library 幫忙，先別苦惱，請出 MCC 大神來幫忙還是游刃有餘呢！

　　步驟一已經建立一個基本程式專案，接下來就是 MCC 上場的時候了！請如圖 4.1.7 所示，於 MPLAB X IDE 環境中，點選 MCC 按鈕，呼叫 MCC 工具，通常會先出現一個視窗，詢問隨後 MCC 的設定參數要儲存於哪？檔案名稱？沒有特別需求的話，通常直接點 "存檔" 即可，儲存於同一個專案路徑下。

　　於 MCC 視窗中，找到 "Resource Management [MCC]" 子視窗，然後點選 "System Module" ，並於 System Module 視窗中，仔細比對筆者的設定，尤其是粗框線的部分。

　　其中幾點特別說明：

- *PLL：勾選以進行數位倍頻*

- *Fosc/2：MCU 基本工作頻率 100MHz（dsPIC33CK 為 100MIPS）*

- *FVCO/4：筆者將用於 ADC 模組的基本工作頻率 400MHz*

- *FVCO/2：筆者將用於 PWM 模組的基本工作頻率 500MHz*

- *ICD：筆者燒錄器接於 Communicate on PGC2 and PGD2，請依實際引腳設定*

圖 4.1.8　設定系統基本工作頻率

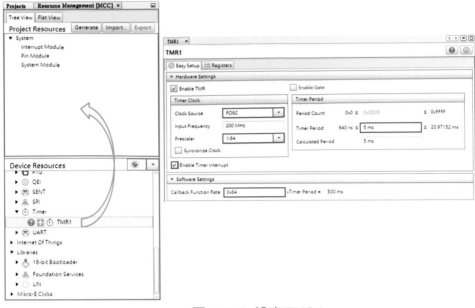

圖 4.1.9 設定 TMR1

　　於 MCC 視窗中，找到 "Device Resources" 子視窗，然後滾動子視窗以尋找"Timer" / "TMR1"，雙點擊 "TMR1"，並著手設定TMR1，圖如 4.1.9 所示。其中主要設定基頻來源（FOSC），並設置除頻 64 倍、5ms 週期時間與開啟中斷。

　　另外有個 "Software Settings"，筆者設定 0x64，剛好得到500ms 的軟體計時器。也就是 TMR1 會每隔 5ms 進入中斷一次，並且中斷自動另外再計數 0x64 次，達 0x64 次時（當好是 500ms），自動另外執行特定應用程式，該應用程式預設是空的，我們將於該處寫入翻轉LED 的一行程式。接著於MCC視窗中，找到 "Pin Manager: Grid View"子視窗，如圖 4.1.10，將 Port D #15 腳設定為輸出引腳（需同時確認包裝是否正確，筆者使用 TQFP64），並於 "Pin Module" 視窗中，給RD15（Port D #15）取個名字：LED。

　　至此，MCC 第一階段任務完成，按下 Generate 按鈕產生第一版程式囉！

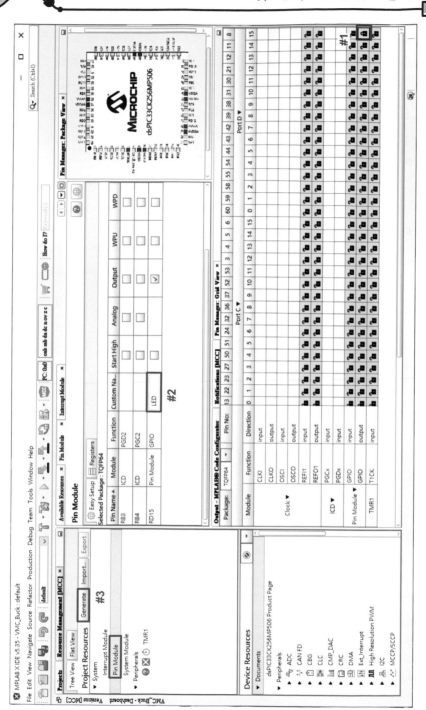

圖 4.1.10 設定 LED 引腳

先別急著燒錄程式哦！還有一件事要做，我們希望產生 0.5s 翻轉一次 LED 引腳的功能，所以需要撰寫此 "應用程式"，應用程式是工程師決定的，MCC 無法代勞。參考圖 4.1.11，於 "Projects" 中，點開 VMC_Buck 專案，找到 "Source Files" / "MCC Generated Files" / "tmr1.c"，並點選 "tmr1.c"。於 "tmr1.c" 中加入兩行程式：

- *#include "pin_manager.h"*
  讓 tmr1.c 這個程式檔案可以讀取 pin_manager.h 中已經由 MCC 預先寫好的引腳翻轉程式。
- *LED_Toggle();*
  TMR1_CallBack 每隔 0.5s 會自動執行一次，也就是執行這一行程式。這行程式就是翻轉輸出引腳，是 MCC 自動產生的範例程式，並且 "LED" 就是我們剛剛取的名字，很方便使用吧！

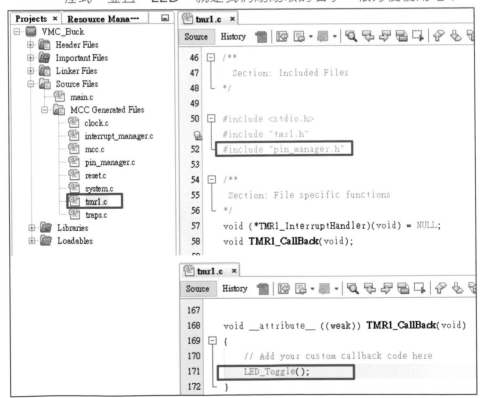

圖 4.1.11 翻轉 LED 引腳

　　接著就能開心按下燒錄按鈕（圖 4.1.12），當燒錄完成後，LED 引腳應該可以量到 0.5s 翻轉一次的訊號，亦即 1Hz 訊號（圖 4.1.13）。

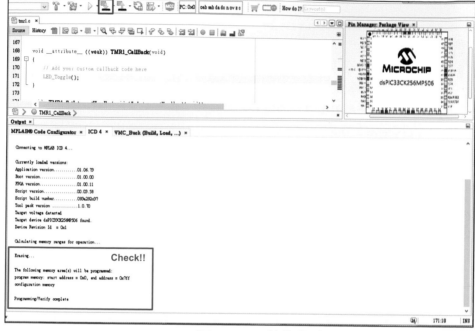

圖 4.1.12 燒錄程式

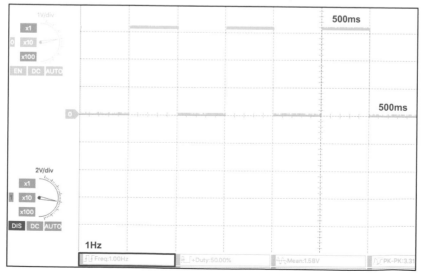

圖 4.1.13 LED 翻轉訊號

對於第一次使用 dsPIC33，並且是第一次寫 MCU 的硬體工程師，此時應該小小感動了一下，很短時間內便完成了全數位電源的基礎程式，包含一點點應用程式。☺

對於任何初次接觸的 MCU，對 I/O 引腳翻轉是最基本的練習。筆者寫這個範例有兩個主要目的：

● I/O 引腳翻轉是最基本的練習

● LED 閃爍同時也是初學者非常好用的故障顯示機制

例如筆者常見初學者不小心寫錯程式，可能是程式執行時間分配錯誤，或是其他中斷執行不正確，都將引起 LED 閃爍頻率變的非常怪異，工程師能很快發現程式已經開始出現嚴重時間分配的錯誤，是不需複雜量測就能發現問題的好方法。

或許讀者會問，眼睛看得出來？這就是為何要用 0.5s 翻轉一次，剛好 1Hz！眼睛對於 1Hz 具配足夠敏感度，包含亮與滅的時間不等長都看得出來呢，讀者不妨試試。

4.1.2. 基礎程式之開迴路控制

然而測試閉迴路控制之前，筆者總是不厭其煩的建議所有電源工程師，千萬別急，測試閉迴路控制之前，是否應該確認硬體是否正確？至少得確認下面幾件事：

✓ *PWM 輸出邏輯與腳位是否正確？*

✓ *PWM 頻率是否正確？*

✓ *Deadtime 是否正確？*

✓ *加到滿載是否異常？*

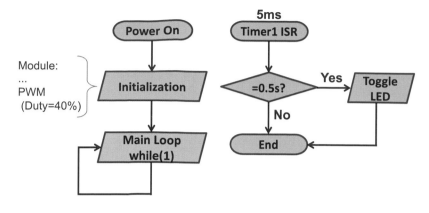

圖 4.1.14 開迴路控制程式流程圖

(a)

圖4.1.15 設定PWM

▼ PWM Frequency Settings

PWM Input Clock Selection 500000000 ▼ Hz

▼ Period ☐ Use Master Period

Requested Frequency 61.02864 kHz ≤ 350 kHz ≤ 29.41176471 MHz

Calculated Frequency 349.98688 kHz

Requested Period 34 ns ≤ 2.8573 us ≤ 16.3858 us

Calculated Period 2.8573 us

▼ Duty Cycle ☐ Use Master Duty Cycle

PWM Duty Cycle 0 % ≤ 40 ≤100 %

▼ Phase

PWM Phase 0 ns ≤ 0 ns ≤ 16.3838 us

▼ Trigger Control Settings

▼ PWM Start of Cycle Control

Start of Cycle Trigger Self-trigger ▼

Trigger Output Selection EOC event ▼

▼ ADC Trigger

ADC Trigger 1 None ▼

ADC Trigger 2 None ▼

Trigger A Compare 0 ns ≤ 0 ns ≤ 16.3838 us

Trigger B Compare 0 ns ≤ 0 ns ≤ 16.3838 us

Trigger C Compare 0 ns ≤ 0 ns ≤ 16.3838 us

▼ Dead Time and Override Settings

PWM L Dead Time Delay 0 ns ≤ 150 ns ≤ 4.0958 us

PWM H Dead Time Delay 0 ns ≤ 150 ns ≤ 4.0958 us

PWM L Override disabled ▼

PWM H Override disabled ▼

▼ Data Update Settings

Update Trigger Duty Cycle ▼

Update Mode SOC update ▼

(b)

圖 4.1.15 設定PWM(續)

哪怕不小心控制失敗把電源燒了，至少確定之前硬體功率級是沒問題的，所以產生開迴路控制程式是對於測試電源相當重要的第一步。幸好，MCC 產生開迴路控制程式只需幾個步驟即可，相當簡單。同樣的，筆者希望讀者寫程式前，儘量習慣先知道流程圖的變化，才知道前後改了什麼。如圖 4.1.14，承接前一節的程式，預計新增使用 PWM 模組，並且固定 Duty 為 40%。預計使用 PWM1，頻率 350kHz，固定 40%佔空比，並且 Deadtime 為 150ns。於 MCC 視窗中，找到 "Device Resources" 子視窗，然後滾動子視窗以尋找"High Resolution PWM" / "PWM"，雙點擊 "PWM"，並著手設定 PWM，圖如 4.1.15 所示。

圖 4.1.15 (a)中，主要設定基頻來源（APLL – Auxiliary Clock with PLL Enabled）500MHz，並啟用 PWM Generator 與 High Resolution 模式，另外 PWM Generator 選用 "PWM Generator 1"。

圖 4.1.15 (b)中，主要設定 PWM 頻率為 350kHz，佔空比初始值 40%，Deadtime 接設定為 150ns，更新條件設為 "Duty Cycle" 更新，並且同步於 "SOC Update"，亦即同步於 PWM H 的上升緣。其餘筆者使用預設設定，讀者還是需要比對一下，避免 MCC 版本不同而預設值不同。相信讀者已經很熟悉接下來按鈕：產生程式與燒錄，如下圖 4.1.16。

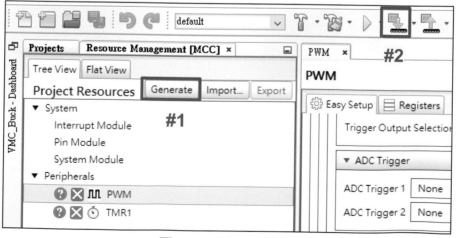

圖 4.1.16 產生程式與燒錄

此時可確認下面幾個參數：

● *PWM 輸出邏輯與腳位是否正確？*

　　正確（筆者手上的板子正確☺）。

● *PWM 頻率是否正確？*

　　350.95kHz，稍微偏移 350kHz 設定值。

● *Deadtime 是否正確？*

　　正確，符合設定 150ns。

● *佔空比是否40%?*

　　稍微偏移至34.63%，因為設定40%並不包含Deadtime。

● *加到滿載是否異常？*

　　正常（筆者手上的板子正常☺）。

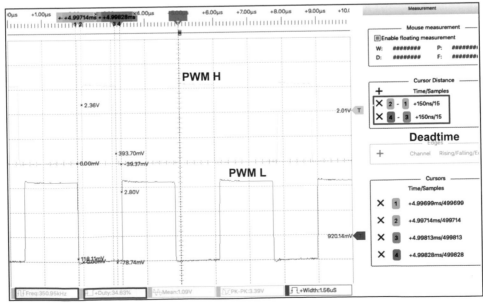

圖 4.1.17 開迴路 PWM

至此，我們已經一起建立一個新的專案，並且增加一個 LED 引腳作為基本除錯功能，且將 PWM 模組設定為開迴路固定佔空比狀態，以利進行閉迴路控制之前，先確認硬體是否有異常。

另外，此節的基礎程式建立過程，同時適用於接下來的兩個小節（全數位電壓模式 Buck Converter 實作與全數位峰值電流模式 Buck Converter 實作），由於是重複的步驟，後面就不再詳述，請讀者需要的時候，回到 4.1 節回顧一下如何建立基礎程式與建立開迴路控制程式，是接下來所有實驗的基礎。

接下來將著手進行閉迴路控制的部分。

4.2 全數位電壓模式 BUCK CONVERTER 實作

接下來要實作的是全數位電壓模式 Buck Converter，將會使用 Microchip 對於全數位電源設計的兩個現有工具：DCDT（Digital Compensator Design Tool）與全數位補償器程式庫 SMPS Library。

並且為了讓讀者更貼近實務應用層面，進而善用工具，於此全數位電源實作的章節中，將說明如何快速貼近實際的 Plant，然後將 Plant 與模擬章節所計算好的補償參數於 DCDT 中整合，產生真實參數讓 MCU 計算，最後比對驗證計算結果與實務差異。

參考圖 4.2.1，類比電壓模式 Buck Converter 中，Plant 通常是指輸入電壓至輸出電壓之間的轉移函數。另外還有回授增益、補償器增益與 PWM 增益。

其中假設回授增益與補償器增益不變，那麼類比控制器轉為數位控制器的過程中，有什麼會改變？

參考圖 4.2.2，全數位電壓模式 Buck Converter 中，多了 ADC 增益，並且回授增益以及 PWM 增益通常跟類比不同，畢竟類比是實際電壓，而數位是數位計數器，兩者比例基本不一樣。

混合式數位與全數位電源控制實戰

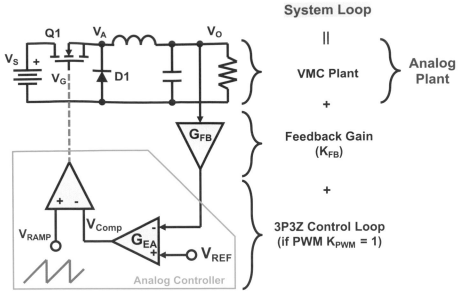

圖 4.2.1 類比控制系統整體增益

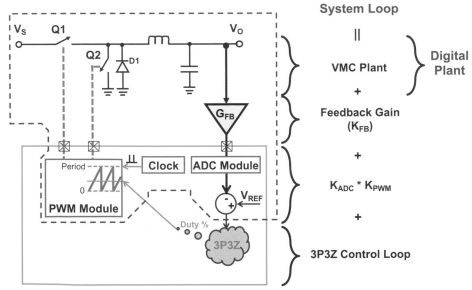

圖 4.2.2 全數位控制系統整體增益

　　前面對於補償器的設計，都是基於類比控制器結構基礎，因此為了沿用已經設計好的補償器參數，整體的增益就必須一樣，需要計算 Kuc 進行消除不同的增益，讓數位與類比的系統增益相同，系統控制效能才能一致。（關於 Kuc，可回顧 1.8 節的 Kuc 參數計算說明）Kuc 將於 DCDT 工具中修正。

　　而有些書籍於 Plant 中包含回授增益，筆者為方便讀者真實理解細節差異，並對比 Mindi 方式所建立的 Plant（4.2.1 節）與實際 Kp 控制所量測的 Plant（4.2.2 節），本節所提及的 Plant 將 "不" 包含回授增益。

4.2.1. 建立 Plant 模型（Mindi）

　　最簡單且實際的方法，不外乎直接引用第二章 Mindi 平台上已經設計好的模擬電路圖，若讀者覺得模擬跟實務有些差異，可以直接根據實際參數，修改 Mindi 模擬電路圖。例如第三章進行實際量測時，發現 LC 參數並非理論值，有些偏移，但可以接受，若讀者覺得偏移過大，可根據實際偏移量修正 Mindi 模擬電路圖即可。當修改得宜，模擬跟實務很接近，那麼該 Plant 可以讓 DCDT 直接取用，該有多好呢？是的，還真的可以！

　　透過直接修改圖 2.4.1，移除回授電阻 R1 與 R4（Plant 將不包含回授增益），將回授與輸出斷開成開迴路，並將原 Type-3 補償器改成電壓隨耦器（Gain=1），而原本 PWM Gain 就是 1，不需要修改，得圖 4.2.3。依據這樣的修改，量到的波德圖結果將是圖 4.2.1 中的類比 Plant（Analog Plant）之模擬結果，如圖 4.2.4。

　　當 Plant 不包含回授增益的情況下，可以參考回顧第二章的圖 2.4.14，DC 增益約 21dB。

　　比對結果，DC 增益相同，但有一差異：由於開迴路利用 OPA 正輸入引腳注入訊號，因此並非負回授狀態，量到的相位不需要減 180 度，例如 LC 諧振點就是-90 度。

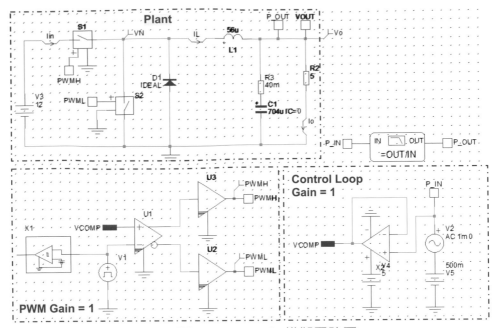

圖 4.2.3 Mindi 模擬電路圖

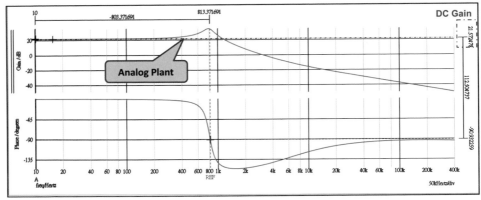

圖 4.2.4 Analog Plant

接著於圖 4.2.5 波德圖曲線上按下滑鼠右鍵叫出功能視窗，選擇 "Copy to Clipboard" / "Graph Date"，然後出現曲線選擇視窗，點選 "Select All" 後，點選 "Ok"。

此時波德圖資料已經複製於剪貼簿上。

請於電腦上新增一個 Excel 檔，請注意：附檔名需選擇 *.CSV。

將複製於剪貼簿的資料貼上 CSV 後儲存，此檔案後面會用到，至此 Mindi 建立 Plant 已經完成囉，是不是相當的簡單快速又俐落？

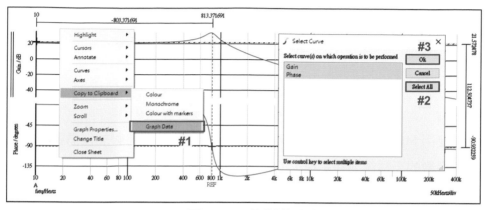

圖 4.2.5 複製曲線資料

	A	B	C	D
1	freq	Gain	Phase	
2	10	21.57247787	-0.05844311	
3	10.23292992	21.57254106	-0.05980562	
4	10.47128548	21.57260723	-0.06119995	
5	10.71519305	21.57267652	-0.06262684	
6	10.96478196	21.57274907	-0.06408708	
7	11.22018454	21.57282504	-0.06558143	
8	11.48153621	21.5729046	-0.0671107	
9	11.74897555	21.5729879	-0.06867571	
10	12.02264435	21.57307513	-0.07027731	
11	12.30268771	21.57316647	-0.07191635	
12	12.58925412	21.57326212	-0.07359372	
13	12.88249552	21.57336228	-0.07531032	
14	13.18256739	21.57346716	-0.07706707	
15	13.48962883	21.57357698	-0.07886492	
16	13.80384265	21.57369198	-0.08070485	

圖 4.2.6 Mindi Plant CSV 檔案

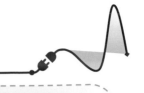

　　　目前模擬系統沒有辦法模擬 ADC 取樣延遲所導致的相位損失，並且大多數模擬軟體就算可以模擬 ZOH，也無法有效真實模擬 ADC 行為，因為真實的 ADC 之觸發時機是可以改變的，但模擬卻沒辦法。並且此實驗案例 PWM 是 350kHz，頻寬 10kHz，相差 20 倍以上，奈奎斯特影響程度相對很小，因此此案例使用 Mindi 即可，沒有太大差別。

4.2.2. 建立 Plant 模型（Kp 控制）

　　使用 Mindi 建立 Plant 是簡單且快速的方法，但若對於很需要更貼近實際參數的工程師，使用模擬的方式，反覆調整直到近似，往往更花時間，因此本節另外提供一個筆者常使用的方法，稱為 Kp 控制法。

　　Kp 控制法即為典型 PID 控制法中，僅取 Kp 比例控制器部分，不存在積分與微分控制，單純比例控制，因此能用來呈現系統的實際 Plant，包含 ADC 取樣頻率的影響。前節圖 4.2.3 Mindi 模擬電路圖中的 Control Loop 增益為 1，也是同樣的道理。

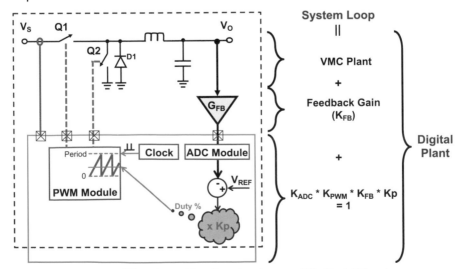

圖 4.2.7 Kp Control v.s. Digital Plant

又到了動動腦，防老化時間囉！那麼就 Control Loop 增益為 1 就好，為何需要特別加入 Kp 控制這麼麻煩呢？參考圖 4.2.7，先猜想一下原因，有助於自我解決問題的能力哦！

還記得類比轉數位控制後，會增加 ADC 增益、回授增益與不同的 PWM 增益？是的，因為這些增益改變，導致若控制器維持增益為 1，量到的 Plant 就包含了增加的 ADC 增益與不同的 PWM 增益，使得類比計算好的 Type-3 補償控制器，無法直接用於數位補償控制器。所以 Kp 控制的根本核心目的，便是利用 Kp 增益，抵消轉數位平台所改變的增益，使進出 MCU 控制器之間的增益恢復為 1，那麼很開心的～類比計算好的 Type-3 補償控制器，又能直接套用於數位補償控制器了。

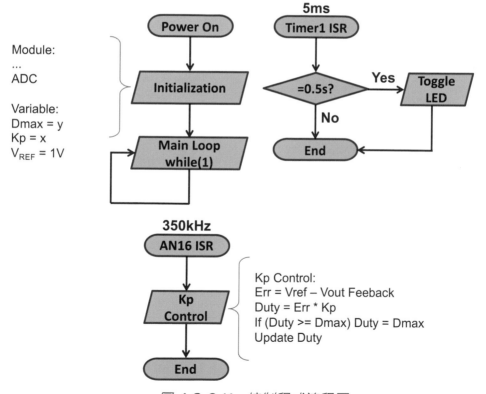

圖 4.2.8 Kp 控制程式流程圖

　　換言之，其實 Kp 就是第一章所提的 K$_{UC}$，只要將 ADC 模組造成的增益 K$_{ADC}$、PWM 模組造成的增益 K$_{PWM}$、以及回授線路造成的增益 K$_{FB}$ 等，通通都抵消掉，整個系統除了 Plant 之外的增益皆為 1，那麼系統就剩下 VMC Plant（同時也是 Digital Plant，包含取樣頻率影響）。進行撰寫 Kp 程式時，同樣的步驟過程，我們應該先了解要寫什麼程式，才著手進行撰寫。圖 4.2.8 呈現了 Kp 控制的程式流程圖，我們需要增加使用 ADC 模組，並且由 PWM 觸發 ADC 模組，進而產生同步於 PWM 的 ADC 取樣與計算週期，而於計算週期中，寫入 Kp 控制。

　　另外加上：

- *Dmax 最大佔空比限制值：*
  目標 PWM 頻率 350kHz，實際 MCC 自動計算而產生週期值為 11421，假設最大佔空比為 90%，Dmax 則為 10279。

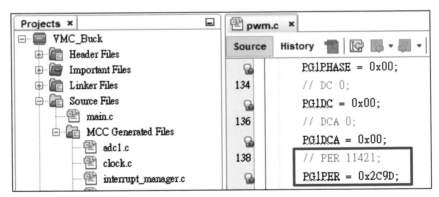

圖 4.2.9 PWM 週期值

- *Kp 值：*
  回授增益為 1/5.02(分電壓電阻 1k 與 4.02k)，ADC 解析度是 12 位元（=4095），ADC 參考電壓是 Vdd（=3.3V），PWM 週期值為 11421，那麼：

$$K_P = \frac{1}{(\frac{1}{5.02}) \times (\frac{4095}{3.3}) \times (\frac{1}{11421})} \approx 46.2$$

- V_{REF} 參考值：

  類比迴路控制時，設定為 $1V$，換算成數位值：

  $$V_{REF} = 1V \times \frac{4095}{3.3V} \approx 1241$$

▼ PWM Frequency Settings

PWM Input Clock Selection 500000000 ▼ Hz

▶ Period　☐ Use Master Period

▼ Duty Cycle　☐ Use Master Duty Cycle

PWM Duty Cycle 0 % ≤　0　≤100 %

▶ Phase

▼ Trigger Control Settings

▼ PWM Start of Cycle Control

Start of Cycle Trigger　　Self-trigger　　▼

Trigger Output Selection　EOC event　　▼

▼ ADC Trigger

ADC Trigger 1　Trigger A Compare　▼

ADC Trigger 2　None　▼

Trigger A Compare 0 ns ≤　0 ns　≤ 16.3838 us

Trigger B Compare 0 ns ≤　0 ns　≤ 16.3838 us

Trigger C Compare 0 ns ≤　0 ns　≤ 16.3838 us

圖 4.2.10 ADC 觸發來源設定

　　接下來，需要增加與修改模組，當然得請出 MCC 大神協助一下。

　　首先，我們希望由 PWM 觸發 ADC 模組，進而產生同步於 PWM 的 ADC 取樣與計算週期，所以需要於 PWM 模組設定中，增加 ADC 觸發訊號，以便 ADC 模組能同步於 PWM。參考圖 4.2.10，於 MCC 的 PWM 模組設定中，將開迴路控制用的佔空比 40%，改成 0%。

並於 ADC Trigger 1 的選項中，選取 Trigger A Compare。而 Trigger A Compare 維持 0 ns。最後會有另外一小段分享談及此處。

於 MCC 視窗中，找到〝Device Resources〞子視窗，然後滾動子視窗以尋找″ADC″／〝ADC1″，雙點擊〝ADC1〞，並著手設定 ADC1，如圖 4.2.11(a)，主要設定基頻來源（PLLVCO/4）400MHz，並啟用 AN16 與中斷功能，同時也選擇 PWM Trigger1 為觸發源。

ADC1								
⚙ Easy Setup 🗏 Registers								
▼ Hardware Settings								
☑ Enable ADC								
▼ ADC Clock								
Conversion Clock Source		PLL VCO/4 ▼						
Conversion Time		92.5 ns						
Target Shared Core Sampling Time		40 ns						
Calculated Shared Core Sampling Time		40 ns						

Core	Enable	Core Channel	Pin Name	Custom Name	Trigger Source	Compare	Interrupt
Core0	☐	AN0 ▼	RA0		None ▼	None ▼	☐
Core1	☐	AN1 ▼	RB2		None ▼	None ▼	☐
Shared	☐	AN10 ▼	RB8		None ▼	None ▼	☐
Shared	☐	AN11 ▼	RB9		None ▼	None ▼	☐
Shared	☐	AN12 ▼	RC0		None ▼	None ▼	☐
Shared	☐	AN13 ▼	RC1		None ▼	None ▼	☐
Shared	☐	AN14 ▼	RC2		None ▼	None ▼	☐
Shared	☐	AN15 ▼	RC3		None ▼	None ▼	☐
Shared	☑	AN16 ▼	RC7	channel_AN16	PWM1 Trigger1 ▼	None ▼	☑
Shared	☐	AN17 ▼	RC6		None ▼	None ▼	☐
Shared	☐	AN18 ▼	RD10		None ▼	None ▼	☐
Shared	☐	AN19 ▼	RD11		None ▼	None ▼	☐

(a)

圖 4.2.11 ADC 模組設定

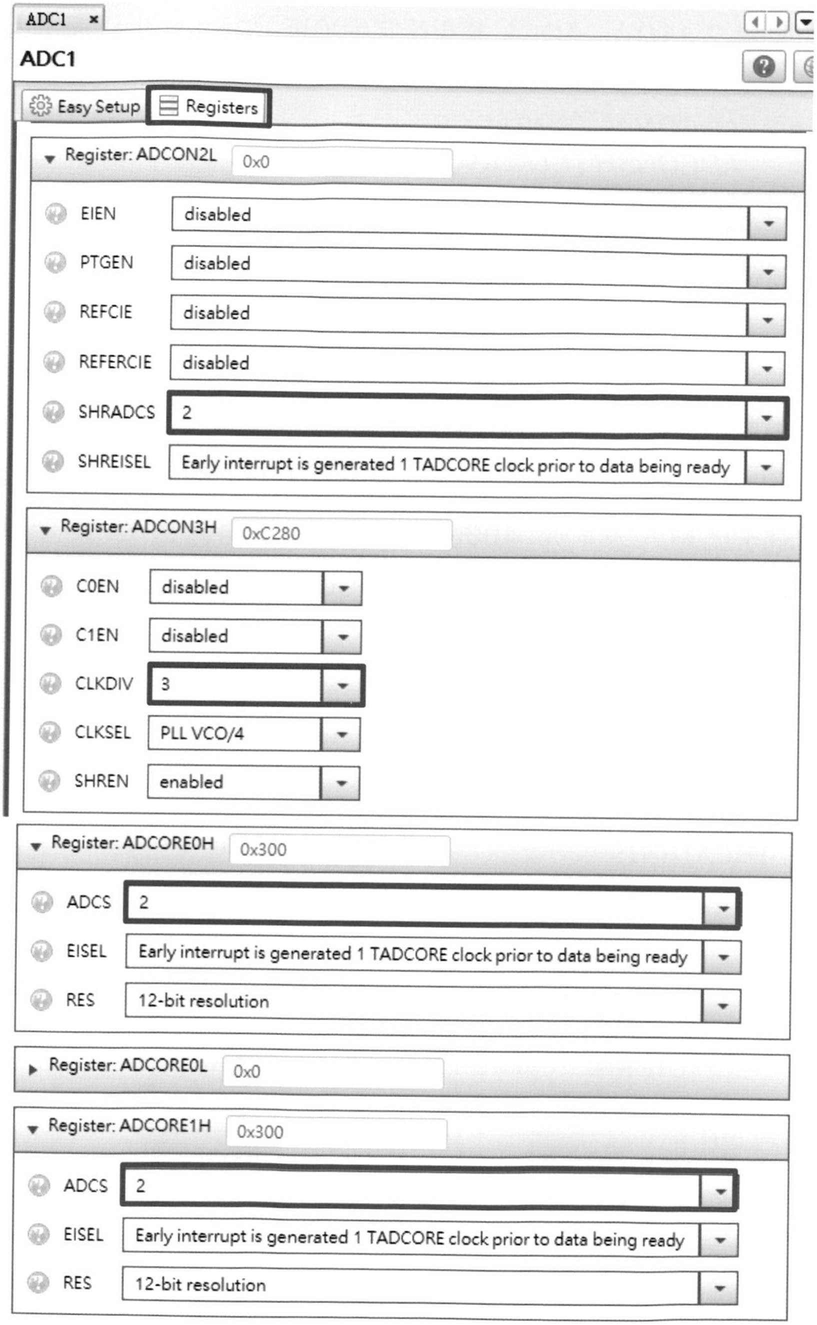

(b)

圖 4.2.11 ADC 模組設定(續)

如圖 4.2.11(b)，ADC1 模組設定切換至 "Registers" 設定模式，依序可以找到並設定：

- *ADCON2L [SHRADCS] = 2*
- *ADCON3H [CLKDIV] = 3*
- *ADCORE0H [ADCS] = 2*
- *ADCORE1H [ADCS] = 2*

其目的是將 ADC 基頻除以 3（ADCON3H [CLKDIV]）以符合 Data Sheet 對於 ADC 輸入頻率的最高限制。而此 MCU 包含三組 ADC 轉換模組，允許不同的工作頻率，所以可以獨立設定不同的除頻比例，假設跟筆者一樣都設定為最高頻率（接近最小 T_{AD}），那麼就全設定為除以 2 即可（ADCON2L [SHRADCS] & ADCORE0H [ADCS] & ADCORE1H [ADCS]）。輸入頻率為 400MHz，除以 3 再除以 2 後，頻率約 66.67MHz，得 T_{AD} 約為 15ns，大於 MCU 最小 T_{AD} 之要求。

注意 T_{AD} 是受到限制的，並直接限制晶片的 ADC 最高轉換速度之關鍵參數，不同晶片有不同限制值，此顆晶片限制不得低於 14.3ns。可參考 Data Sheet DS70005349G 的 TABLE 33-36: ADC MODULE SPECIFICATIONS。

為了方便程式可讀性，可以順便幫 AN16 取個名字：VoutFB。

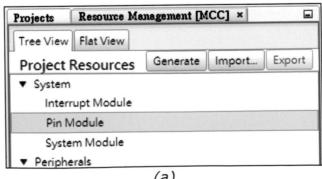

(a)

圖 4.2.12 ADC 引腳命名

Pin Module

⚙ Easy Setup | ☰ Registers
Selected Package : TQFP64

Pin Name ▲	Module	Function	Custom Name	Start High	Analog	Output	WPU	WPD	OD
RB3	ICD	PGD2		☐	☐	☐	☐	☐	☐
RB4	ICD	PGC2		☐	☐	☐	☐	☐	☐
RB14	PWM	PWM1-H		☐		☑	☐	☐	☐
RB15	PWM	PWM1-L		☐		☑	☐	☐	☐
RC7	ADC1	AN16	VoutFB	☐	☑	☐	☐	☐	☐
RD15	Pin Module	GPIO	LED	☐		☑	☐	☐	☐

(b)

圖 4.2.12 ADC 引腳命名(續)

Projects | Resource Management [MCC] ×

Tree View | Flat View

Project Resources | Generate | Import... | Export

▼ System   #2
　Interrupt Module
　Pin Module
　System Module
▼ Peripherals
　❷ ☒ ⚛ ADC1
　❷ ☒ ♒ PWM
　❷ ☒ ⏱ TMR1

Interrupt Module

⚙ Easy Setup

Interrupt Manager
☑ Enable Global Interrupts

Module	Interrupt	Description	IRQ Num...	Enabled	Priority	Context
ADC1	ADCAN15	ADC AN15 Convert Done	106	☐	1	OFF
ADC1	ADCAN14	ADC AN14 Convert Done	105	☐	1	OFF
ADC1	ADCAN17	ADC AN17 Convert Done	108	☐	1	OFF
ADC1	ADCAN16	ADC AN16 Convert Done	107	☑	6	CTXT1
ADC1	ADCAN5	ADC AN5 Convert Done	96	☐	1	OFF
ADC1	ADCAN6	ADC AN6 Convert Done	97	☐	1	OFF
ADC1	ADCAN7	ADC AN7 Convert Done	98	☐	1	OFF
ADC1	ADCAN24	ADC AN24 Convert Done	192	☐	1	OFF
ADC1	ADCAN8	ADC AN8 Convert Done	99	☐	1	OFF
ADC1	ADCAN9	ADC AN9 Convert Done	100	☐	1	OFF
ADC1	ADCMP0	ADC Digital Comparator 0	116	☐	1	OFF
ADC1	ADCMP1	ADC Digital Comparator 1	117	☐	1	OFF
ADC1	ADCMP2	ADC Digital Comparator 2	118	☐	1	OFF
ADC1	ADCAN0	ADC AN0 Convert Done	91	☐	1	OFF
ADC1	ADCAN1	ADC AN1 Convert Done	92	☐	1	OFF

#1

圖 4.2.13 ADC 模組之中斷設定

4

　　參考圖 4.2.12，利用 MCC 的 Pin Module 設定視窗可替 AN16 引腳命名 VoutFB，此命名也會直接導入實際程式中的變數名稱，接下來，設定中斷 ADC1 中斷（參考圖 4.2.13）：

● *啟用ADCAN16 中斷*

● *設定中斷優先權至最高6*
　控制迴路通常必須是最高，避免受到其他中斷干擾，而導致電源控制失效。

● *設定Context*
　Context 的概念於 1.8.6 小節有詳述，讀者可以去回顧一下。

此案例我們於中斷優先權 6 的中斷基礎上，選擇使用 Context #1（CTXT1）。

設定完最後一個模組後，即可產生程式囉，放心按下 Generate 吧！

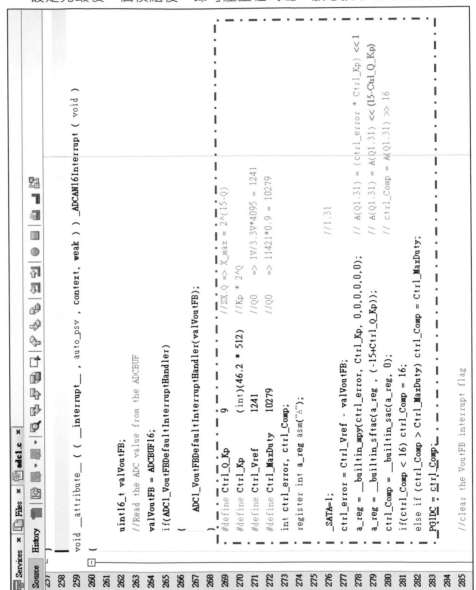

圖 4.2.14 Kp 控制應用程式

```
#define Ctrl_Q_Kp          9                         //SX.Q => X_max =
#define Ctrl_Kp            (int)(46.2 * 512)    //Kp * 2^Q
#define Ctrl_Vref          1241                      //Q0    => 1V/3.3
#define Ctrl_MaxDuty       10279                     //Q0    => 11421*
int ctrl_error, ctrl_Comp;
register int a_reg asm("A");


_SATA=1;                                             /
ctrl_error = Ctrl_Vref - valVoutFB;
a_reg = __builtin_mpy(ctrl_error, Ctrl_Kp, 0,0,0,0,0,0);    /
a_reg = __builtin_sftac(a_reg , (-15+Ctrl_Q_Kp));           /
ctrl_Comp = __builtin_sac(a_reg, 0);                        /
if(ctrl_Comp < 16) ctrl_Comp = 16;
else if (ctrl_Comp > Ctrl_MaxDuty) ctrl_Comp = Ctrl_MaxDuty;
PG1DC = ctrl_Comp;
```

MCC 已經建立整個程式結構，接下來需要的是人工寫上 Kp 控制，參考圖 4.2.14，於 VMC_Buck 專案中，找到 "Source Files" / "MCC Generated Files" / "adc1.c"，雙點擊打開 "adc1.c"，並於檔案中找到_ADCAN16Interrupt (void) 中斷服務程式。

找到該程式段後，應該是幾乎空的，只有一點點程式，用於基本 ADC 讀值。虛線框框便是讀者需要寫入的 Kp 控制應用程式段。細部動作部分，可參考筆者寫的程式註解，方便了解計算過程。

整數 6 位元表示整數最大值約 64，要是讀者其他實際應用超過 64 呢？例如 100，需要 7 位元表示整數部分 (小於 128)，因此需要改為 S7.8，可以修改如下方兩行即可：

```
#define      Control_Q_Kp      8
#define      Control_Kp        (int) (100 * 256)
```

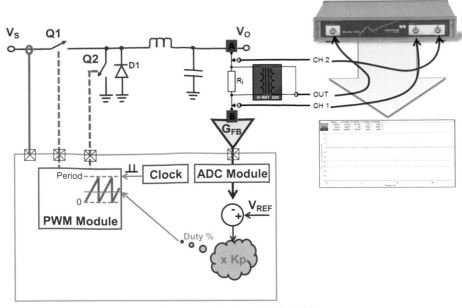

圖 4.2.15 Kp 控制量測 Plant

　　簡單而言，Kp=46.2，以 15 位元 Q 格式換算，可以表示為 Q9，或以 S6.9 表示更為直接，1 個符號位元，6 個位元表示整數，9 個位元表示小數。

　　整個過程先是參考值減去回授值，然後以 Q9 方式乘上 Kp 後，將結果做極大與極小值範圍限制，再填寫到 PG1DC 暫存器（PWM1 的佔空比暫存器）。

　　最後依然是那個最熟悉的動作：按下 🔳 燒錄按鈕！

　　並可著手實際量測 Kp 控制下的 Digital Plant，如圖 4.2.15 示意圖。筆者使用 Bode-100 作為量測設備，圖 4.2.16 為其量測結果。

　　圖中兩條增益曲線，一者為混合式數位控制章節所量到的 Plant，一者目前 Kp 控制量到的全數位控制下的 Plant，兩者基本吻合相同，最大的差異在於數位控制增加了 ADC 350kHz 的取樣頻率，因此（350kHz／2）後的高頻段，可以看出數位控制系統衍伸的取樣頻率效應問題。圖中更可以發現，取樣頻率效應問題似乎發生在更早的時間點？

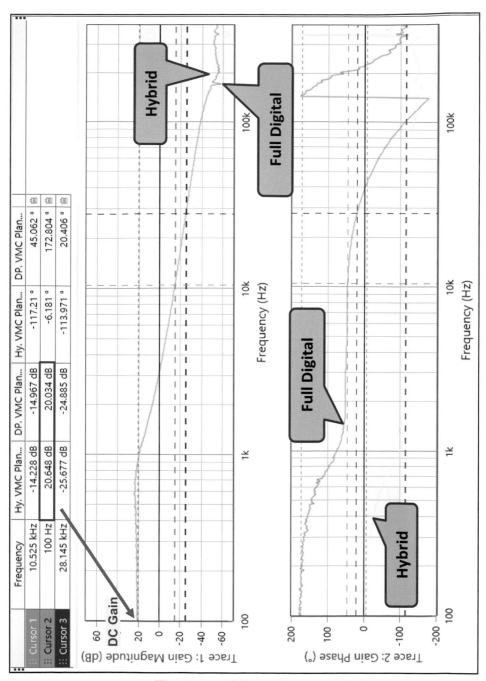

圖 4.2.16 實際量測 Plant 之結果

混合式數位與全數位電源控制實戰

　　低於（350kHz / 2），通常是因為控制延遲的 "K" 太大，加上控制計算延遲，會使得相位落後加速，導致頻率看起來位移到更低頻處，實則是延遲所導致。另外兩相位曲線相差 180 度，則是因為量測相對位置不同，全數位的相位曲線是從負回授點看進去，而混合式數位的相位曲線是從 Vcomp（OPA 輸出）看進去。

　　因全數位量測有負回授的影響，所以有這 180 度的差異，但實際上都是正確的，差別僅是 "相對相位" 之於量測位置而已。成功得到結果後，別忘了要儲存到 CSV 檔，以利接下來章節引用。Bode-100 的電腦端軟體 Bode Analyzer Suite 支援直接匯出，並存成 CSV 檔，參考圖 4.2.17。

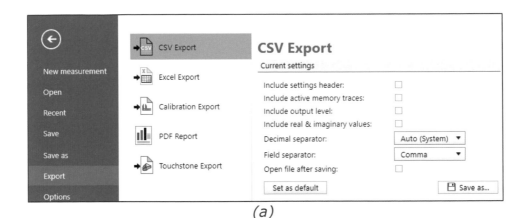

(a)

	A	B	C	D
1	Frequency (H	Trace 1: Gain	Trace 2: Gain: Phase (°)	
2	100	20.0336206	172.803778	
3	102.095159	20.4216799	175.388382	
4	104.234215	20.647923	177.15824	
5	106.418088	20.1917339	172.134847	
6	108.647716	20.8095182	174.992971	
7	110.924058	20.4632359	176.88806	

(b)

圖 4.2.17 Bode-100 儲存量測結果

4.2.3. 閉迴路控制之 3P3Z 參數

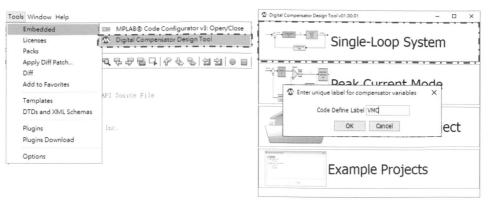

圖 4.2.18 開啟 DCDT 之單迴路控制系統

　　參有了開迴路 Plant，接下來就得換閉迴路控制上場了，然而寫控制迴路之前，總得算之有物，計算需要參數，若空有計算迴路，卻沒有 3P3Z 參數，那也是白搭是吧！

　　此節將利用 DCDT 這工具，非常快速的得到相關所需要參數，並且是經過 Z 轉換以及 Q 格式換算後的參數，那就開始吧！如圖 4.2.18，若 DCDT 安裝正確的話，應可於 MPLAB X IDE 的 Tools 功能表單中，找到 DCDT（Digital Compensator Design Tool），點選後，隨即出現第一層選單，請選擇單迴路控制系統，接著請替這個控制迴路設計專案取個名字，例如 VMC。此名字並非參數名字，而是一顆 MCU 可能控制多組迴路，DCDT 支援多組迴路獨立設計，以專案名稱作為區隔方式，因此每個專案需要取個名字。

　　而每個專案最後還能給不同的參數予以不同的名稱，好比 VMC 這個專案，實際應用可能需要輕載一組參數，重載一組參數，則可以共用這個專案，但最後產生參數時，分成兩次，給予兩次不同參數名稱即可。

　　點選第一層選單後，第二層選單如圖 4.2.19，選擇先設定回授增益，選擇 "RC Network" 方式，並輸入上拉電阻 4.02kΩ，下拉電阻 1kΩ，

濾波電容根據實際輸入，更重要的是確認 ADC 增益輸入是否正確，ADC 解析度 12 位元，參考電壓 Vdd 為 3.3V，轉換延遲也已經被 Plant 所包含，所以填 0 即可（或者填寫 CK 系列的轉換延遲 250ns），接著點選 "NEXT"。

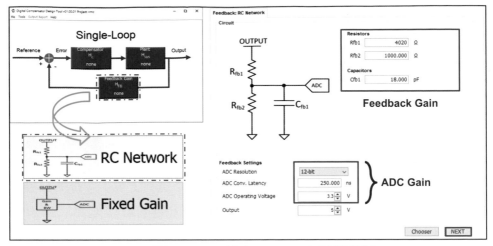

圖 4.2.19 設定 DCDT 之回授增益

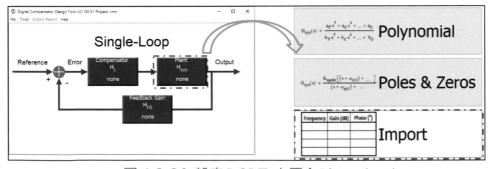

圖 4.2.20 設定 DCDT 之匯入 Plant（一）

點選 "NEXT" 後，DCDT 會回到第二層選單，選擇設定 Plant，選擇 Import 的方式，如圖 4.2.20。DCDT 一共支援三種方式，筆者最常使用的是直接匯入方式或是 "Poles & Zeros" 方式。無論用哪一種方式，原則上就是順手就行，貼近實際情況更重要。選擇匯入方式後，DCDT 畫

面會切換至圖 4.2.21 的樣子，參考圖中之順序，依序開啟 CSV 檔後匯入，其中 CSV 便是前面所建立的 Plant，讀者可以選擇 Mindi 或是 Kp 控制所產生的 CSV 檔。

　　筆者偶爾遇到 DCDT 匯入 CSV 時卡住，筆者發現是 CSV 檔案內的第一列文字導致，因此若遇到卡住的問題，可以嘗試把 CSV 檔案內的第一列文字刪除即可。

　　圖 4.2.21 包含匯入後的波德圖，筆者選用 Bode-100 所量到的實際曲線作為參考（也可以採用 Mindi 產生的 Plant 參數），匯入 DCDT 後若沒有出現波德圖，可以查看一下是否右下方的 "Plant" 沒有勾選。接著再次點選 "NEXT" 後，DCDT 會回到第二層選單。

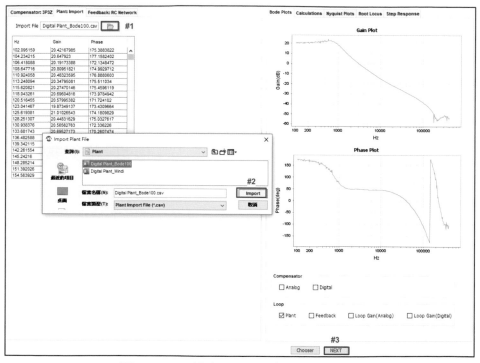

圖 4.2.21 設定 DCDT 之匯入 Plant（二）

回到第二層選單後，選擇設定 Compensator，如圖 4.2.22，選擇 3P3Z Compensator。

參考第二章的 Type-3 極零點設計結果（表 2.4.2），填寫到圖 4.2.23 中。接著填寫 PWM 頻率 =350kHz，PWM Max Resolution=250ps，Control Output Min./Max. 分別填入 16 與 10279（=90% Duty）。

關於 Computational Delay 與 Gate Drive Delay 則跟硬體有關，一般應用切換頻率不是非常高，通常記百 kHz 左右，若不確定多大，由於影響很小可暫時忽略。PWM Sampling Ratio 則是 ADC 觸發的除頻，這實驗 ADC 與 PWM 同步，所以指定為 1 倍除頻比例。

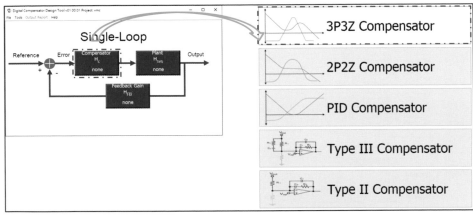

圖 4.2.22 設定 DCDT 之 Compensator（一）

圖 4.2.23 的 Kdc 這個參數是什麼呢？3P3Z 不是計算好了，Kdc 是什麼用途？

這個參數相當好用，可用來根據現實需求，微調 3P3Z 的增益，也就是同時可以微調系統整體增益。後面設計技巧分享會談到這個部分，目前設定為 1 即可。完整系統波德圖可於右下方勾選 Loop Gain 即可看到，分成 Analog 與 Digital 的主要差異來自於是否考慮奈奎斯特頻率效應，Analog 模式並不考慮奈奎斯特頻率效應。

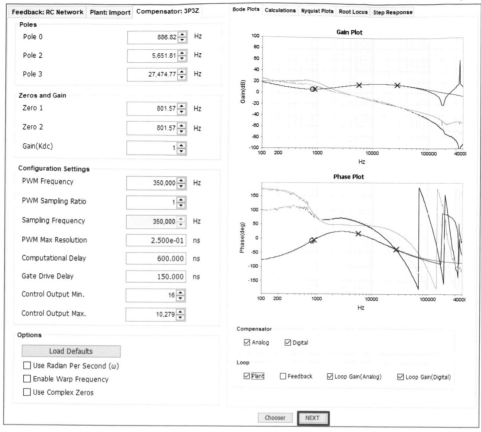

圖 4.2.23 設定 DCDT 之 Compensator（二）

　　DCDT 波德圖支援放大功能，可透過滑鼠圈選放大區域，如下圖 4.2.24，頻寬如圖混合式半數位章節所提，由於 Plant 偏移，頻寬 Fc 偏移至約 11kHz 左右。放大後可以觀察到：為何設計頻寬移到了 2.5kHz 之處？不是應該是 10~11kHz 左右？

　　這是因為 DCDT 繪出的 Loop Gain 波德圖包含了 K_{FB}（參數計算沒問題，僅是波德圖顯示差異），因此若希望透過 DCDT 的波德圖功能直接觀察與設計控制迴路，可手動暫時於 Kdc 填寫 K_{FB} 比例，消除 Loop Gain 波德圖中的 K_{FB} 增益，圖 4.2.24 同時顯示 Kdc=1 與 Kdc=K_{FB} 的差異。

請注意，以 Kdc 消除 K_{FB} 僅是用於觀察 DCDT 波德圖，觀察後需要改回 1 或設計者需要的正確值，否則 DCDT 會根據此 Kdc 進而產生補償參數，造成系統增益真的被提升 K_{FB} 倍，需要特別注意。

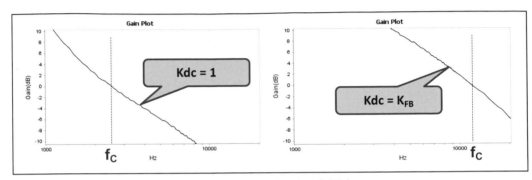

圖 4.2.24 系統開迴路頻寬

　　當補償器設定完畢後，切換到 "Calculations" 頁面，勾選 "Implement Kuc Gain"（將 Kuc 自動導入補償器中，進行對消），也勾選 "Normalization"（全部轉換成 Q15 格式），參考圖 4.2.25。

　　讀者應該也同時發現，咦？Kuc Gain！？好熟悉的參數。沒錯，DCDT 其實也可以協助自動計算 Kuc，跟我們前面手算 Kp 控制參數是一致的。筆者刻意先讓讀者習慣自己計算，工具用來驗證。凡事相信工具，有時電源出錯了，卻不知道原因，那就傷腦筋囉！

　　圖 4.2.25 同時也顯示了 3P3Z 的控制參數，表示參數計算已經完成，接下來就是儲存這些參數。參考圖 4.2.26，點選 DCDT 主視窗上的 "Output Report" / "Generate Code…"，此時出現的另一個小視窗，則是請我們給這組參數取個名稱，例如 VMC3P3Z，並點選 OK。DCDT 工具將於專案目錄下，自動建立一個新的目錄 dcdt，並將結果存於 dcdt/vmc/dcdt_generated_code 底下的一個.h 檔，.h 的名稱包含剛剛替這組參數所取的名稱 vmc3p3z_dcdt.h。

檔案中的內容，便是一系列的#define 參數值，將於下一節被 SMPS Library 所引用。

| Bode Plots | Calculations | Nyquist Plots | Root Locus | Step Response |

Compensator Coefficients

☑ Normalization

a0	1.000000
a1	0.036410
a2	-0.029818
a3	0.007927

b0	0.999900
b1	-0.971329
b2	-0.999696
b3	0.971533

☑ Implement Kuc Gain

Normal	68.876750
Post Shift	7
Post Scaler	17632

PWM

| Bits of Resolution | 13.480357 |
| Gain | 8.751e-05 |

| Kuc Gain | 46.224176 |

圖 4.2.25 DCDT 之控制參數

```
107     // Compensator Coefficient Defines
108     #define VMC3P3Z_COMP_3P3Z_COEFF_A1        0x060B
109     #define VMC3P3Z_COMP_3P3Z_COEFF_A2        0xFB0D
110     #define VMC3P3Z_COMP_3P3Z_COEFF_A3        0x0150
111     #define VMC3P3Z_COMP_3P3Z_COEFF_B0        0x7FFC
112     #define VMC3P3Z_COMP_3P3Z_COEFF_B1        0x83AC
113     #define VMC3P3Z_COMP_3P3Z_COEFF_B2        0x800A
114     #define VMC3P3Z_COMP_3P3Z_COEFF_B3        0x7C5B
115     #define VMC3P3Z_COMP_3P3Z_POSTSCALER      0x6A37
116     #define VMC3P3Z_COMP_3P3Z_POSTSHIFT       0xFFFA
117     #define VMC3P3Z_COMP_3P3Z_PRESHIFT        0x0000
118
119
120     // Compensator Clamp Limits
121     #define VMC3P3Z_COMP_3P3Z_MIN_CLAMP       0x03E8
122     #define VMC3P3Z_COMP_3P3Z_MAX_CLAMP       0x2827
```

圖 4.2.26 DCDT 之儲存控制參數

4.2.4. 閉迴路控制之控制迴路計算

請先行至 Microchip 官方網頁下載 Digital Compensator Design Tool 所搭配的 SMPS Control Library，此書目錄有相關連結，請參考。

圖 4.2.27 SMPS Control Library 源碼

參考圖 4.2.27，於 VMC Buck 專案底下建立一個 lib 目錄後，將下載後的檔案解壓縮，找到根目錄底下的 smps_control.h，以及找到目錄 src 底下 smps_3p3z_dspic_v2.s，複製兩個檔案到 VMC Buck 專案的目錄 lib 底下。

MPLAB X IDE 主畫面下，於專案底下的 Header Files 按下滑鼠右鍵，點選 "Adding Existing Item..."，將 smps_control.h 與 DCDT 產生的 vmc3p3z_dcdt.h 加入此專案中。於專案底下的 Source Files 按

下 滑 鼠 右 鍵 ， 點 選 " Adding Existing Item... " ， 將 smps_3p3z_dspic_v2.s 加入此專案中。

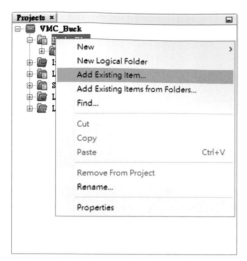
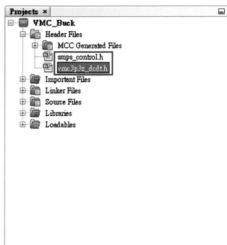

圖 4.2.28 匯入 Header Files

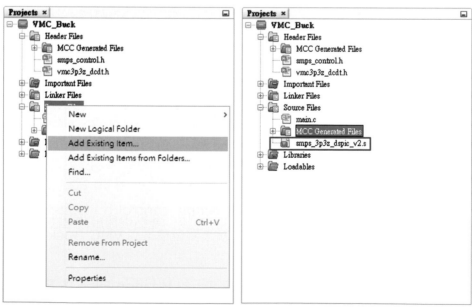

圖 4.2.29 匯入 3P3Z 計算源碼

接著這個步驟稍微麻煩一些，我們將建立一個組合語言檔案，並寫入程式，目的是用來對 3P3Z 補償控制器做初始化。於專案底下的 Source Files 按下滑鼠右鍵，點選 "New" ，選擇 "Empty File..."（若沒看到，表示第一次使用，請點選 Other...就會看到），接著出現對話視窗，輸入檔名為：Init_alt_w_registers_3p3z.S，然後選擇 Finish 完成。

（檔名可以自行定義，筆者使用這檔名，僅是方便理解）

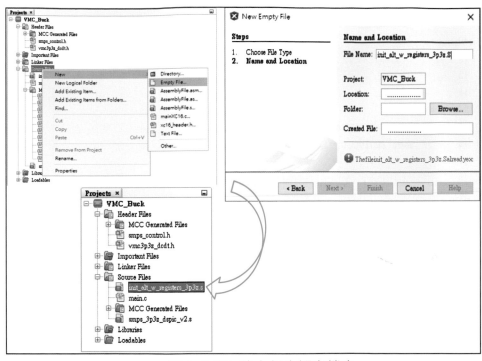

圖 4.2.30 建立組合語言檔案

建立 Init_alt_w_registers_3p3z.S 後，雙點擊開啟這個空白組合語言檔，參考圖 4.2.31，輸入組合語言程式碼，";" 後方皆為註解，可以不用跟著寫入。

```
1
2        .include "p33CK256MP506.inc"
3        #include "vmc3p3z_dcdt.h"
4
5        .data    ; Tell assembler to add subsequent data to the data section
6        .text    ; Begin program instructions
7            .global _InitAltRegContext1Setup
8
9        _InitAltRegContext1Setup:
10
11       CTXTSWP #0x1    ;Swap to Alternate W-Reg context #1
12
13       ; Note: w0 register will be used for compensator control reference para
14       ; Initialize Alternate Working Registers context #1
15       mov #ADCBUF16,            w1    ; Address of the ADCBUF16 register  (In
16       mov #PG1DC,               w2    ; Address of the PWM1 target register (
17
18       ; w3, w4, w5 used for ACCAx registers and for MAC/MPY instructions
19       ; Initialize registers to '0'
20       mov 0, w3
21       mov 0, w4
22       mov 0, w5
23       mov #VMC3P3Z_COMP_3P3Z_POSTSCALER,      w6
24       mov #VMC3P3Z_COMP_3P3Z_POSTSHIFT,       w7
25       mov #_triggerSelectFlag,                w8     ; Points to user options st
26       mov #_controller3P3ZCoefficient,        w9
27       mov #_controller3P3ZHistory,            w10
28       mov #VMC3P3Z_COMP_3P3Z_MIN_CLAMP,       w11
29       mov #VMC3P3Z_COMP_3P3Z_MAX_CLAMP,       w12
30
31       CTXTSWP #0x0  ; Swap back to main register set
32
33       return        ; Exit Alt-WREG1 set-up function
34
35       .end
36
```

圖 4.2.31 初始化 3P3Z 補償控制器

關於 w 工作暫存器所預設定義的說明，可於 smps_3p3z_dspic_v2.s 內找到。

```
167    ;        w0  = Control Reference value
168    ;        w1  = Address of the Source Register (Input)  - ADCBUFx
169    ;        w2  = Address of the Target Register (Output) - PDCx/CMPxDAC
170    ;        w3  = ACCAL ... and misc operands
171    ;        w4  = ACCAH ... and misc operands
172    ;        w5  = ACCAU ... and misc operands
173    ;        w6  = postScalar
174    ;        w7  = postShift
175    ;        w8  = Library options structure pointer
176    ;        w9  = ACoefficients/BCoefficients array base address { B0, B1, B2, B3, A1, A2, A3 }
177    ;        w10 = ErrorHistory/ControlHistory array base address { e[n-1], e[n-2], e[n-3], u[n-1], u[n-2], u[n-3] }
178    ;        w11 = minClamp
179    ;        w12 = maxClamp
180    ;        w13 = user defined, misc use
181    ;        w14 = user defined, misc use
```

圖 4.2.32 Alternate Working Register 使用定義

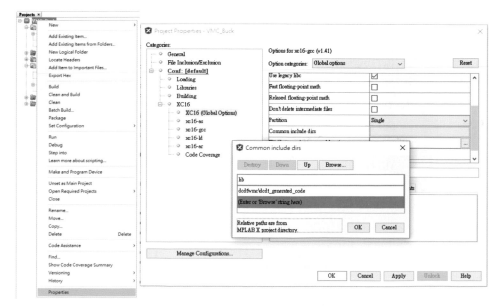

圖 4.2.33 路徑延伸

庫的導入還需一個步驟，header files 放在不同目錄下，若不另外設定告知專案，組譯程式時，會發生找不到 header files 的窘境。

方法很簡單，於 VMC Buck 專案名稱上，按下滑鼠右鍵，選擇最下方的 "Properties"，叫出 Project Properties 對話視窗。

如圖 4.2.33，左邊找到 XC16(Global Options)，右邊選擇 Global Options 後，應可以滾動選單而找到 "Common include dirs"，將兩個目錄加入自動搜尋的路徑中：

- *lib：用來放置 SMPS Control Library 複製過來的檔案*
- *dcdt\vmc\dcdt_generated_code：用來放置 DCDT 產生的 Header Files*

```
90      void Delay(void)
91      {
92          int i=0;
            for(i=0;i<400;i++) Nop();
94      }
95      int main(void)
96      {
97          initVMC3p3zContextCompensator();
98
99          // initialize the device
100         SYSTEM_Initialize();
101
102         while (1)
103         {
104             // Add your application code
105             if(VMC_3p3z_Vref < 1241)
106             {
107                 VMC_3p3z_Vref++;
108                 Delay();
109             }
110         }
111         return 1;
112     }
```

圖 4.2.34 主程式

```
     #include "mcc_generated_files/system.h"
49   #include "smps_control.h"
50   #include "vmc3p3z_dcdt.h"
51
52   int16_t VMC_3p3z_Vref = 0;
53   //For 3p3z Control with Context
54   void InitAltRegContext1Setup(void);
55   int16_t controller3P3ZCoefficient[7]__attribute__((space(xmemory)));
56   int16_t controller3P3ZHistory[6]   __attribute__((space(ymemory), far));
57   //For options of 3p3z Control with Context
58   uint16_t triggerSelectFlag;
59   volatile unsigned int* trigger;
60   volatile unsigned int* period;
61
62   void initVMC3p3zContextCompensator(void)
63   {
64       triggerSelectFlag = 0;   //00 = No Trigger Enabled;
65                                //01 = Trigger On-Time Enabled;
66                                //10 = Trigger Off-Time Enabled
67       //3p3z Control Loop Initialization
68       InitAltRegContext1Setup();
69       VMC_3p3z_Vref = 0;
70       // Clear histories
71       controller3P3ZHistory[0] = 0;
72       controller3P3ZHistory[1] = 0;
73       controller3P3ZHistory[2] = 0;
74       controller3P3ZHistory[3] = 0;
75       controller3P3ZHistory[4] = 0;
76       controller3P3ZHistory[5] = 0;
77       //Set Buck coefficients
78       controller3P3ZCoefficient[0] = VMC3P3Z_COMP_3P3Z_COEFF_B0;
79       controller3P3ZCoefficient[1] = VMC3P3Z_COMP_3P3Z_COEFF_B1;
80       controller3P3ZCoefficient[2] = VMC3P3Z_COMP_3P3Z_COEFF_B2;
81       controller3P3ZCoefficient[3] = VMC3P3Z_COMP_3P3Z_COEFF_B3;
82       controller3P3ZCoefficient[4] = VMC3P3Z_COMP_3P3Z_COEFF_A1;
83       controller3P3ZCoefficient[5] = VMC3P3Z_COMP_3P3Z_COEFF_A2;
84       controller3P3ZCoefficient[6] = VMC3P3Z_COMP_3P3Z_COEFF_A3;
85   }
```

圖 4.2.35 3P3Z 變數宣告與初始化副程式

步驟到此，已經將 3P3Z 的庫整合到 VMC Buck 專案中了，接下來就剩下寫程式引用庫程式就能完成閉迴路控制。主程式 main.c 中，參考圖 4.2.34，首先加入一段簡單的延遲副程式，另於 main() loop 底下，加入兩段程式，第一段程式用於呼叫補償器初始化程式，第二段於 while loop 內，用於簡單的輸出軟啟動。main.c 主程式另外還需要宣告所需的變數與初始化副程式，參考圖 4.2.35。因為僅是基本宣告，筆者就不再贅述。真的是最後囉，主程式負責宣告變數、初始化以及緩啟動，還有一段關鍵的程式還沒寫，就是閉迴路控制程式還沒寫。參考圖 4.2.36，再次打開 adc1.c，加入兩段程式，一者導入 smps_control.h：

#include "smps_control.h"

一者將控制參考值 VMC_3p3z_Vref 存到工作暫存器 w0 中，然後呼叫 3P3Z 庫計算控制迴路：

asm volatile ("mov _VMC_3p3pz_Vref, w0");
SMPS_Controller3P3ZUpdate_HW_Accel();

請注意，圖 4.2.36 中另外兩行 LED_SetHigh 與 LED_SetLow 是用於量測此中斷執行時間，可不需要加入。若要加入此功能，請記得：

1. 關閉 LED 原本 0.5Hz 閃爍的功能。
2. 需要另外加入 #include "pin_manager.h"

```
adc1.c ×
Source History

50  #include "adc1.h"
    #include "smps_control.h"
51

void __attribute__ ( ( __interrupt__ , auto_psv , context, weak ) ) _ADCAN16Interrupt ( void )
{
    LED_SetHigh( );

    asm volatile ("mov _VMC_3p3z_Vref, w0");
    SMPS_Controller3P3ZUpdate_HW_Accel();

    LED_SetLow( );
    //clear the VoutFB interrupt flag
    IFS6bits.ADCAN16IF = 0;
}
```

圖 4.2.36 閉迴路控制計算

其中 3P3Z 庫不僅計算，也同時配合 DCDT 產生的設定，限制極大與極小值後，更新佔空比暫存器，一氣呵成，因此補償控制器的 3P3Z 計算，就是將參考值填入工作暫存器 w0 後呼叫庫，兩行結束。

另外，讀者可能發現，LED 判斷引腳，怎麼移到這裡了呢？這不是必要行為，但很有用，因為設計者通常需要確認完整計算時間，才能最佳化控制迴路觸發點（後面會討論這部分），因此筆者將原 TMR1 內的翻轉 LED 那一行程式暫時移除，將 LED 移至此處以量測計算時間。接著再次搬出 Bode-100 神器，量測架構參考圖 4.2.37，以及結果於圖 4.2.38。

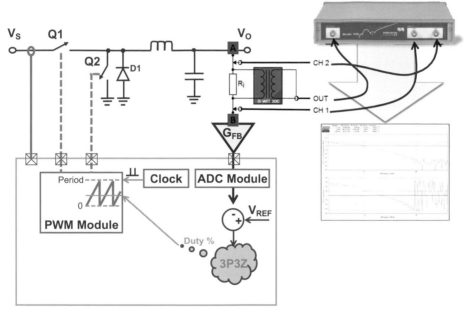

圖 4.2.37 量測 3P3Z 系統開迴路波德圖

圖 4.2.38 包含兩張圖，一張 Bode-100 實測圖，一張 DCDT 模擬圖，兩者相當近似，根據實測，G.M.基本沒有問題，頻寬確實偏移到 11.503kHz，但是 P.M. = 38.991 度，明顯不足 45 度，這系統需要進行改善。讀者或許心裡會出現一個疑問，相位餘裕怎麼掉這麼多？

還記得奈奎斯特頻率問題？原因來自於數位補償控制器對於奈奎斯特頻率有著不可抗力之影響，但之前才說 PWM 頻率高，應該影響很小呀！？

　　怎麼掉這麼多呢？若讀者有這樣的疑問，說明能夠前後開始貫通了，任督二脈開始流動囉！PWM 頻率高，ADC 同步於 PWM，理應奈奎斯特頻率影響很小，但別忘了一點，兩種情況下會加劇影響：

➤　*頻寬往高頻偏移*

　　越是高頻，相位餘裕掉更多，後面有實測可以觀察，而我們實測的偏移從10kHz 往高頻偏移，相位餘裕加速變差。

➤　*計算相位損失的 K 值變大*

　　筆者刻意在 MCC 設定時，埋了一個伏筆，ADC 的觸發來源與 PWM 上升緣完全同步，也就是 K=1，是最差情況下，相位餘裕會掉的更多，這樣的安排是希望讀者理解，全數位控制需要注意這一差異，影響甚巨，後面就會教讀者如何改善。

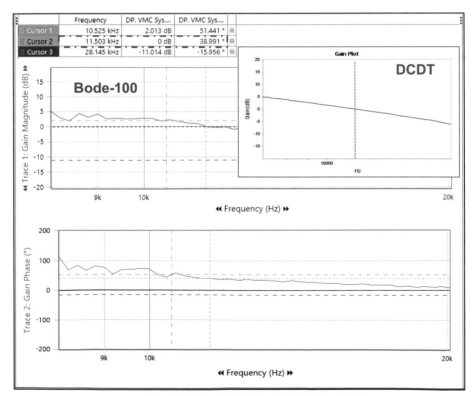

圖 4.2.38 3P3Z 系統開迴路波德圖

4.2.5. 系統改善與設計技巧分享

➢ *技巧一：精準小範圍調降頻寬（調整Kdc）*

為了改善相位餘裕，我們一起嘗試把頻寬精準修正回 10kHz，看相位餘裕是否有改變？從 Bode-100 量到如下圖，10kHz 位置的增益約為 2.782dB，換言之，只要整體增益下修 2.782dB，頻寬應該會被修正到 10kHz。

	Frequency	DP. VMC Sys....	DP. VMC Sys....	
:: Cursor 1	10.525 kHz	2.013 dB	51.441 °	🗑
:: Cursor 2	10 kHz	2.782 dB	69.362 °	🗑
:: Cursor 3	28.145 kHz	-11.014 dB	-15.956 °	🗑

圖 4.2.39 實際待修正的增益

要修正整體增益，修改 Kdc 是最直接的方法，目前是 1，新 Kdc 比例可計算得：

$$K_{dc} = 1 \times \frac{1}{10^{(\frac{2.782dB}{20})}} \approx 0.726$$

圖 4.2.40 DCDT 中輸入新 Kdc

確認新 Kdc 後，回到 DCDT 的 3P3Z 畫面，修改 Kdc 為 0.726，參考圖 4.2.40。然後再次選擇 Generate Code，自動覆蓋參數（若需保留參數，請先複製到別的地方），即可重新燒錄測試了。

燒錄後測試結果如圖 4.2.41 所示，頻寬精準的落在 10kHz 上，並且相位餘裕上升至 51.239 度（滿足 45 度以上）。

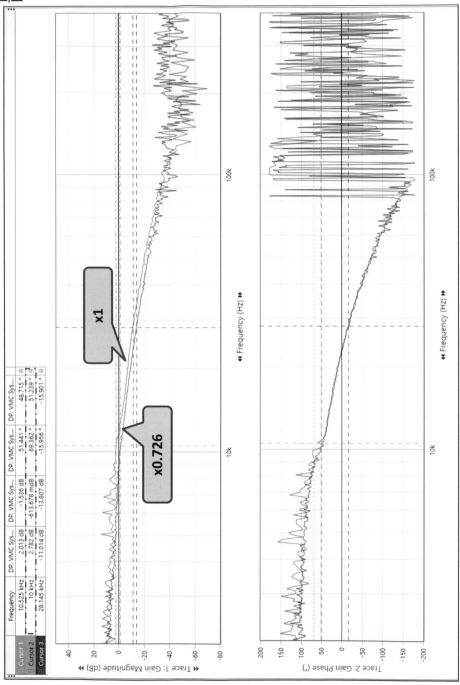

圖 4.2.41 量測 Kdc 修正後的系統開迴路波德圖

➤ 　*技巧二：精準大範圍調整頻寬（調整 F_0）*

技巧一直接修正增益，進而微調頻寬，但不影響相位。

技巧二之方式，則是直接修正 F_0，同時修正頻寬與影響相位，根據式子 1.6.23，頻寬正比於 F_0，因此透過此正比關係，就能精準微調頻寬：

$$New\ F_0 = 886.82\ Hz \times \frac{10\ kHz}{11.503\ kHz} \approx 770.95\ Hz$$

F_0 也就是 3P3Z 中的 F_{P_0}，確認新 F_{P_0} 後，回到 DCDT 的 3P3Z 畫面，修改 Pole 0 為 770.95 Hz，參考圖 4.2.42。

Poles		
Pole 0	770.95	Hz
Pole 2	5,651.81	Hz
Pole 3	27,474.77	Hz

圖 4.2.42 DCDT 中輸入新 Pole 0

然後再次選擇 Generate Code，自動覆蓋參數（若需保留參數，請先複製到別的地方），即可重新燒錄測試了。燒錄後測試結果如圖 4.2.43 所示，頻寬落在 10kHz 上，並且相位餘裕上升至 55.018 度（滿足也 45 度以上）。同樣是微調頻寬，但通常相位餘裕會比方法一好一點。

4

Frequency	Original DP. VMC Sys....	0.726 DP. VMC Sys....	772Hz DP. VMC Sys....	Original DP. VMC Sys....	0.726 DP. VMC Sys....	772Hz DP. VMC Sys....	
10.525 kHz	2.013 dB	-1.536 dB	176.123 mdB	51.441 °	48.715 °	45.66 °	
10 kHz	2.782 dB	-613.678 mdB	943.443 mdB	69.362 °	51.239 °	55.018 °	
28.145 kHz	-11.014 dB	-13.807 dB	-12.332 dB	-15.956 °	-15.901 °	-15.493 °	

圖 4.2.43 量測 F_{P_0} 修正後的頻寬與相位餘裕

➤ 　*技巧三：改善奈奎斯特頻率影響*

筆者將 LED 除錯引腳改至 ADC1 量測控制迴路計算時間，也就是下圖 4.2.44 中的 CH0，其下降緣就是計算結束的瞬間。

而 CH1 為 PWM L，其下降緣就是一整個 PWM 週期結束的瞬間。兩者之間的時間差距，就是相位餘裕計算的參數 K，換言之，所能改善的差距，就是想辦法讓兩個下降緣儘量靠近，可以最大幅度改善奈奎斯特頻率影響程度，最佳化這方面的相位餘裕改善。從量測結果看出相距 1.67us，假設保留 300ns 作為程式餘裕，若能把 ADC 的觸發訊號延遲 1.37us，奈奎斯特頻率影響將大幅改善。此部分，為方便比對，筆者直接使用方法一的結果進行比對，將方法一的程式再加入 ADC 觸發功能，並比對結果。

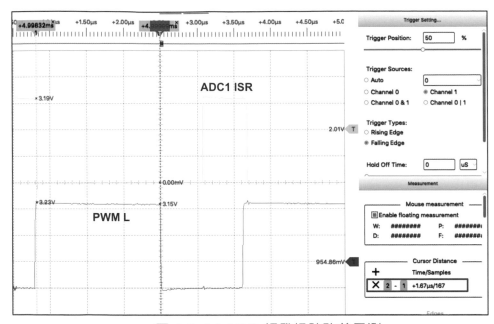

圖 4.2.44 ADC 觸發訊號改善量測

使用 MCC 回到 PWM 模組設定，滾動選單到 Trigger Control Settings 部分，將 Trigger A Compare 改為 1.37 us，如圖 4.2.45。

這樣的修改，就可以將 Trigger A 延遲 1.37us，ADC 也就會延遲 1.37us 才被觸發並開始轉換 ADC。

修改後，再次產生程式並燒錄，檢查一下 LED 引腳訊號，如圖 4.2.46，跟預期結果一樣，時間差距縮短到剩下 300ns。

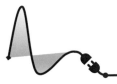

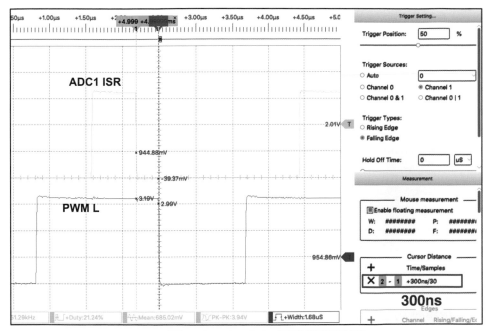

圖 4.2.45 修改 ADC 觸發訊號位置

圖 4.2.46 ADC 觸發訊號量測

　　圖 4.2.47 加入延遲觸發後的效果量測圖，明顯可以看出這一點點程式改變，卻能大大減緩相位掉的速度，進而再次改善相位餘裕。

　　圖中顯示，相位餘裕從約 51 度改善到 61 度，足足增加 10 度，這是相當大的差異，因此可以證明延遲觸發的重要性，間接也證明快速計算的必要性，dsPIC33 在這方面改善能力極為優越，很適合解決全數位電源相位餘裕問題。

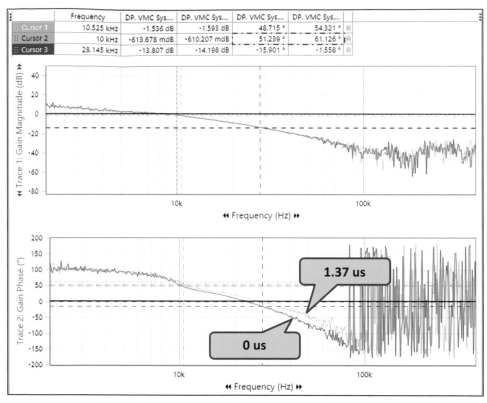

圖 4.2.47 量測觸發位置修正後的系統開迴路波德圖

➢ 　技巧四：善用 DCDT

　　接續技巧三的想法，既然數位控制器可以隨意調整極零點，那麼根據實際誤差，重新調配極零點就變得不再遙不可及。筆者建議設計數位控制器的概略過程如下：

● 　計算 Kp，使用 Kp 控制取得真實的 Plant

　　　（若沒有頻率響應分析儀，可使用 Mindi 建立最基本的 Plant）

- 利用 DCDT 做類比控制器轉換，或是直接隨需求配置極零點（請注意，最大頻寬儘量低於奈奎斯特頻率 10 倍以上）
- 量得第一次系統開迴路波德圖，並比對 DCDT 是否近似？

  若差異太大，應找出原因，以利未來調整，縮短開發時間。
- 量測閉迴路計算時間，優化 ADC 觸發位置
- 若需要改善，再次重新回到 DCDT，因近似於真實結果，直接在 DCDT 上調整極零點與增益（參考前面技巧一～三），得所需的規格，包含：

  - 直流增益
  - 頻寬？
  - P.M.？
  - G.M.？

關鍵在理解要調整什麼與怎麼配合使用工具，整個過程其實不複雜。

> 技巧五：高頻極點

只要是談到數位控制的章節，筆者反覆強調奈奎斯特頻率的影響與重要性，系統頻寬於高頻處受到奈奎斯特頻率的拉扯，增益與相位都快速下降，有沒有聯想到一件關聯性很強烈的事情？

回顧 1.6.4 開迴路轉移函數 $T_{OL}(s)$，我們於系統中擺放一個高頻極點（F_{HFP}: High Frequency Pole），使相位餘裕產生 "衰減" 的效果，遞減幅度是每十倍頻衰減 45°，最終得到想要的 P.M.設計目標 = 70°。

這樣的方式在類比控制可行，到了數位卻適得其反，因為奈奎斯特頻率的拉扯影響，相位餘裕下降，再加上 F_{HFP} 也刻意降低相位餘裕，造成相位餘裕下降太多，因此我們可以觀察到，在混合數位的實作章節，相位餘裕高達 70°，為何到了全數位，剩下 50°？

所以技巧五來檢視一下相位餘裕變差的原因：

- ADC 零階保持（ZOH）

  第一章說明了 ZOH 會造成相位落後，計算公式如下：

$$\phi_{ZOH} = 360° \times F_C \times T_S$$

此案例而言，改善方法只能加快 ADC 取樣頻率，但 ADC 已經跟 PWM 同步，已經處於最佳狀態。

- *強調奈奎斯特頻率的影響*

第一章也說明了計算迴路延遲亦會造成相位落後，計算公式如下：

$$\phi_{Delay} = 360° \times F_C \times k \times T_S$$

技巧二已經說明優化的方式，此案例而言，已經處於最佳狀態。

- *高頻極點配置*

如同剛剛所提，我們於系統中擺放一個高頻極點，是為了得到想要的 P.M. 設計目標，但半路殺出奈奎斯特頻率，造成相位落後過頭，因此數位控制需要重新考慮高頻極點配置的位置，不建議與類比控制相同。

改善餘裕的同時，也濾掉高頻雜訊，所以建議位置改為 PWM 頻率的一半：

$$F_{HFP} = \frac{F_{PWM}}{2}$$

根據這樣的想法，如圖 4.2.48，回到 DCDT 將高頻極點改至 350kHz/2=175kHz，然後再次產生參數與燒錄，看看是否有差別？

結果參考圖 4.2.49。

最後的量測結果可以看出高頻極點移動後，相位餘裕得以降低高頻極點之影響，進而恢復到更高的餘裕，10kHz 頻率下，達到 67.218°。

筆者透過 Bode-100，可同時顯示每次的量測結果，直接同框比較，輕鬆觀察明顯的差異，並且數據上可以看出相位餘裕的方法一改善到約 51 度、方法三改善到約 61 度與方法五進階改善到約 67 度。

 調整數位控制迴路時，無論哪種控制模式，高頻極點 HFP 皆可考慮配置於 F_PWM/2。

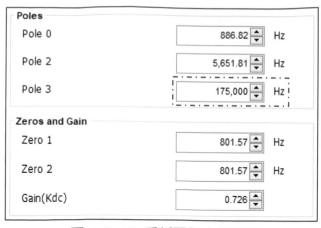

圖 4.2.48 重新配置高頻極點

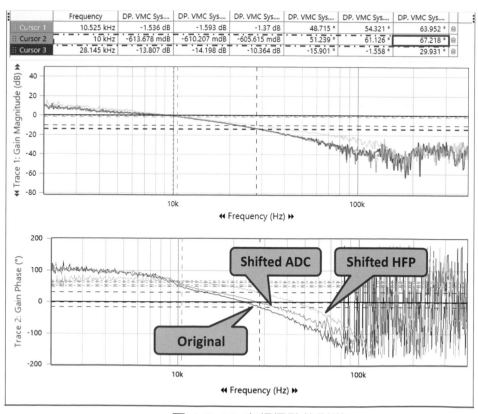

圖 4.2.49 高頻極點的影響

> 技巧六：自適應增益控制（AGC：Adaptive Gain Control）

1.6 節計算 $G_{Plant}(s)$ 時，解釋了關於輸入電壓對於頻寬的影響，而技巧二透過調整 F_0 以精準大範圍調整頻寬位置，那麼反過來思考，可否透過 F_0 的調整，而不受輸入電壓的影響，讓頻寬固定？簡單來說，是否可以量測輸入電壓，並根據實際的輸入電壓，反向調整 F_0，使得整體系統增益維持不變？是的，答案是可以的，也就是技巧六所要延伸的技巧。

回想一下式子 1.6.23，ω_{P_0} 線性反比於 VS（輸入電壓），如下：

$$\omega_{P\_0} = \frac{V_{Ramp} \times \omega_0}{V_S} = \frac{V_{Ramp}}{V_S} \times \omega_C \times \sqrt{1 + (\frac{\omega_C}{\omega_{P\_HFP}})^2}$$

白話文翻譯一下：當輸入電壓上升一倍，ω_{P_0} 則需要下降一倍，即可讓 ω_C 保持不變。再回想一下式子 1.8.28～式子 1.8.34，尋找一下 ω_{P0}(亦即 ω_{P_0})，聰明的你應該已經發現，只有 B 係數與 ω_{P0} 有直接關聯，如下：

$$B_0 = \frac{[T_S\omega_{P0}\omega_{P1}\omega_{P2}(2 + T_S\omega_{Z1})(2 + T_S\omega_{Z2})]}{[2\omega_{Z1}\omega_{Z2}(2 + T_S\omega_{P1})(2 + T_S\omega_{P2})]}$$

$$B_1 = \frac{\{T_S\omega_{P0}\omega_{P1}\omega_{P2}[-4 + 3T_S^2\omega_{Z1}\omega_{Z2} + 2T_S(\omega_{Z1}+\omega_{Z2})]\}}{[2\omega_{Z1}\omega_{Z2}(2 + T_S\omega_{P1})(2 + T_S\omega_{P2})]}$$

$$B_2 = \frac{\{T_S\omega_{P0}\omega_{P1}\omega_{P2}[-4 + 3T_S^2\omega_{Z1}\omega_{Z2} - 2T_S(\omega_{Z1}+\omega_{Z2})]\}}{[2\omega_{Z1}\omega_{Z2}(2 + T_S\omega_{P1})(2 + T_S\omega_{P2})]}$$

$$B_3 = \frac{[T_S\omega_{P0}\omega_{P1}\omega_{P2}(-2 + T_S\omega_{Z1})(-2 + T_S\omega_{Z2})]}{[2\omega_{Z1}\omega_{Z2}(2 + T_S\omega_{P1})(2 + T_S\omega_{P2})]}$$

更深入的思考一番，答案呼之欲出，所以 B 係數與輸入電壓成線性反比時，ω_{P0} 獲得調整，ω_C 即可保持不變。簡單的做法是產生一個係數，其反比於輸入電壓，並且於每一次補償控制器計算前，接乘上所有 B 係數，讓 B 係數保持與輸入電壓一定的反比關係，隨後才進入補償控制計算，如圖 4.2.50(a)。方法簡單，但卻增加計算量，K 值上升，相位餘裕下降，該怎麼辦呢？既然計算耗費時間引起的問題，如何縮短計算時間呢？

　　參考圖 4.2.50(b)，將計算改為查表法，是最為簡單且便利的方法，
當然，有利必有弊，需要耗費較多的儲存空間，又由於需要節省儲存空間，
建立之表格可能需要一定程度降低解析度，因此查表法實際應用雖快速，
但輸入電壓與 B 係數之間通常存在一定程度的差距誤差。

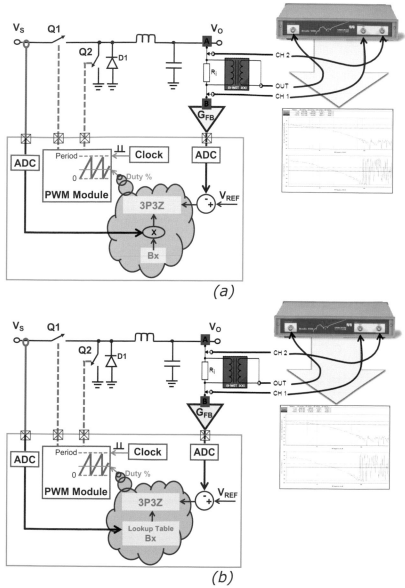

(a)

(b)

圖 4.2.50 全數位 AGC 前饋補償示意圖

4.3 全數位峰值電流模式 BUCK CONVERTER 實作

接下來要實作的是全數位峰值電流模式 Buck Converter，將會使用 Microchip 對於全數位電源設計的兩個現有工具：DCDT（Digital Compensator Design Tool）與全數位補償器程式庫 SMPS Library。

並且為了讓讀者更貼近實務應用層面，進而善用工具，於此全數位電源實作的章節中，將說明如何快速貼近實際的 Plant，然後將 Plant 與模擬章節所計算好的補償參數於 DCDT 中整合，產生真實參數讓 MCU 計算，最後比對驗證計算結果與實務差異。

參考圖 4.3.1，類比峰值電流模式 Buck Converter 中，Plant 通常是指 OPA 輸出至輸出電壓之間的轉移函數。另外還有回授增益、補償器增益與峰值電流迴路增益。

其中假設回授增益與補償器增益不變，那麼類比控制器轉為數位控制器的過程中，有什麼會改變？

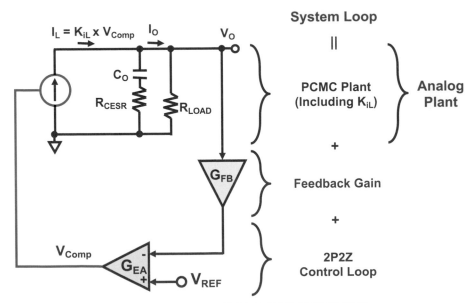

圖 4.3.1 類比控制系統整體增益

參考圖 4.3.2，全數位峰值電流模式 Buck Converter 中，多了 ADC 增益，並且回授增益與 DAC 增益，若不修正，類比與數位迴路之間的比例基本不一樣。

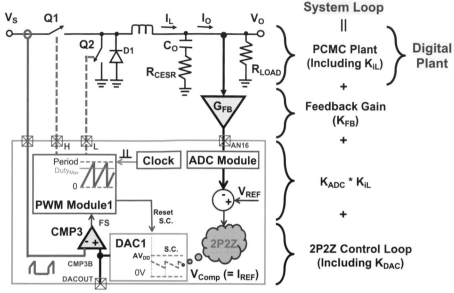

圖 4.3.2 全數位控制系統整體增益

前面對於補償器的設計，都是基於類比控制器結構基礎，因此為了沿用已經設計好的補償器參數，整體的增益就必須一樣，所以需要計算 Kuc 進行消除不同的增益，讓數位與類比的系統增益相同，系統控制效能才能一致。（關於 Kuc，可回顧 1.8 節的 Kuc 參數計算說明）Kuc 將於 DCDT 工具中修正。

而有些書籍於 Plant 中包含回授增益，筆者為方便讀者真實理解細節差異，並對比 Mindi 方式所建立的 Plant（4.3.1 節）與實際 Kp 控制所量測的 Plant（4.3.2 節），本節所提及的 Plant 將 "不" 包含回授增益。

4.3.1. 建立 Plant 模型（Mindi）

　　最簡單且實際的方法，不外乎直接引用第二章 Mindi 平台上已經設計好的模擬電路圖，若讀者覺得模擬跟實務有些差異，可以直接根據實際參數，修改 Mindi 模擬電路圖。

　　例如第三章進行實際量測時，發現 LC 參數並非理論值，有些偏移，但可以接受，若讀者覺得偏移過大，可根據實際偏移量修正 Mindi 模擬電路圖即可。當修改得宜，模擬跟實務很接近，那麼該 Plant 可以讓 DCDT 直接取用，該有多好呢？是的，還真得可以！

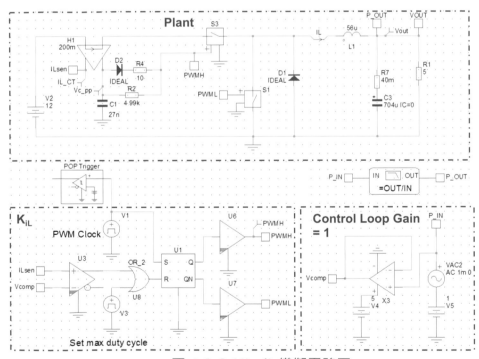

圖 4.3.3 Mindi 模擬電路圖

　　透過直接修改圖 2.5.4，移除回授電阻 R5 與 R6（Plant 將不包含回授增益，但包含 K_{iL}），將回授與輸出斷開成開迴路，並將原 Type-2 補償器改成電壓隨耦器（Gain=1），而原本 K_{iL} 硬體由於沒有改變，增益就沒改變，不需要修改。

依據這樣的修改，量到的波德圖結果將是圖 4.3.1 中的類比 Plant（Analog Plant）之模擬結果，如圖 4.3.4。

當 Plant 不包含回授增益的情況下，可以參考回顧第二章的圖 2.5.35。

比對結果，有一差異：由於開迴路利用 OPA 正輸入引腳注入訊號，因此並非負回授狀態，因此圖 4.3.4 的角度已經是正確角度，量到的相位不需要減 180 度。

接著於圖 4.3.5 波德圖曲線上按下滑鼠右鍵叫出功能視窗，選擇 "Copy to Clipboard" / "Graph Date"，然後出現曲線選擇視窗，點選 "Select All" 後，點選 "Ok"。

此時波德圖資料已經複製於剪貼簿上。

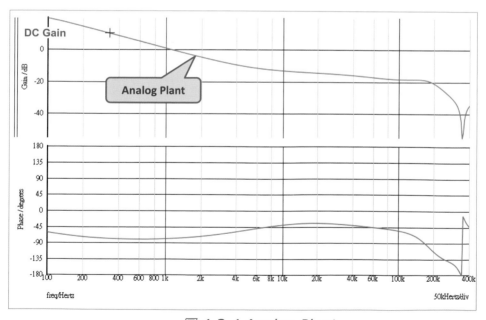

圖 4.3.4 Analog Plant

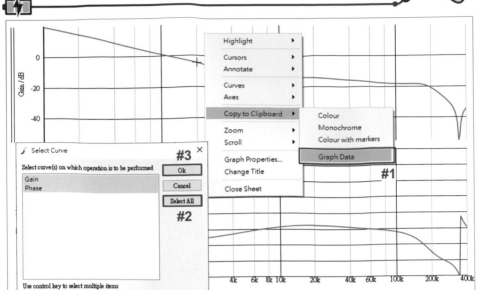

圖 4.3.5 複製曲線資料

請於電腦上新增一個 Excel 檔，請注意：附檔名需選擇 *.CSV。將複製於剪貼簿的資料貼上 CSV 上儲存，此檔案後面會用到，至此 Mindi 建立 Plant 已經完成囉，是不是相當的簡單快速又俐落？

	A	B	C
1	freq	Gain	Phase
2	100	19.8073781	-59.99586
3	102.329299	19.6538895	-60.531626
4	104.712855	19.498782	-61.059966
5	107.151931	19.3420964	-61.580755
6	109.64782	19.1838736	-62.093878
7	112.201845	19.0241545	-62.599232
8	114.815362	18.8629802	-63.096725

圖 4.3.6 Mindi Plant CSV 檔案

目前模擬系統沒有辦法模擬 ADC 取樣延遲所導致的相位損失，並且大多數模擬軟體就算可以模擬 ZOH，也無法有效真實模擬 ADC 行為，因為真實的 ADC 之觸發時機是可以改變的，但模擬卻沒辦法。並且此實驗案例 PWM 是 350kHz，頻寬 10kHz，相差 20 倍以上，奈奎斯特影響程度相對很小，因此此案例使用 Mindi 即可，沒有太大差別。

4.3.2. 建立 Plant 模型（Kp 控制）

使用 Mindi 建立 Plant 是簡單且快速的方法，但若對於很需要更貼近實際參數的工程師，使用模擬的方式，反覆調整直到近似，往往更花時間，因此本節另外提供一個筆者常使用的方法，稱為 Kp 控制法。

Kp 控制法即為典型 PID 控制法中，僅取 Kp 比例控制器部分，不存在積分與微分控制，單純比例控制，因此能用來呈現系統的實際 Plant，包含 ADC 取樣頻率的影響。前節圖 4.3.3 Mindi 模擬電路圖中的 Control Loop 增益為 1，也是同樣的道理。

又到了動動腦，防老化時間囉！那麼就 Control Loop 增益為 1 就好，為何需要特別加入 Kp 控制這麼麻煩呢？

參考下圖 4.3.7，先猜想一下原因，有助於自我解決問題的能力哦！

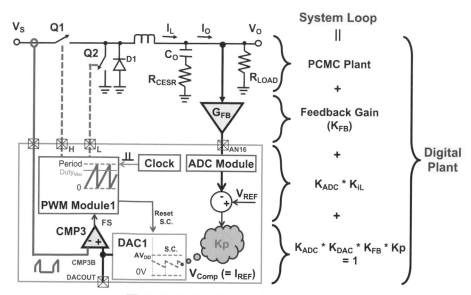

圖 4.3.7 Kp Control v.s. Digital Plant

還記得類比轉數位控制後，會增加 ADC 增益、回授增益與 DAC 增益？是的，因為這些增益改變，導致若控制器維持增益為 1，量到的

Plant 就包含了增加的三個增益，使得類比計算好的 Type-2 補償控制器，無法直接用於數位補償控制器。

所以 Kp 控制的根本核心目的，便是利用 Kp 增益，抵消轉數位平台所改變的增益，使進出 MCU 控制器之間的增益恢復為 1，那麼很開心滴 ～類比計算好的 Type-2 補償控制器，又能直接套用於數位補償控制器了。

換言之，其實 Kp 就是第一章所提的 K_{UC}，只要將 ADC 模組造成的增益 K_{ADC}、DAC 模組造成的增益 K_{DAC} 以及回授線路造成的增益 K_{FB}，通通都抵消掉，整個系統除了 Plant（含 K_{iL}）之外的增益皆為 1，那麼系統就剩下 PCMC Plant（同時也是 Digital Plant，包含取樣頻率影響）。

進行撰寫 Kp 程式時，同樣的步驟過程，我們應該先了解要寫什麼程式，才著手進行撰寫。

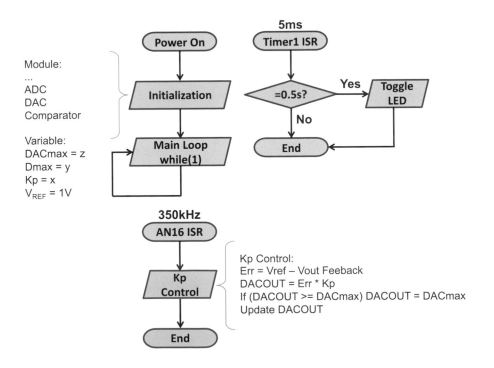

圖 4.3.8 Kp 控制程式流程圖

圖 4.3.8 呈現了 Kp 控制的程式流程圖，我們需要增加使用 ADC、DAC 與比較器模組，並且由 PWM 觸發 ADC 模組，進而產生同步於 PWM 的 ADC 取樣與計算週期，而於計算週期中，寫入 Kp 控制。

另外加上：

➤ *DACmax 最大 DAC 輸出：*

CK 系列的 DAC 是 12 位元，參考電壓為 3.3V。讀者需要根據最大允許峰值電流換算與限制 DAC 的最大輸出量。

例如：假設為 3000Counts = 3000/4095*3.3/0.2 =12A。

➤ *Dmax 最大佔空比限制值：*

目標 PWM 頻率 350kHz，實際 MCC 自動計算而產生週期值為 11421，假設最大佔空比為 90%，Dmax 則為 10279。

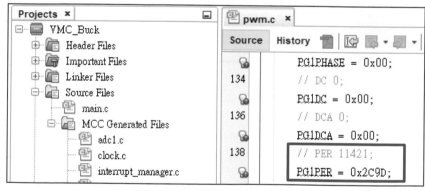

圖 4.3.9 PWM 週期值

➤ *Kp 值：*

回授增益為 1/5.02(分電壓電阻 1k 與 4.02k)，ADC 解析度是 12 位元（=4095），ADC 參考電壓是 Vdd（=3.3V），DAC 解析度是 12 位元（=4095），DAC 參考電壓是 AVdd（=3.3V），那麼：

$$K_P = \frac{1}{(\frac{1}{5.02}) \times (\frac{4095}{3.3}) \times (\frac{3.3}{4095})} = 5.02$$

➢ V_{REF} 參考值：

類比迴路控制時，設定為 1V，換算成數位值：

$$V_{REF} = 1V \times \frac{4095}{3.3V} \approx 1241$$

了解要增加的模組與相關參數後，就可以開始進行程式的部分，但每次都從頭來過也是挺耗費時間的，因此這實驗同樣直接沿用 4.1 節的開迴路程式即可，順便學一下更新專案名稱，以符合峰值電流模式的專案屬性。

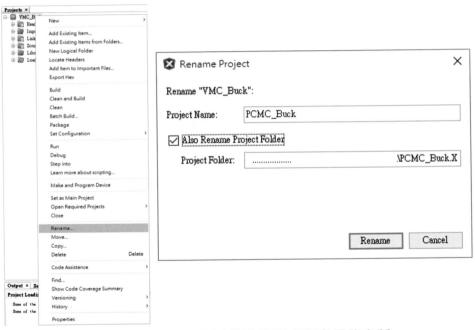

圖 4.3.10 同時修改專案名稱與目錄名稱

於目前專案名稱 "VMC_Buck" 上點擊滑鼠右鍵，呼叫出功能選項，選擇 "Rename..."，隨後出現對應的修改視窗，如圖 4.3.10。如範例，將專案名稱修改為 "PCMC_Buck"，並且勾選 "Also Rename Project Folder"，同時一併修改實際目錄名稱，後按下 Rename"。

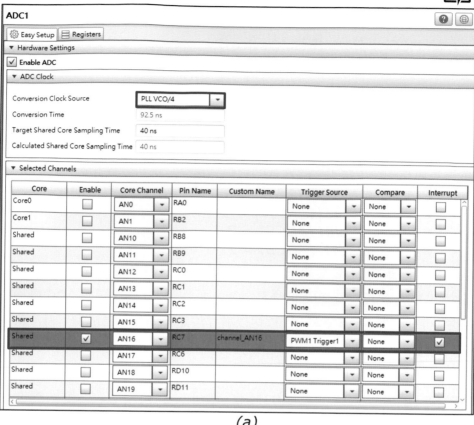

(a)

(b)

圖 4.3.11 ADC 模組設定

4

接下來，需要增加與修改模組，當然得請出 MCC 大神協助一下。

於 MCC 視窗中，找到 "Device Resources" 子視窗，然後滾動子視窗以尋找"ADC" / "ADC1"，雙點擊 "ADC1"，並著手設定 ADC1，如圖 4.3.11(a)，主要設定基頻來源（PLLVCO/4）400MHz，並啟用 AN16 與中斷功能，同時也選擇 PWM Trigger1 為觸發源。

如圖 4.3.11(b)，ADC1 模組設定切換至 "Registers" 設定模式，依序可以找到並設定：

- *ADCON2L [SHRADCS] = 2*
- *ADCON3H [CLKDIV] = 3*
- *ADCORE0H [ADCS] = 2*
- *ADCORE1H [ADCS] = 2*

其目的是將 ADC 基頻除以 3（ADCON3H [CLKDIV]）以符合 Data Sheet 對於 ADC 輸入頻率的最高限制。而此 MCU 包含三組 ADC 轉換模組，允許不同的工作頻率，所以可以獨立設定不同的除頻比例，假設跟筆者一樣都設定為最高頻率（接近最小 T_{AD}），那麼就全設定為除以 2 即可（ADCON2L [SHRADCS] & ADCORE0H [ADCS] & ADCORE1H [ADCS]）。輸入頻率為 400MHz，除以 3 再除以 2 後，頻率約 66.67MHz，得 T_{AD} 約為 15ns，大於 MCU 最小 T_{AD} 之要求。

注意 T_{AD} 是受到限制的，也是直接限制晶片的 ADC 最高轉換速度之關鍵參數，不同晶片有不同限制值，此顆晶片限制不得低於 14.3ns。參考 Data Sheet DS70005349G 的 TABLE 33-36: ADC MODULE SPECIFICATIONS。

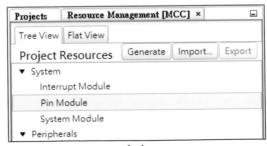

(a)

圖 4.3.12 ADC 引腳命名

Pin Module

⚙ Easy Setup　☰ Registers
Selected Package : TQFP64

Pin Name ▲	Module	Function	Custom Name	Start High	Analog	Output	WPU	WPD	OD
RB3	ICD	PGD2		☐	☐	☐	☐	☐	☐
RB4	ICD	PGC2		☐	☐	☐	☐	☐	☐
RB14	PWM	PWM1-H		☐		☑	☐	☐	☐
RB15	PWM	PWM1-L		☐		☑	☐	☐	☐
RC7	ADC1	AN16	VoutFB	☐	☑	☐	☐	☐	☐
RD15	Pin Module	GPIO	LED	☐		☑	☐	☐	☐

(b)

圖 4.3.12 ADC 引腳命名(續)

為了方便程式可讀性，可以順便幫 AN16 取個名字：VoutFB。參考圖 4.3.12，利用 MCC 的 Pin Module 設定視窗，可以替 AN16 這引腳命名 VoutFB，此命名也會直接導入實際程式中的變數名稱。接下來 MCC 選擇設定 Interrupt Module，設定中斷 ADC1 中斷（參考圖 4.3.13）：

- *啟用 ADCAN16 中斷*
- *設定中斷優先權至最高 6*
  控制迴路通常必須是最高，避免受到其他中斷干擾，而導致電源控制失效。
- *設定 Context*
  Context 的概念於 1.8.6 小節有詳述，讀者可以去回顧一下。
  此案例我們於中斷優先權 6 的中斷基礎上，選擇使用 Context #1（CTXT1）。

Interrupt Manager
☑ Enable Global Interrupts

Module	Interrupt	Description	IRQ Num...	Enabled	Priority	Context
ADC1	ADCAN15	ADC AN15 Convert Done	106	☐	1	OFF
ADC1	ADCAN14	ADC AN14 Convert Done	105	☐	1	OFF
ADC1	ADCAN17	ADC AN17 Convert Done	108	☐	1	OFF
ADC1	ADCAN16	ADC AN16 Convert Done	107	☑	6	CTXT1
ADC1	ADCAN5	ADC AN5 Convert Done	96	☐	1	OFF
ADC1	ADCAN6	ADC AN6 Convert Done	97	☐	1	OFF

圖 4.3.13 ADC 模組之中斷設定

4

圖 4.3.14 新增比較器與 DAC 模組

接著新增比較器與 DAC 模組，於 MCC 視窗中，找到 "Device Resources" 子視窗，然後滾動子視窗以尋找"CMP_DAC" / "CMP3"，雙點擊 "CMP3"，並著手設定 CMP3，如圖 4.3.14，主要設定基頻來源（FPLLO）400MHz，並啟用 CMP3 與 DAC 功能與輸出，同時也設定斜率補償部分（Slope Settings）。其中有幾個重要觸發源，參考圖 4.3.14 下方的斜率補償曲線示意圖，其簡單說明如下：

- *Start Signal：*
  斜率補償開始下降的起始時間點之觸發訊號，本範例設置為 PWM1 的 PWM 起始點。

- *Stop Signal A：*
  強制斜率補償結束的時間點 A 之觸發訊號，恢復初始電壓，為下一週期做準備，本範例設置為 PWM1 的最大佔空比時間點。

- *Stop Signal ：*
  強制斜率補償結束的時間點 B 之觸發訊號，恢復初始電壓，為下一週期做準備，本範例設置為比較器 3（CMP3）動作的時間點，也就是當峰值電流等於電流參考命令時，PWM1 High 輸出關閉，同時強制斜率補償結束。

緊接著需要修改 PWM 模組的設定，因為峰值電流模式不同於電壓模式，需要讓比較器有權限關閉 PWM，以達到峰值電流控制的目的。

於 MCC 中，選擇設定 PWM 模組，並將 PWM 佔空比改為 90%，目的是當峰值電流不足以觸發比較器動作時，最大佔空比需要受到限制，此例子設置為 90%。另外相應於前述的 "Start Signal" 與 "Stop Signal A"，可參考此例作法，將：

- *ADC Trigger 1 設置為 Trigger A Compare*
- *Trigger A Compare 設置為 0ns*
  同步於 PWM1 的每一次 PWM 週期的起始時間點
- *ADC Trigger 2 設置為 Trigger B Compare*

- *Trigger B Compare 設置為2.5714ns*

同步於 PWM1 的每一次 PWM 週期的 90%佔空比之時間點，如圖 4.3.15(a)所示。

PWM

⚙ Easy Setup   ☰ Registers

▶ PWM Master Settings

PWM Generator   PWM Generator 1   ▾   Custom Name: PWM_GENERATOR_1

☑ Enable PWM Generator
☑ Enable High Resolution
PWM Operation Mode   Independent Edge
PWM Output Mode   Complementary

▼ PWM Frequency Settings

PWM Input Clock Selection   500000000   ▾   Hz

▶ Period   ☐ Use Master Period

▼ Duty Cycle   ☐ Use Master Duty Cycle

PWM Duty Cycle 0 % ≤   90   ≤100 %

▼ Phase

PWM Phase 0 ns ≤   0 ns   ≤ 16.3838 us

▼ Trigger Control Settings

▶ PWM Start of Cycle Control

▼ ADC Trigger

ADC Trigger 1   Trigger A Compare   ▾
ADC Trigger 2   Trigger B Compare   ▾

Trigger A Compare 0 ns ≤   0 ns   ≤ 16.3838 us

Trigger B Compare 0 ns ≤   2.5714 us   ≤ 16.3838 us

Trigger C Compare 0 ns ≤   0 ns   ≤ 16.3838 us

(a)

圖 4.3.15 修改 PWM 模組設定

PWM

| {⚙} Easy Setup | ☰ Registers |

▼ Register: PG1CLPCIH　0x300

⊕ ACP	Latched	▼
⊕ BPEN	disabled	▼
⊕ BPSEL	PWM Generator 1	▼
⊕ PCIGT	disabled	▼
⊕ SWPCI	Drives '0'	▼
⊕ SWPCIM	PCI acceptance logic	▼
⊕ TQPS	Not inverted	▼
⊕ TQSS	None	▼

▼ Register: PG1CLPCIL　0x1A1D

⊕ AQPS	Inverted
⊕ AQSS	LEB is active
⊕ PPS	Not inverted
⊕ PSS	Comparator 3 output
⊕ PSYNC	disabled
⊕ SWTERM	disabled
⊕ TERM	Auto-Terminate
⊕ TSYNCDIS	PWM EOC

(b)

圖 4.3.15 修改 PWM 模組設定(續)

如圖 4.3.15(b)，PWM 模組設定切換至 "Registers" 設定模式，找
到 PG1CLPCIH 與 PG1CLPCIH 兩暫存器並修改設定，其設定原理較為
複雜，可參考文件（ DS70005320C ）的 5.4 節（ Cycle-by-Cycle
Current Limit Mode ），筆者擷取部分說明內容如下：

```
PG1CLPCIL              = 0x1A1B;
/* TERM=0b001, Terminate when PCI source transitions from active to inactive*/
/* TSYNCDIS=0, Termination of latched PCI delays till PWM EOC (for Cycle by
   cycle mode) */
/*AQSS=0b010, LEB active is selected as acceptance qualifier */
/*AQPS=1, LEB active is inverted to accept PCI signal when LEB duration is
   over*/
/*PSYNC=0, PCI source is not synchronized to PWM EOC so that current limit
   resets PWM immediately*/
/*PSS=0bxxxx, ACMP1 out is selected as PCI source signal */
/*PPS=0; PCI source signal is not inverted*/
PG1CLPCIH              = 0x0300;
/*ACP=0b011, latched PCI is selected as acceptance criteria to work when compl
   out is active*/
/*TQSS=0b000, No termination qualifier used so terminator will work straight
   away without any qualifier*/
```

其關鍵的時序圖，也於該文件中有所解釋，如圖 4.3.16。

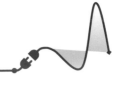

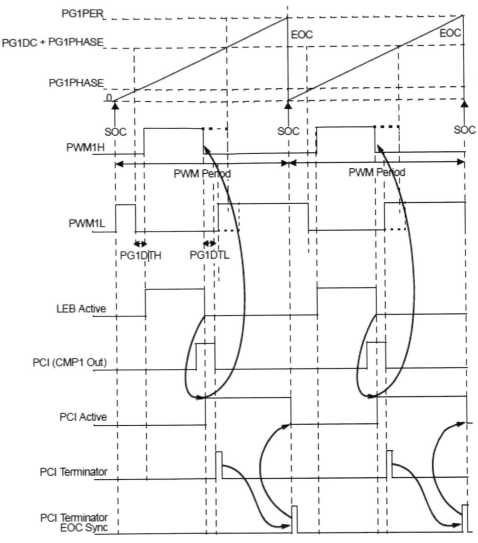

圖 4.3.16 Cycle-by-Cycle Current Limit Mode

至此，MCC 所需的操作過程已經結束，可以按下 MCC 的 "Generate" 鈕囉！MCC 產生相應的程式與設定後，接下來需要的是人工寫上 Kp 控制，參考圖 4.3.17。

```c
void __attribute__ ( ( __interrupt__ , auto_psv , context, weak ) ) _ADCAN16Interrupt ( void )
{
    uint16_t valVoutFB;
    //Read the ADC value from the ADCBUF
    valVoutFB = ADCBUF16;

    #define Ctrl_Q_Kp        12              //SX.Q => X_max = 2^(15-Q)
    #define Ctrl_Kp          (int)(5.02 * 4095) //Kp * 2^Q
    #define Ctrl_Vref        1241            //Q0     => 1V/3.3V*4095 = 1241
    #define Ctrl_MaxDACOUT   3000            //Q0     => 0.2/3.3*4095 = 248 @1A=0.2V
    #define Ctrl_SLPDAT      4               //40mV/us
    #define Ctrl_DACLow      129

    int ctrl_error, ctrl_Comp;
    register int a_reg asm("A");
    _SATA=1;                                          //1.31
    ctrl_error = Ctrl_Vref - valVoutFB;
    a_reg = __builtin_mpy(ctrl_error, Ctrl_Kp, 0,0,0,0,0);  // A(Q1.31) = (ctrl_error * Ctrl_Kp) << 1
    a_reg = __builtin_sftac(a_reg , (-15+Ctrl_Q_Kp));       // A(Q1.31) = A(Q1.31) << (15-Ctrl_Q_Kp)
    ctrl_Comp = __builtin_sac(a_reg, 0);                    // ctrl_Comp = A(Q1.31) >> 16
    if(ctrl_Comp <= Ctrl_DACLow)
    {
        if(ctrl_Comp < 0)    ctrl_Comp = 0;
        SLP3DAT  = Ctrl_SLPDAT;
        DAC3DATH = ctrl_Comp;
        DAC3DATL = 0;
    }
    else
    {
        if(ctrl_Comp > Ctrl_MaxDACOUT)    ctrl_Comp = Ctrl_MaxDACOUT;
        SLP3DAT  = Ctrl_SLPDAT;
        DAC3DATH = ctrl_Comp;
        DAC3DATL = ctrl_Comp -  Ctrl_DACLow;
    }

    if(ADC1_VoutFBDefaultInterruptHandler)
    {
        ADC1_VoutFBDefaultInterruptHandler(valVoutFB);
    }
    //clear the VoutFB interrupt flag
    IFS6bits.ADCAN16IF = 0;
}
```

圖 4.3.17 Kp 控制應用程式

　　於 PCMC_Buck 專 案 中 ， 找 到 ＂Source Files＂ / ＂MCC
Generated Files＂ / ＂adc1.c＂ ， 雙點擊打開 ＂adc1.c＂ ， 並於檔案中
找到_ADCAN16Interrupt (void) 中斷服務程式。

　　找到該程式段後，應該是幾乎空的，只有一點點程式，用於基本
ADC 讀值。虛線框框便是讀者需要寫入的 Kp 控制應用程式段。

細部動作部分，可參考筆者寫的程式註解，方便了解計算過程。

簡單而言，Kp=5.02，以 15 位元 Q 格式換算，可以表示為 Q12，或以 S3.12 表示更為直接，1 個符號位元，3 個位元表示整數，12 個位元表示小數。

> 整數 3 位元表示整數最大值約 8，要是讀者其他實際應用超過 8 呢？例如 100，需要 7 位元表示整數部分（小於 128），因此需要改為 S7.8，可以修改如下方即可：
> ```
> #define      Control_Q_Kp      8
> #define      Control_Kp        (int) (100 * 256)
> ```

整個過程先是參考值減去回授值，然後以 Q12 方式乘上 Kp 後，將結果做極大與極小值範圍限制，再填寫到 DAC 暫存器：

➢ DAC3DATH：

　　此暫存器設定 DAC 輸出的起始電壓。

➢ DAC3DATL：

　　此暫存器設定 DAC 輸出的最低電壓（斜率補償結束電壓）。

➢ SLP3DAT：

　　此暫存器設定 DAC 輸出的斜率。

其計算參考公式可參考模組參考手冊（DS70005280C）如下：

Equation 4-4:　　Determining the SLPxDAT Value[1]

$$SLPxDAT = \frac{(DACxDATH - DACxDATL) \cdot 16}{(T_{SLOPE\_DURATION})/T_{DAC}}$$

Where:

$DACxDATH$ = DAC value at the start of slope

$DACxDATL$ = DAC value at the end of slope

$T_{SLOPE\_DURATION}$ = Slope duration time in seconds

T_{DAC} = 2/F_{DAC} in seconds

Note 1:　Multiplication by 16 sets the SLPxDAT value in 12.4 format.

假設使用同樣的設計，我們希望斜率是 40mV/us，可計算得：

$$40mV \times \frac{4095}{3.3} \approx 50 \; counts$$

而比較器的輸入頻率於前面 MCC 設定時，採用 400MHz，得以反算：

$$SLPxDAT = \frac{50 \times 16}{1us \times \frac{400MHz}{2}} = 3.971 \approx 4$$

接著可得：

$$DATH - DATL = \frac{50}{1us} \times \frac{90\%}{350kHz} \approx 129$$

所以圖 4.3.17 中的程式可以看到，SLP3DAT 保持等於 4，DAC3DATH 等於控制輸出 ctrl_Comp，而 DAC3DATL 則固定保持等於（DAC3DATH-129）。

另外，當 DAC3DATH 小於或等於 129 時，DAC3DATL 等於 0。

最後依然是那個最熟悉的動作：按下 🖼 燒錄按鈕！

並可著手實際量測 Kp 控制下的 Digital Plant，如圖 4.3.18 示意圖。

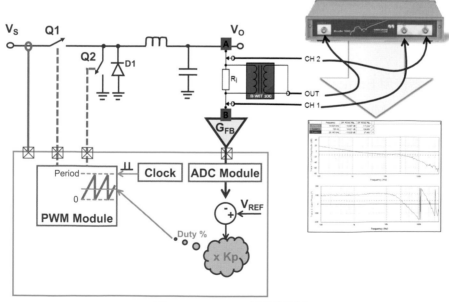

圖 4.3.18 Kp 控制量測 Plant

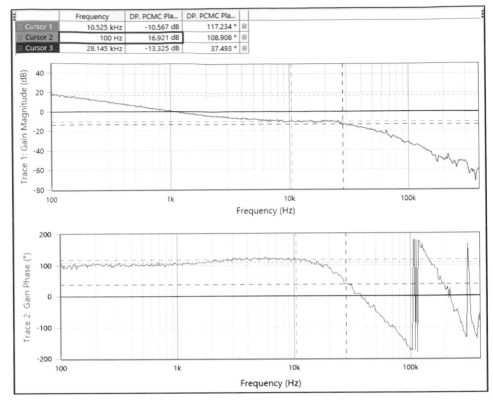

圖 4.3.19 實際量測 Plant 之結果

筆者使用 Bode-100 作為量測設備，圖 4.3.19 為其量測結果。對比圖 4.3.4 之 Mindi 模擬結果，可以看出，曲線大致相同。而實際數位控制增加了 ADC 350kHz 的取樣頻率，因此（350kHz / 2）後的高頻段，可以看出數位控制系統衍伸的取樣頻率效應問題。

圖中更可以發現，取樣頻率效應問題同樣發生在更早的時間點？

低於（350kHz / 2），通常是因為控制延遲的 "K" 太大，加上控制計算延遲，會使得相位落後加速，導致頻率看起來位移到更低頻處，實則是延遲所導致。

於此同時，前面 MCC 設定 DAC 時，有開啟 DAC 輸出至引腳功能，因此可以順便量測一下 DAC 實際輸出訊號，以確認設定是否正確，如圖 4.3.20。

成功得到結果後，別忘了要儲存到 CSV 檔，以利接下來章節引用。Bode-100 的電腦端軟體 Bode Analyzer Suite 支援直接匯出，並存成 CSV 檔，參考圖 4.3.21。

偶爾遇到 DCDT 匯入 CSV 時卡住，筆者發現是 CSV 檔案內的第一列文字導致，因此若遇到卡住的問題，可以嘗試把 CSV 檔案內的第一列文字刪除即可。

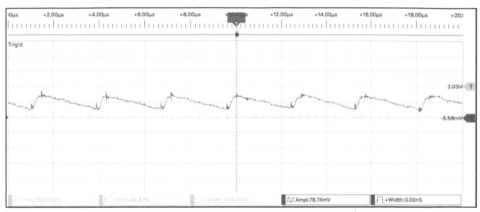

圖 4.3.20 斜率補償訊號量測

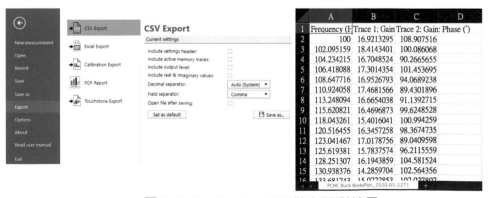

圖 4.3.21 Bode-100 儲存量測結果

4.3.3. 閉迴路控制之 2P2Z 參數

有了開迴路 Plant，接下來就得換閉迴路控制上場了，然而寫控制迴路之前，總得算之有物，計算需要參數，若空有計算迴路，卻沒有 2P2Z 參數，那也是白搭是吧！此節將利用 DCDT 這工具，非常快速的得到相關所需要參數，並且是經過 Z 轉換與 Q 格式參數，那就開始吧！

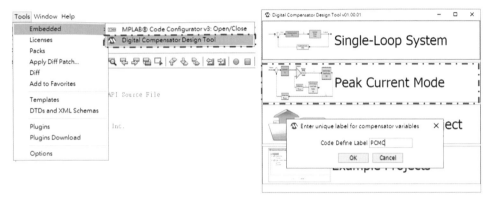

圖 4.3.22 開啟 DCDT 之峰值電流模式

參考圖 4.3.22，若 DCDT 安裝正確的話，應可於 MPLAB X IDE 的 Tools 功能表單中，找到 DCDT（Digital Compensator Design Tool），點選後，隨即出現第一層選單，請選擇單迴路控制系統，接著請替這個控制迴路設計專案取個名字，例如 PCMC。

此名字並非參數名字，而是一顆 MCU 可能控制多組迴路，DCDT 支援多組迴路獨立設計，以專案名稱作為區隔方式，因此每個專案需要取個名字。而每個專案最後還能給不同的參數予以不同的名稱，好比 PCMC 這個專案，實際應用可能需要輕載一組參數，重載一組參數，則可以共用這個專案，但最後產生參數時，分成兩次，給予兩次不同參數名稱即可。

點選第一層選單後，第二層選單如圖 4.3.23，選擇先設定回授增益，選擇 "RC Network" 方式，並輸入上拉電阻 4.02kΩ，下拉電阻 1kΩ，

濾波電容根據實際輸入，更重要的是確認 ADC 增益輸入是否正確，ADC
解析度 12 位元，參考電壓 Vdd 為 3.3V，轉換延遲也已經被 Plant 所包
含，所以填 0 即可（或者填寫 CK 系列的轉換延遲 250ns），接著點選
"NEXT"。

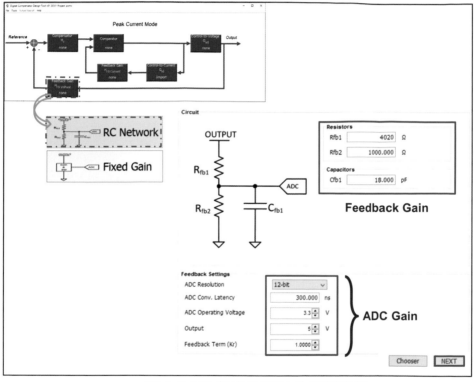

圖 4.3.23 設定 DCDT 之回授增益

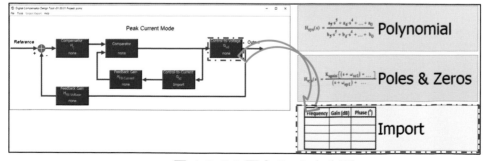

圖 4.3.24 匯入 Gvd 之介面

點選 "NEXT" 後，DCDT 會回到第二層選單，選擇設定 Gvd，選擇 Import 的方式，如圖 4.3.24。DCDT 一共支援三種方式，筆者常使用的是直接匯入方式或是 "Poles & Zeros" 方式。無論用哪一種方式，原則上就是順手就行，貼近實際情況更重要。選擇匯入方式後，DCDT 畫面會切換至圖 4.3.25 的樣子，參考圖中之順序，依序開啟 CSV 檔後匯入，其中 CSV 便是前面所建立的 Plant，讀者可以選擇 Mindi 或是 Kp 控制所產生的 CSV 檔。

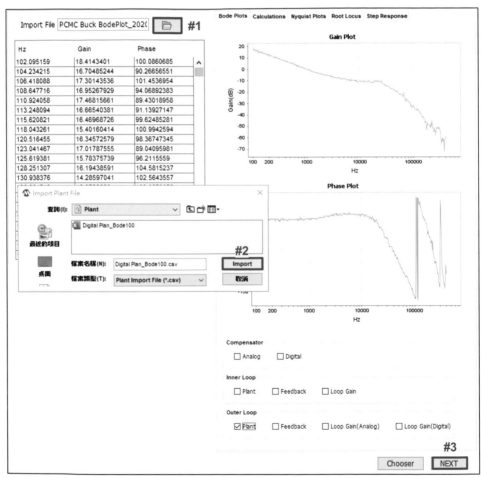

圖 4.3.25 匯入 Gvd（匯入 CSV 檔案）

圖 4.3.25 包含匯入後的波德圖，筆者選用 Bode-100 所量到的實際曲線作為參考（也可以採用 Mindi 產生的 Plant 參數），匯入 DCDT 後若沒有出現波德圖，可以查看一下是否右下方的 "Plant" 沒有勾選。接著再次點選 "NEXT" 後，DCDT 會回到第二層選單。

接著採用類似步驟依序設定 Gid、H_{FB} 與比較器。

> 提醒一點，前面 Kp 控制量測已經包含 Gid、H_{FB} 與比較器，因此接下來設定，僅需確認增益與相關解析度即可。

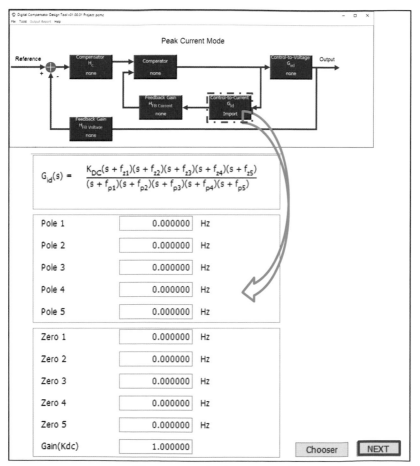

圖 4.3.26 設定 DCDT 之 Gid

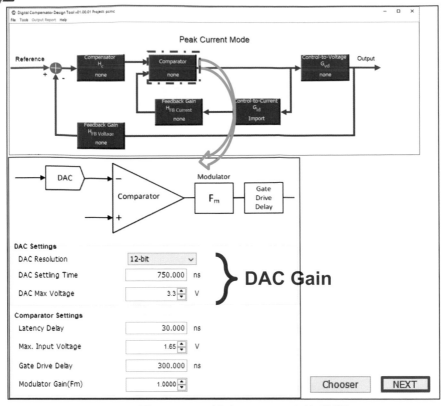

圖 4.3.27 設定DCDT 之比較器

　　設定比較器時，需注意 DAC 解析度與參考電壓是否正確，因為這部分便是 DAC 增益，將會直接影響 Kuc 計算，若輸入錯誤，將直接影響系統開迴路增益之結果。

　　另外 Latency Delay 與 DAC Setting Time 可於 MCU 手冊中查得，其中 DAC Setting Time 為 DAC 模組真實設定所需的時間。

　　換句話說，設定 DAC 需要時間，因此情況允許之下，較好的 DAC 更新時機應該於下一週 PWM 開始前 750ns 以上，更新 DAC 暫存器。

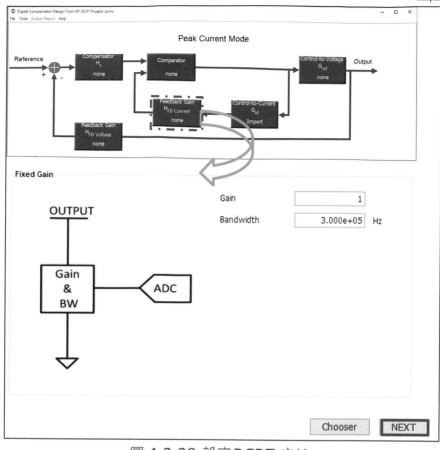

圖 4.3.28 設定 DCDT 之 H_{FB}

照著圖 4.3.26~28，依序設定 Gid、H_{FB} 與比較器後，剩下最重要的重頭戲，回到第二層選單後，選擇設定 Compensator，如圖 4.3.29(a)，選擇 2P2Z Compensator。參考第二章的 Type-2 極零點設計結果（表2.5.4），填寫到圖 4.3.29(b)中。接著填寫 PWM 頻率=350kHz，PWM Max Resolution=250ps，Control Output Min./Max.分別填入16 與 3000（=DACmax）。關於 Computational Delay 與 Gate Drive Delay 則跟硬體有關，一般應用切換頻率不是非常高，通常記百kHz 左右，若不確定多大，由於影響很小可暫時忽略。PWM Sampling Ratio 則是 ADC 觸發的除頻，這實驗 ADC 與 PWM 同步，所以指定為 1

倍除頻比例。Kdc 這個參數是什麼呢？2P2Z 不是計算好了，Kdc 是什麼用途？這個參數相當好用，可用來根據現實需求，微調 2P2Z 的增益，換言之，也就是同時可以微調系統整體增益。這個部分可參考 4.2.5 之應用說明，當前設定為 1 即可。

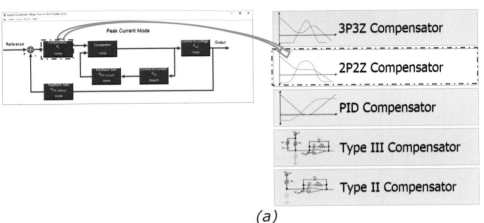

(a)

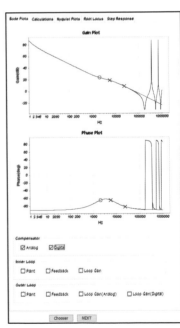

(b)

圖 4.3.29 設定 DCDT 之 Compensator

完整系統波德圖可於右下方勾選 Loop Gain 即可看到，分成 Analog 與 Digital 的主要差異來自於是否考慮奈奎斯特頻率效應，Analog 模式並不考慮奈奎斯特頻率效應。

DCDT 波德圖支援放大功能，可透過滑鼠圈選放大區域，如下圖 4.3.30。放大後可以觀察到：為何設計頻寬移到了 2.5kHz 之處？不是應該是 10~11kHz 左右？這是因為 DCDT 繪出的 Loop Gain 波德圖包含了 K_{FB}（參數計算沒問題，僅是波德圖顯示差異），因此若希望透過 DCDT 的波德圖功能直接觀察與設計控制迴路，可手動暫時於 Kdc 填寫 K_{FB} 比例，消除 Loop Gain 波德圖中的 K_{FB} 增益，圖 4.3.30 同時顯示 Kdc=1 與 Kdc=K_{FB} 的差異。

請注意，以 Kdc 消除 K_{FB} 僅是用於觀察 DCDT 波德圖，觀察後需要改回 1 或設計者需要的正確值，否則 DCDT 會根據此 Kdc 進而產生補償參數，造成系統增益真的被提升 K_{FB} 倍，需要特別注意。

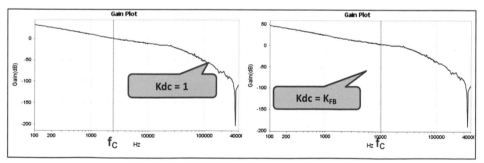

圖 4.3.30 系統開迴路頻寬

當補償器設定完畢後，切換到〝Calculations〞頁面，勾選〝Implement Kuc Gain〞（將 Kuc 自動導入補償器中，進行對消），也勾選〝Normalization〞（全部轉換成 Q15 格式）。

如圖 4.3.31。

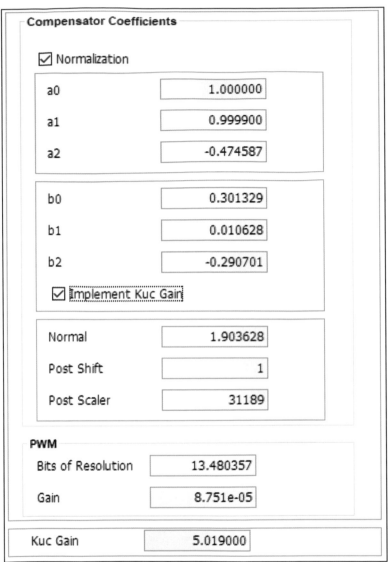

圖 4.3.31 DCDT 之控制參數

　　讀者應該也同時發現，咦？Kuc Gain！？好熟悉的參數。沒錯，DCDT 其實也可以協助自動計算 Kuc，跟我們前面手算 Kp 控制參數是一致的。筆者刻意先讓讀者習慣自己計算，工具用來驗證。凡事相信工具，有時電源出錯了，卻不知道原因，那就傷腦筋囉！

圖 4.3.31 同時也顯示了 2P2Z 的控制參數，表示參數計算已經完成，接下來就是儲存這些參數。參考圖 4.3.32，點選 DCDT 主視窗上的 "Output Report" / "Generate Code..."，此時出現的另一個小視窗，則是請我們給這組參數取個名稱，例如 PCMC2P2Z，並點選 OK。DCDT 工具將於專案目錄下，自動建立一個新的目錄 dcdt，並將結果存於 dcdt/vmc/dcdt_generated_code 底下的一個.h 檔，.h 的名稱包含剛剛替這組參數所取的名稱 pcmc2p2z_dcdt.h。檔案中的內容，便是一系列的#define 參數值，將於下一節被 SMPS Library 所引用。

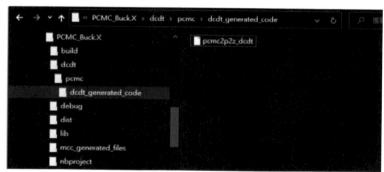

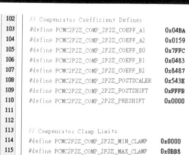

圖 4.3.32 DCDT 之儲存控制參數

4.3.4. 閉迴路控制之控制迴路計算

請先行至 Microchip 官方網頁下載 Digital Compensator Design Tool 所搭配的 SMPS Control Library，此書目錄有相關連結，請參考。

圖 4.3.33 SMPS Control Library 源碼

參考圖 4.3.33，於 PCMC Buck 專案底下建立一個 lib 目錄後，將下載後的檔案解壓縮，找到根目錄底下的 smps_control.h，以及找到目錄 src 底下 smps_2p2z_dspic_v2.s，複製兩個檔案到 PCMC Buck 專案的目錄 lib 底下。

MPLAB X IDE 主畫面下，於專案底下的 Header Files 按下滑鼠右鍵，點選 "Adding Existing Item..."，將 smps_control.h 與 DCDT

產生的 pcmc2p2z_dcdt.h 加入此專案中。於專案底下的 Source Files 按下滑鼠右鍵，點選 " Adding Existing Item... " ， 將 smps_2p2z_dspic_v2.s 加入此專案中。

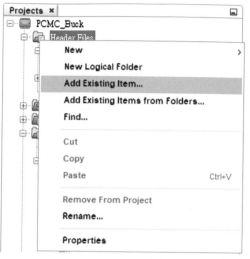
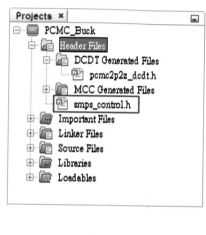

圖 4.3.34 匯入 Header Files

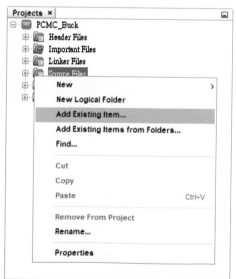
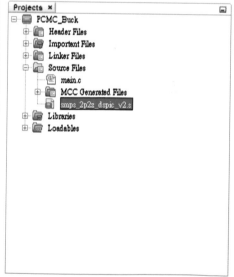

圖 4.3.35 匯入 2P2Z 計算源碼

接著這個步驟稍微麻煩一些，我們將建立一個組合語言檔案，並寫入程式，目的是用來對 2P2Z 補償控制器做初始化。

於專案底下的 Source Files 按下滑鼠右鍵，點選 "New"，選擇 "Empty File..."(若沒看到，表示第一次使用，請點選 Other...就會看到)，接著出現對話視窗，輸入檔名為：

Init_alt_w_registers_2p2z.S（檔名可以自行定義，筆者使用這檔名，僅是方便理解）

然後選擇 Finish 完成。

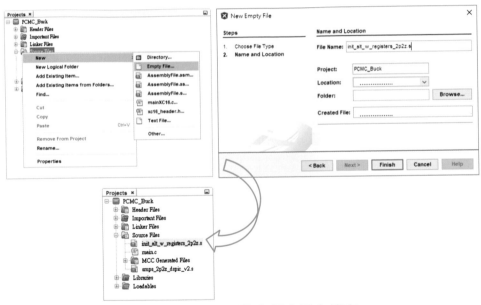

圖 4.3.36 建立組合語言檔案

建立 Init_alt_w_registers_2p2z.S 後，雙點擊開啟這個空白組合語言檔，參考圖 4.3.37，輸入組合語言程式碼，";" 後方皆為註解，可以不用跟著寫入。

關 於 w 工 作 暫 存 器 所 預 設 定 義 的 說 明 ， 可 於 smps_2p2z_dspic_v2.s 內找到，參考圖 4.3.38。

可以看到 w2 即為控制輸出，指定到 DAC3DATH，然而斜率補償更新時，需要更新兩者暫存器（DAC3DATH＆DAC3DATL），w2 指定更新 DAC3DATH，還需要一個 w 工作暫存器來更新 DAC3DATL。w13 與 w14 預留給使用者靈活使用，因此筆者規劃，將 w13 指定給 DAC3DATL。

```
     init_alt_w_registers_2p2z.S  ×
  Asm Source    History     

1
2        .include "p33CK256MP506.inc"
3        #include "pcmc2p2z_dcdt.h"
4
5    .data    ; Tell assembler to add subsequent data to the data section
6    .text    ; Begin program instructions
7        .global _InitAltRegContext1Setup
8
9    _InitAltRegContext1Setup:
10    CTXTSWP #0x1   ;Swap to Alternate W-Reg context #1
11    ; Note: w0 register will be used for compensator control reference paramete
12    ; Initialize Alternate Working Registers context #1
13    mov #ADCBUF16,   w1 ; Address of the ADCBUF16 register  (Input)
14    mov #DAC3DATH,   w2 ; Address of the DAC3 Date High target register (Outpu
15    mov #DAC3DATL,   w13; Address of the DAC3 Date High target register (Outpu
16    ; w3, w4, w5 used for ACCAx registers and for MAC/MPY instructions
17    ; Initialize registers to '0'
18    mov 0, w3
19    mov 0, w4
20    mov 0, w5
21    mov #PCMC2P2Z_COMP_2P2Z_POSTSCALER,   w6
22    mov #PCMC2P2Z_COMP_2P2Z_POSTSHIFT,    w7
23    mov #_triggerSelectFlag,              w8    ; Points to user options structu
24    mov #_controller2P2ZCoefficient,      w9
25    mov #_controller2P2ZHistory,          w10
26    mov #PCMC2P2Z_COMP_2P2Z_MIN_CLAMP,    w11
27    mov #PCMC2P2Z_COMP_2P2Z_MAX_CLAMP,    w12
28    CTXTSWP #0x0  ; Swap back to main register set
29    return       ; Exit Alt-WREG1 set-up function
30
31    .end
```

圖 4.3.37 初始化 2P2Z 補償控制器

```
160  ;          w0  = Control Reference value
161  ;          w1  = Address of the Source Register (Input)  - ADCBUFx
162  ;          w2  = Address of the Target Register (Output) - PDCx/CMPxDAC
163  ;          w3  = ACCAL ... and misc operands
164  ;          w4  = ACCAH ... and misc operands
165  ;          w5  = ACCAU ... and misc operands
166  ;          w6  = postScalar
167  ;          w7  = postShift
168  ;          w8  = Library options structure pointer
169  ;          w9  = ACoefficients/BCoefficients array base address { B0, B1, B2, A1, A2 }
170  ;          w10 = ErrorHistory/ControlHistory array base address { e[n-1], e[n-2], u[n-1], u[n-2] }
171  ;          w11 = minClamp
172  ;          w12 = maxClamp
173  ;          w13 = user defined, misc use
174  ;          w14 = user defined, misc use
```

圖 4.3.38 Alternate Working Register 使用定義

於 smps_2p2z_dspic_v2.s 中，找到圖 4.3.39 中的最後一行：
mov w4, [w2]

找到後，將圖中虛線框內的的 5 行程式加入此 s 原檔中。

此 5 行程式的用意，筆者已經利用註解方式，寫上基本說明，基本上用於判斷控制輸出量是否超過 129（原因可參考前兩節），根據此條件，判斷 DAC3DATL 需要等於 DAC3DATH-129？還是需要等於 0？

```
mov.w w12, w4      ; Update u[n] with maxClamp value

;Additional code for internal slop compensatio module      Added Code
mov #129, w3        ; w3 = 129
sub w4,w3,w5        ; w5 = u[n] - w3
cpsgt w4, w3        ; Check if u[n] > w3.  If not true, execute next instruction
mov #0, w5          ; w5 = 0
mov w5, [w13]       ; Update the target register (Output):  [w13] = PDCx/CMPxDACL

mov w4, [w2]        ; Update the target register (Output):  [w2] = PDCx/CMPxDACH
```

圖 4.3.39 修改 2P2Z 計算源碼

庫的導入還需一個步驟，header files 放在不同目錄下，若不另外設定告知專案，組譯程式時，會發生找不到 header files 的窘境。

　　方法很簡單，於 PCMC Buck 專案名稱上，按下滑鼠右鍵，選擇最下方的 "Properties"，叫出 Project Properties 對話視窗。

　　如圖 4.3.40，左邊找到 XC16(Global Options)，右邊選擇 Global Options 後，應可以滾動下方選單而找到 "Common include dirs"，將兩個目錄加入自動搜尋的路徑中：

- *lib：用來放置 SMPS Control Library 複製過來的檔案*
- *dcdt\vmc\dcdt_generated_code：用來放置 DCDT 產生的 Header Files*

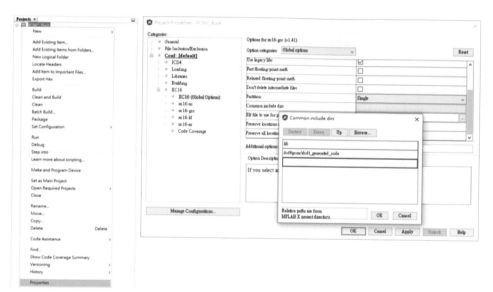

圖 4.3.40 路徑延伸

　　步驟到此，已經將 2P2Z 的庫整合到 PCMC Buck 專案中了，接下來就剩下寫程式引用這些庫程式，就能完成閉迴路控制。

　　主程式 main.c 中，參考圖 4.3.41，首先加入一段簡單的延遲副程式，另於 main() loop 底下，加入兩段程式，第一段程式用於呼叫補償器初始化程式，第二段於 while loop 內，用於簡單的輸出軟啟動。同時也設定 SLP3DAT 固定為 4（原因可參考前兩節）。

```
82    /*
83                              Main application
84    */
85    void Delay(void)
86    {
87        int i=0;
88        for(i=0;i<400;i++) Nop();
89    }
90    int main(void)
91    {
92        initPCMC2p2zContextCompensator();
93
94        // initialize the device
95        SYSTEM_Initialize();
96
97        SLP3DAT = 4;
98        while (1)
99        {
100           // Add your application code
101           if(PCMC_2p2z_Vref < 1241)
102           {
103               PCMC_2p2z_Vref++;
104               Delay();
105           }
106       }
107       return 1;
108   }
109   /**
110   End of File
111   */
```

圖 4.3.41 主程式

main.c 主程式另外還需要宣告所需的變數與初始化副程式，參考圖 4.3.42。因為僅是基本宣告，筆者就不再贅述。

```
48    #include "mcc_generated_files/system.h"
49    #include "smps_control.h"
50    #include "pcmc2p2z_dcdt.h"
51
52    int16_t PCMC_2p2z_Vref = 0;
53    //For 2p2z Control with Context
54    void InitAltRegContext1Setup(void);
55    int16_t controller2P2ZCoefficient[5]__attribute__((space(xmemory)));
56    int16_t controller2P2ZHistory[4]    __attribute__((space(ymemory), far));
57    //For options of 3p3z Control with Context
58    uint16_t triggerSelectFlag;
59    volatile unsigned int* trigger;
60    volatile unsigned int* period;
61
62    void initPCMC2p2zContextCompensator(void)
63    {
64        triggerSelectFlag = 0;   //00 = No Trigger Enabled;
65                                 //01 = Trigger On-Time Enabled;
66                                 //10 = Trigger Off-Time Enabled
67        //2p2z Control Loop Initialization
68        InitAltRegContext1Setup();
69        PCMC_2p2z_Vref = 0;
70        // Clear histories
71        controller2P2ZHistory[0] = 0;
72        controller2P2ZHistory[1] = 0;
73        controller2P2ZHistory[2] = 0;
74        controller2P2ZHistory[3] = 0;
75        //Set Buck coefficients
76        controller2P2ZCoefficient[0] = PCMC2P2Z_COMP_2P2Z_COEFF_B0;
77        controller2P2ZCoefficient[1] = PCMC2P2Z_COMP_2P2Z_COEFF_B1;
78        controller2P2ZCoefficient[2] = PCMC2P2Z_COMP_2P2Z_COEFF_B2;
79        controller2P2ZCoefficient[3] = PCMC2P2Z_COMP_2P2Z_COEFF_A1;
80        controller2P2ZCoefficient[4] = PCMC2P2Z_COMP_2P2Z_COEFF_A2;
81    }
```

圖 4.3.42 2P2Z 變數宣告與初始化副程式

真的是最後囉，主程式負責宣告變數、初始化以及緩啟動，還有一段關鍵的程式還沒寫，就是閉迴路控制程式還沒寫。參考圖 4.3.43，再次打開 adc1.c，加入兩段程式，一者導入：

#include smps_control.h
#include pin_manager.h

一者將控制參考值 PCMC_2p2z_Vref 存到工作暫存器 w0 中，然後呼叫 2P2Z 庫計算控制迴路：

asm volatile ("mov _PCMC_2p2z_Vref, w0");
SMPS_Controller2P2ZUpdate_HW_Accel();

其中 2P2Z 庫不僅計算，也同時配合 DCDT 產生的設定，限制極大與極小值後，更新 DAC 暫存器，一氣呵成，兩行結束。

```
adc1.c

Source  History

49  #include "adc1.h"
50  #include "smps_control.h"
51  #include "pin_manager.h"
52

    void __attribute__ ( ( __interrupt__ , auto_psv , context, weak ) ) _ADCAN16Interrupt ( void )
    {
        LED_SetHigh();

        asm volatile ("mov _PCMC_2p2z_Vref, w0");
        SMPS_Controller2P2ZUpdate_HW_Accel();

        LED_SetLow();
        //clear the VoutFB interrupt flag
        IFS6bits.ADCAN16IF = 0;
    }
```

#2

圖 4.3.43 閉迴路控制計算

另外，讀者可能發現，LED 判斷引腳怎麼移到這裡了呢？這不是必要行為，但很有用，因為設計者通常需要確認完整計算時間，才能最佳化控制迴路觸發點，因此筆者將原 TMR1 內的翻轉 LED 那一行程式暫時移除，將 LED 移至此處以量測計算時間。程式部分都結束囉！接著按下燒錄按鈕進行燒錄，於燒錄期間同時搬出 Bode-100 神器，量測架構參考圖 4.3.44，量測結果於圖 4.3.45。

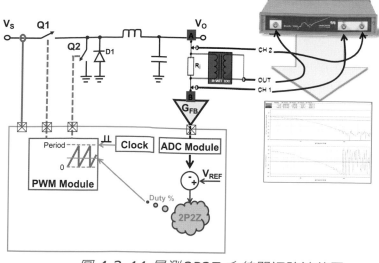

圖 4.3.44 量測 2P2Z 系統開迴路波德圖

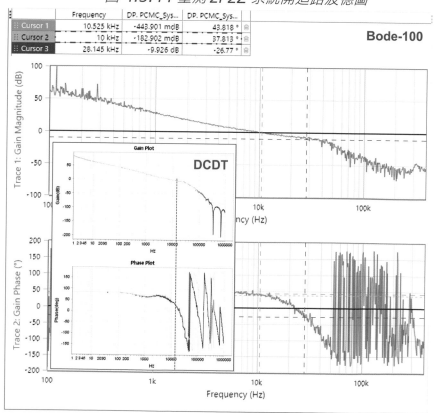

圖 4.3.45 2P2Z 系統開迴路波德圖

圖 4.3.45 包含兩張圖，一張 Bode-100 實測圖，一張 DCDT 模擬圖，兩者近似，根據實測，G.M.基本沒有問題，頻寬接近 10kHz，但是 P.M. = 37.813 度（不足 45 度），需要進行改善。讀者或許心裡會出現一個疑問，相位餘裕怎麼掉這麼多？還記得奈奎斯特頻率問題？原因來自於數位補償對於奈奎斯特頻率有著不可抗力之影響，但之前才說 PWM 頻率高，應該影響很小呀！？怎麼掉這麼多呢？若讀者有這樣的疑問，說明能夠前後開始貫通了，任督二脈開始流動囉！PWM 頻率高，ADC 同步於 PWM，理應奈奎斯特頻率影響很小，但別忘了兩種情況下會加劇影響：

➢ *頻寬往高頻偏移*

越是高頻，相位餘裕掉更多，後面有實測可以觀察，而我們實測的偏移從10kHz 往高頻偏移，相位餘裕加速變差。

➢ *計算相位損失的 K 值變大*

筆者刻意在 MCC 設定時，埋了一個伏筆，ADC 的觸發來源與 PWM 上升緣完全同步，也就是 K=1，是最差情況下，相位餘裕會掉的更多，這樣的安排是希望讀者理解，全數位控制需要注意這一差異，影響甚巨，後面就會教讀者如何改善。

參考圖 4.3.46，圖上主要包含了三條曲線：

● *Original:*
  原始設計結果，頻寬約 10kHz，P.M. =37.813 度(不足 45 度)。

● *175kHz:*
  高頻極點到移 175kHz(可參考 4.2.5 節)，獲得足夠的相位餘裕。

● *Kdc=0.564:*
  高頻極點到移175kHz 改善相位餘裕，但頻寬受到影響。透過微調Kdc(可參考4.2.5 節)，將頻寬修正回 10kHz。

最後一條曲線符合設計需求，但留下一個小功課給讀者自己試試，順便給這數位控制做個小結語，第一章提過，過大的相位餘裕會間接造成系統反應變慢，最後曲線約 94 度，若想配置於 75 度，該怎麼修正呢？…
提示：高頻極點！

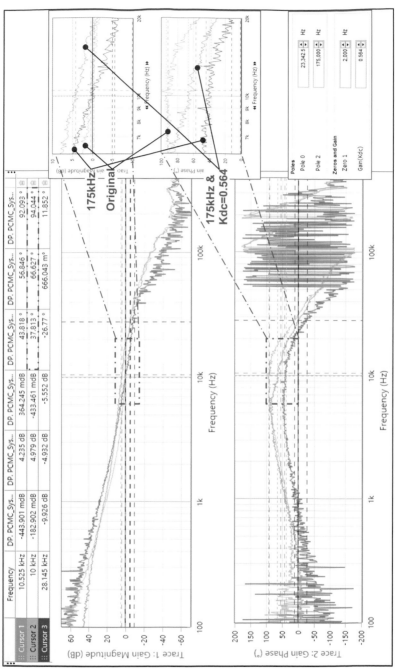

圖 4.3.46 相位餘裕改善結果

4.4 善用工具：POWERSMART™-DCLD

其實 Microchip 全數位電源的工具不只 DCDT，接下來筆者分享另一個工具：PowerSmart™-DCLD（Digital Control Library Designer，以下簡稱 DCLD），但此工具目前還僅是提供使用者測試使用，並非官方正式工具，使用者自己評估使用。

4.4.1. 下載與安裝 DCLD

筆者就廢話不多說，可網路上搜尋 "PowerSmart DCLD" 或下列兩個網址下載，網頁上包含了很多詳細介紹與軟體下載連結。筆者當前使用的版本為 0.9.12.645，另外也可於本書隨附的範例程式與工具軟體連結中找到此軟體。DCLD 是獨立執行的軟體，安裝就跟一般的軟體一樣簡單，筆者就不再贅述安裝過程，僅著重如何使用囉！

Microchip PIC&AVR Tools:
https://github.com/microchip-pic-avr-tools
PowerSmart™-DCLD: (如下圖 4.4.1)
https://microchip-pic-avr-tools.github.io/powersmart-dcld/

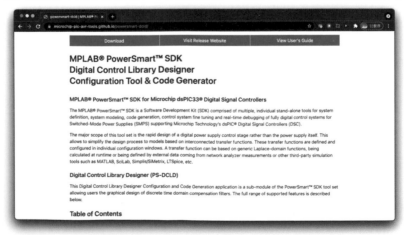

圖 4.4.1 PowerSmart™-DCLD 網頁

4.4.2. 連結 MPLAB X IDE 專案

　　此工具是針對 Microchip 產品所開發，然而 Microchip 全數位電源的控制晶片不止一個系列，不同系列支援的組合指令又不盡相同，若共用同一個數位電源控制庫會間接影響最大效能的發揮，因此 DCLD 這工具支援導入 MPLAB X IDE 專案，辨識控制晶片的編號與相關訊息，於產生數位電源控制庫時得以優化系統性能，並於最後自動將相應的控制程式庫匯入 MPLAB X IDE 專案中，替使用者節省相當多時間。

圖 4.4.2 DCLD 初始匯入 MPLAB X IDE 的專案設定

第一次開啟 DCLD 時，會出現如圖 4.4.2 的視窗畫面，目的是用來匯入已經建立好的 MPLAB X IDE 專案的相關資訊與路徑。所以使用 DCLD 前，需要先參考前面章節先建立一個專案，方能順利將 DCLD 產生的參數與程式加入專案中哦！接下來以 4.2 節所完成的全數位電壓模式 Buck Converter 範例程式作為參考程式，著手進行換成 DCLD 的程式庫與參數。DCLD Configuration Location 欄位可選擇讀者想要儲存 DCLD 專案的位置，例如筆者於 VMC_Buck.X 專案下手動建立一個名為 dcld 的新目錄作為儲存位置。Name Prefix 欄位用於控制參數的前導名稱，所有最後產生的參數前端都會冠上這個名稱。MPLAB X Project Location 欄位指到 VMC_Buck.X 專案下的 project.xml 檔案，路徑參考：
VMC_Buck.X \ nbproject \ project.xml
接著按下 Save 即可儲存與建議一個 DCLD 專案。

4.4.3. 輸入增益設定與補償控制器設計

於主畫面的左手邊，可找到一台計算的圖示（Input Signal Gain 欄位旁），點選計算機圖示後出現如圖 4.4.3 輸入增益計算器視窗，因為電壓模式控制，選擇 Voltage Feedback ： R1=4.02k 、 R2=1k 、 ADC 參考電壓 3.3V、ADC 解析度 12bit，按下 OK 後繼續。

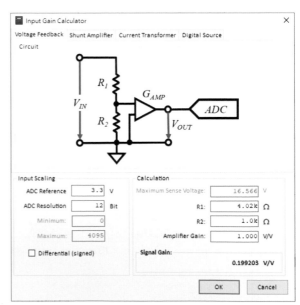

圖 4.4.3 輸入增益計算器

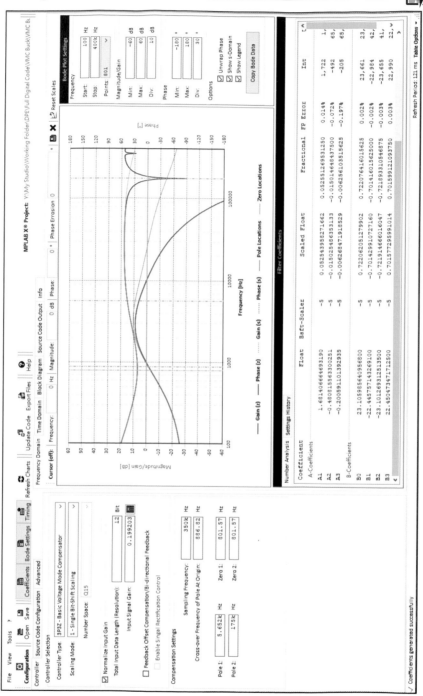

圖 4.4.4 DCLD 主畫面

參考圖 4.4.4 DCLD 主畫面，依序設定：

➤ *Controller Type: 3P3Z – Basic Voltage Mode Compensator*

➤ *Scaling Mode: 1-Single Bit-Shift Scaling*

➤ *Compensation Settings:*
  ● *Sampling Frequency: 350kHz*
  ● *Cross-over Frequency of Pole At Origin: 886.82Hz*
  ● *Pole 1: 5.652kHz*
  ● *Pole 2: 175kHz*
  ● *Zero 1: 801.57Hz*
  ● *Zero 2: 801.57Hz*

➤ *Bode Plot Settings:*
  ● *Frequency: 100~400kHz*
  ● *Magnitude/Gain: -60~60dB*
  ● *Phase: -180~180°*
  ● *Options: Enable all options*

其中補償器設計參數與 4.2 節所使用的參數是一樣的。

選用 "Show s-Domain" 則能同時觀察到奈奎斯特頻率對增益與相位的影響。DCLD 有一強大功能讓筆者愛不釋手，它可以自動檢查浮點誤差（FP Error），當誤差過大時，會自動提出警告，例如目前的設定條件下，A3 參數變成黃色，原因是浮點誤差高達-0.197%，這將影響控制器於低頻積分器的效能，間接造成穩態時，PWM 佔空比很可能大幅抖動的現象。

DCLD 強大不僅如此，檢查到還不夠厲害，能協助修正才有趣，對吧！

將 Scaling Mode 如圖 4.4.5 改到 3-或 4-後，再次檢查浮點誤差，問題是不是輕鬆秒殺呢！

就是這麼簡單又愉快 ☺

於此例子中，我們就選" 4 – Fast Floating Point Coefficient Scaling" 吧！

Controller Selection

Controller Type: 3P3Z - Basic Voltage Mode Compensator ∨

Scaling Mode: 3 - Dual Bit-Shift Scaling ∨

1 - Single Bit-Shift Scaling
2 - Single Bit-Shift with Output Factor Scaling
3 - Dual Bit-Shift Scaling
4 - Fast Floating Point Coefficient Scaling

☑ Normalize Input Gain

Total Input Data Length (Resolution): 12 Bit

Input Signal Gain: 0.199203 🔢

☐ Feedback Offset Compensation/Bi-directional Feedback

☐ Enable Singal Rectification Control

圖 4.4.5 選擇補償控制器的 Scaling Mode

主畫面切到 Time Domain 分頁時，可以看到圖 4.4.6 的畫面，此畫面不直接影響最後產生的程式與參數，而是使用者可以直觀的觀察補償控制器的執行時間與各個重要時序的時間點。

例如筆者設定 PWM 頻率為 350kHz，並將 Control Loop Call Event 改為 "1 – ADC Interrupt Trigger"，模擬實際狀況，並於 "Trigger at" 位置改成 User Defined，這樣就可以用滑鼠移動 Trigger 位置，直觀知道可位移多少，還記得位移能改善相位餘裕嗎？

同時也協助預估 CPU 資源，以這例子為例，佔用了約 35.4%，表示還保留了不少時間給其他程式，是不是頓時覺得 dsPIC33 做電源還挺遊刃有餘的呢^^

主畫面切到 Block Diagram 分頁時，可以看到圖 4.4.7 的畫面，協助使用者理解 MCU 韌體的方塊圖框架以及計算流程原理。

其中亦包含轉移函數數學式，方便使用者使用單一介面就能查詢各方面所需知道的訊息，是不是很佛心來的啊~

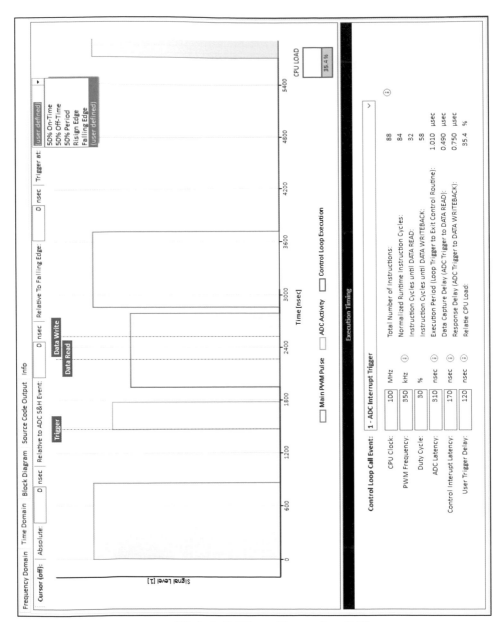

圖 4.4.6 Time Domain 參考

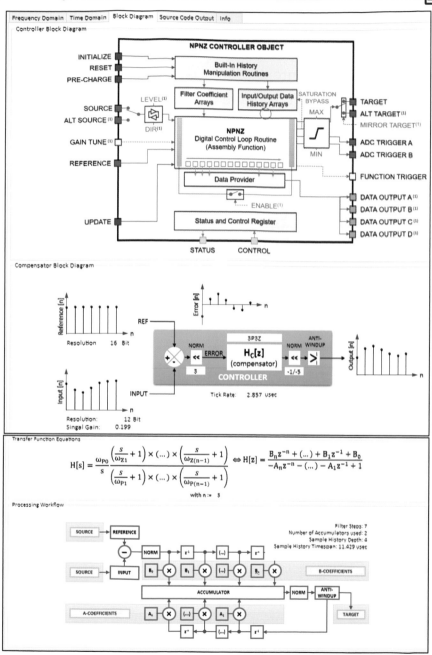

圖 *4.4.7 DCLD 的補償控制器方塊圖*

接下來先別急著產生程式哦！點選 "Source Code Configuration" ，進行一些細項功能的設定，如圖 4.4.8。由於筆者所教學的範例中使用了 Context 功能，不需要另外管理 Context，因此本例子不需勾選 "Context Management" ，讀者需自行判斷是否需要 DCLD 協助管理 WREG 與 ACC 暫存器的備份與使用。

| Controller | Source Code Configuration | Advanced |

File & Function Label

Name Prefix: `c3p3z` ⓘ

- ☐ Context Management ⓘ
- ☑ Basic Feature Extensions
    - ☐ Store/Reload Result Accumulator
    - ☑ Add DSP Core Configuration ⓘ
    - ☑ Add Enable/Disable Feature
        - ☑ Always read from source when disabled
    - ☑ Add Error Normalization ⓘ
    - ☑ Add Automatic Placement of Primary ADC Trigger A
    - ☐ Add Automatic Placement of Secondary ADC Trigger B

- ☐ Automated Data Interface
- ☐ Data Provider Sources ⓘ
- ☑ Anti-Windup
    - ☑ Clamp Control Output Maximum
        - ☐ Generate Upper Saturation Status Flag Bit
    - ☑ Clamp Control Output Minimum
        - ☐ Generate Lower Saturation Status Flag Bit
    - ☐ Enable Limit Debouncing (experimental) ⓘ
    - ☐ Allow Control Output Saturation ⓘ

圖 4.4.8 DCLD 原始碼設定

DCLD 的設定到此差不多已經完成囉，接下來就是要產生參數與程式並加入範例程式中。

4.4.4. 匯出至 MPLAB X IDE 專案

圖 4.4.9 DCLD 原始碼

參考圖 4.4.9，主畫面切到 Source Code Output 分頁時，可以看到所有 DCLD 將產生的原始碼，這些都將自動匯入我們已經建立好的 VMC_Buck.X 專案中，除了一個部分需要人為手動加入，因為只有使用者知道相對程式應該放置的位置，後面會解釋。

DCLD 產生的相關原始碼有：

- *C-Source File*
  主要是 C 語言下的相關程式，尤其是補償器的初始化程式。

- *C-Header File*
  主要是補償器 C 語言相關程式所需的共用宣告皆存於此標頭檔。

- *Assembly Source File*
  主要是 Asm 組合語言下的相關程式，尤其是補償器的計算程式。

- *NPNZ16b Library Header File*
  主要是補償器 Asm 組合語言相關程式所需的共用宣告皆存於此標頭檔。

- *NPNZ16b Library Include File*
  主要是 Asm 組合語言相關程式所需的參數皆存於此標頭檔。

- *Example Code*
  這部分就是需要使用者自行手動複製並加入至 MPLAB X IDE 專案中的相關程式，所以畫面上可以看到複製至剪貼簿 "Copy to Clipboard" 的按鈕。

  ![Include unused settings   Copy to Clipboard]

  這部分包含兩段主要關鍵程式：
  - *初始化程式：c3p3z_ControlObject_Initialize();*

使用者才知道何時要對補償控制器做初始化，所以這段程式
需要使用者複製並貼到主程式中初始化的時序段內，後面會
有範例。

■　呼叫補償控制器：*c3p3z_Update(&c3p3z);*
使用者才知道於哪一個中斷內呼叫補償控制器，進而進行補
償控制，因此這部分也是需要人為手動添加至中斷中。

　　筆者為方便自己管理路徑問題，習慣取消勾選 API C-Source File 與
API C-Header File 兩檔案下的 "Add file location in #include path"，
如圖 4.4.10。

| Frequency Domain | Time Domain | Block Diagram | Source Code Output | Info |
| Assembly Source File | API C-Source File | API C-Header File | NPNZ16b Library Hea |
☐ Add file location in #include path

| Frequency Domain | Time Domain | Block Diagram | Source Code Output | Info |
| Assembly Source File | API C-Source File | API C-Header File | NPNZ16b Library Hea |
☐ Add file location in #include path

圖 4.4.10 路徑宣告

　　接下來按下主畫面的 "Export Files" 進行程式匯出，應會出現畫面
如圖 4.4.11(a)，選擇 Edit Configuration，將所有檔案的路徑皆指定到
VMC_Buck.X/dcld 下，如圖 4.4.11(b)。

　　這部分主要看個人習慣，不一定要跟筆者一樣方式。接著按下 Save
儲存路徑設定，再按下 Export 匯出至 MPLAB X IDE 專案中。

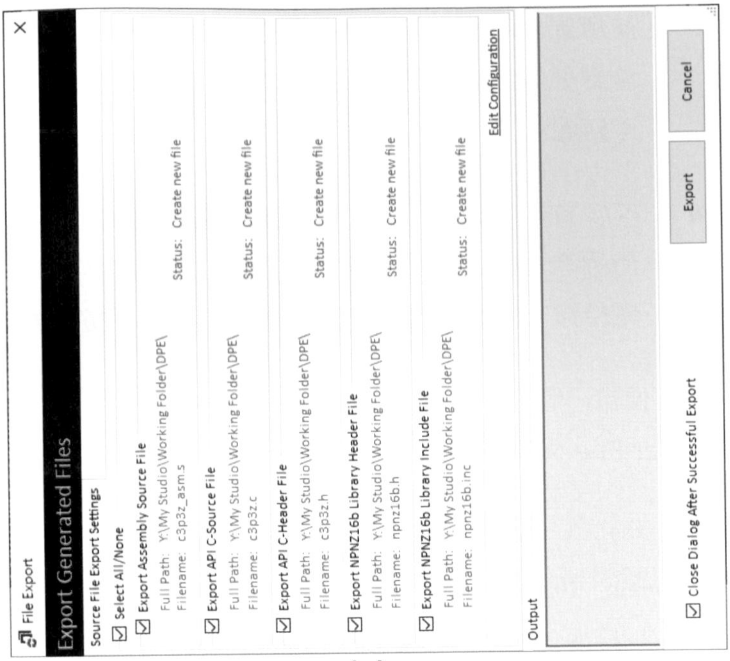

(a)

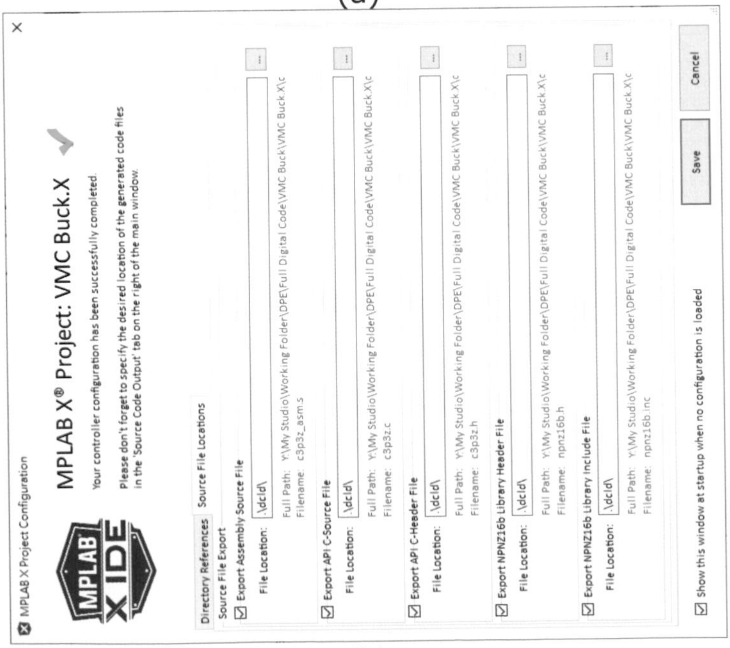

(b)

圖 4.4.11 原始碼匯出路徑修改

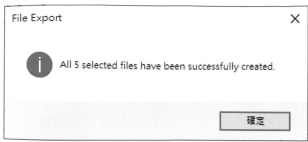

圖 4.4.12 匯出成功訊息視窗

　　當匯出成功時，應可看到如圖 4.4.12 的訊息提醒視窗，那麼此時就萬事具備，只欠東風囉！愉快按下確認鍵！

　　進入 MPLAB X IDE 之前，還有個功能分享一下，若調試過程中需要重複修改 DCLD 設定並重新匯入 MPLAB 專案中，該怎麼做比較方便呢？這點設計者已經想到囉，第二次（含）就不需要再使用 Export Files 選項，可改用 Update Code 即可，速度快且簡單。當然 Export Files 選項還是可以使用的，只是當檔案固定了，僅需修改內容時，Update Code 還是比較合理。完成匯出後，可用電腦檔案管理程式檢查一下，應該於相對目錄（例如筆者於 VMC_Buck.X 專案下手動建立的 dcld 目錄）內看到所有 DCLD 所產生的所有的相關程式檔與設定檔，如圖 4.4.13。

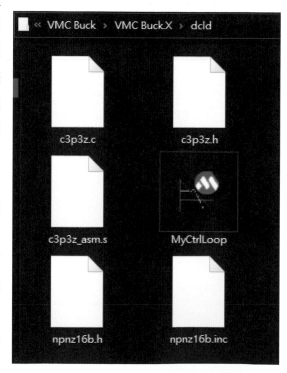

圖 4.4.13 DCLD 輸出檔案

筆者建議，可以將 DCLD 的設定檔（若是沒有變更名稱，應該是 MyCtrlLoop.dcld）加入專案下的 Important Files。

加入後，使用者需要透過 DCLD 修改任何參數或設定時，隨時可以使用滑鼠右鍵點選 MyCtrlLoop.dcld，並選擇 Open in System 即可自動根據設定開啟 DCLD，如圖 4.4.14。如此可以省略許多重複的步驟，並且可以將不同的補償控制器或參數就設定一個.dcld 檔，就可以隨時根據需求，開啟不同補償器參數的相應 DCLD 進行修改哦！

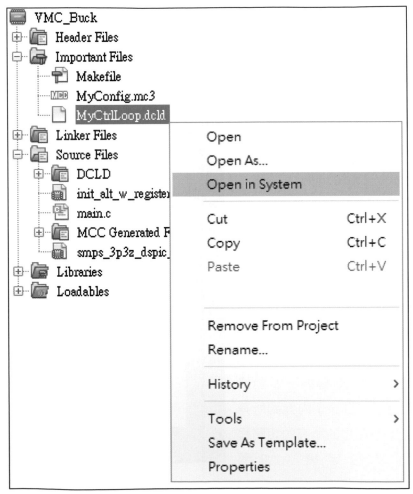

圖 4.4.14 匯入 DCLD 設定檔

4.4.5. 初始化與補償控制器程式

　　東風已把 DCLD 產生的程式吹進了 MPLAB X IDE 的專案中，接下就是事在人為的部分囉！

　　為方便管理，筆者習慣分別於 Header Files 與 Source Files 底下建立兩個虛擬（選擇 New Logical Folder 選項）目錄 DCLD，並將 DCLD 產生的檔案分別加到相對位置，如圖 4.4.15 所示，.h & .inc 檔加入到 Header Files/DCLD 底下，.c & .s 檔加入到 Source Files/DCLD 底下。

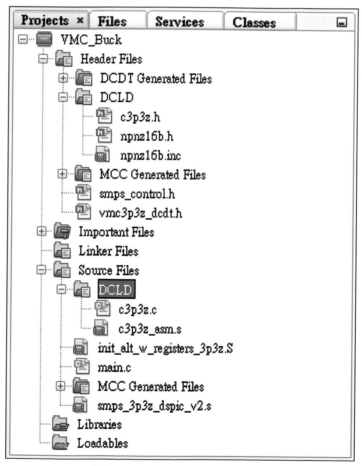

圖 4.4.15 匯入 DCLD 程式

但筆者為了讓程式方便尋找與歸類而於 VMC_Buck.X 專案下建立的 DCLD 目錄，其實並不在 MPLAB 組譯過程中會尋找的範圍，會導致 MPLAB 組譯失敗，因此需要對 MPLAB 做路徑方面的設定，使 MPLAB 得以找到相對應的檔案進行組譯。

Common include dirs

Destroy　Down　Up　Browse...

lib

dcdt\vmc\dcdt_generated_code

dcld

Relative paths are from
MPLAB X project directory.　OK　Cancel

圖 4.4.16 新增 DCLD 檔案路徑

於專案名稱上，點選右鍵會出現功能選單，再點選 Properties 後出現跟此專案息息相關的各種設定，之後點選 Conf \ XC16 \ XC16 (Global Options)即可於右方找到 Common include dirs 的設定。於此設定中增列筆者前面建立的實體 dcld 目錄即可，如圖 4.4.16 所示。

以上步驟便已經完成所有設定，接下來就剩下對補償控制器做初始化與呼叫補償控制器進行補償控制！於 Important Files 底下，使用滑鼠右鍵點選 MyCtrlLoop.dcld，並選擇 Open in System 開啟 DCLD，將 "Example Code" 的範例程式分批次複製到 VMC Buck 專案內，首先複製 "c3p3z_ControlObject_Initialize()" 客製初始化副程式，包含引用 "c3p3z.h" 至 main.c 檔中，如圖 4.4.17。

其中幾行參數特別說明如下：

- *c3p3z.Ports.Source.ptrAddress = &ADCBUF16;*
  回授訊號來源：此例子指定至輸出電壓回授訊號 ADC 採樣暫存器 ADCBUF16。

- *c3p3z.Ports.Target.ptrAddress = &PG1DC;*
  輸出控制量：此例子指定至 PWM1 佔空比暫存器 PG1DC。

- *c3p3z.Ports.ptrControlReference = &VMC_3p3z_Vref;*
  參考命令：此例子指定至參考命令 VMC_3p3z_Vref 變數。

- *c3p3z.Limits.MinOutput = VMC3P3Z_COMP_3P3Z_MIN_CLAMP;*
  最小輸出控制量：筆者直接套用
  VMC3P3Z_COMP_3P3Z_MIN_CLAMP（DCDT 產生的參數），讀者亦可直接輸入想要限制的最小範圍常數。

- *c3p3z.Limits.MaxOutput = VMC3P3Z_COMP_3P3Z_MAX_CLAMP;*
  最大輸出控制量：筆者直接套用
  VMC3P3Z_COMP_3P3Z_MAX_CLAMP（DCDT 產生的參數），讀者亦可直接輸入想要限制的最大範圍常數。

- *c3p3z.ADCTriggerControl.ptrADCTriggerARegister = &PG1TRIGA;*
  c3p3z.ADCTriggerControl.ADCTriggerAOffset = 0;
  補償控制迴路觸發時脈來源與偏移量：此例子指定至 PG1TRIGA，並且偏移量為 0。請注意！本範例程式於第四章時，已經透過 MCC 移動觸發時脈以改善補償迴路之相位餘裕，若此處又修改偏移量，需考慮 MCC 是否不修改偏移量，避免發生重複位移的人為錯誤。

```
main.c  ×   adc1.c  ×
Source  History  ...

88      // 3p3z Controller Include Files
89      #include "c3p3z.h"                              // include 'c3p3z' controller header file
90      volatile uint16_t c3p3z_ControlObject_Initialize(void)
91      {
92          volatile uint16_t retval = 0;               // Auxiliary variable for function call verification
93                                                      // (initially set to ZERO = false)
94          /* Controller Input and Output Ports Configuration */
95          // Configure Controller Primary Input Port
96          c3p3z.Ports.Source.ptrAddress = &ADCBUF16;  // Pointer to primary feedback source
97                                                      // (e.g. ADC buffer register or variable)
98          c3p3z.Ports.Source.Offset = 0;              // Primary feedback signal offset
99          c3p3z.Ports.Source.NormScaler = 0;          // Primary feedback normalization factor bit-shift scaler
100         c3p3z.Ports.Source.NormFactor = 0x7FFF;     // Primary feedback normalization factor fractional
101         // Configure Controller Primary Output Port
102         c3p3z.Ports.Target.ptrAddress = &PG1DC;     // Pointer to primary output target (e.g. SFR register or variable)
103         c3p3z.Ports.Target.Offset = 0;              // Primary output offset value
104         c3p3z.Ports.Target.NormScaler = 0;          // Primary output normalization factor bit-shift scaler
105         c3p3z.Ports.Target.NormFactor = 0x7FFF;     // Primary output normalization factor fractional
106         // Configure Control Reference Port
107         c3p3z.Ports.ptrControlReference = &VMC_3p3z_Vref; // Pointer to control reference (user-variable)
108         /* Controller Output Limits Configuration */
109         // Primary Control Output Limit Configuration
110         c3p3z.Limits.MinOutput = VMC3P3Z_COMP_3P3Z_MIN_CLAMP; // Minimum control output value
111         c3p3z.Limits.MaxOutput = VMC3P3Z_COMP_3P3Z_MAX_CLAMP; // Maximum control output value
112         /* ADC Trigger Positioning Configuration */
113         // ADC Trigger A Control Configuration
114         c3p3z.ADCTriggerControl.ptrADCTriggerARegister = &PG1TRIGA; // Pointer to ADC trigger A register
115         c3p3z.ADCTriggerControl.ADCTriggerAOffset = 0; // user-defined trigger delay (
116         /* Advanced Parameter Configuration */
117         // Initialize User Data Space Buffer Variables
118         c3p3z.Advanced.usrParam1 = 0;               // No additional advanced control options used
119         c3p3z.Advanced.usrParam2 = 0;               // No additional advanced control options used
120         c3p3z.Advanced.usrParam3 = 0;               // No additional advanced control options used
121         c3p3z.Advanced.usrParam4 = 0;               // No additional advanced control options used
122         /* Controller Status Word Configuration */
123         c3p3z.status.bits.enabled = false;          // Keep controller disabled
124         // Call Assembly Control Library Initialization Function
125         retval = c3p3z_Initialize(&c3p3z);          // Initialize controller data arrays and number scalers
126         return(retval);
127     }
```

圖 4.4.17 客製初始化副程式

如圖 4.4.18，接著於 main.c 的主程式段：

- *呼叫：*
  c3p3z_ControlObject_Initialize();
- *啟動補償控制計算：*
  c3p3z.status.bits.enabled = true;

```
137    int main(void)
138    {
139        initVMC3p3zContextCompensator();
140    /* DCLD ------------------------------------------
141        c3p3z_ControlObject_Initialize();
142        c3p3z.status.bits.enabled = true;
143    /*==============================================
144        // initialize the device
145        SYSTEM_Initialize();
146
147        while (1)
148        {
149            // Add your application code
150                if(VMC_3p3z_Vref < 1241)
151                {
152                    VMC_3p3z_Vref++;
153                    Delay();
154                }
155        }
156        return 1;
157    }
```

圖 4.4.18 初始化 c3p3z 補償控制器

主程式修改完囉！初始化後，即可到 ADC 中斷執行補償控制計算了，所以請開啟 adc1.c，並如圖 4.4.19 完成下面三個步驟：

- *引用 "c3p3z.h" 至 adc1.c 檔中*
  #include "c3p3z.h"
- *移除 SMPS Lib 相關程式*
  //asm volatile ("mov _VMC_3p3z_Vref, w0");
  //SMPS_Controller3P3ZUpdate_HW_Accel();
- *呼叫 DCLD 補償控制計算庫*
  c3p3z_Update(&c3p3z);

ADC 中斷修改就是這麼簡單，整個 DCLD 的專案導入過程主要就是這三個部分，客制初始化程式、執行初始化程式與執行補償控制計算。

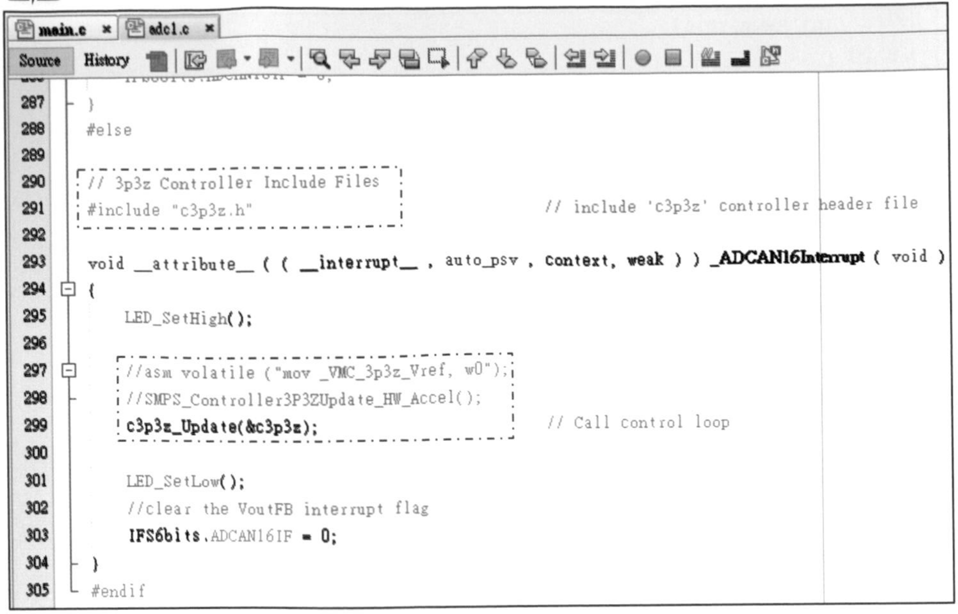

```
287    }
288    #else
289
290    // 3p3z Controller Include Files
291    #include "c3p3z.h"                          // include 'c3p3z' controller header file
292
293    void __attribute__ ( ( __interrupt__ , auto_psv , context, weak ) ) _ADCAN16Interrupt ( void )
294    {
295        LED_SetHigh();
296
297        //asm volatile ("mov _VMC_3p3z_Vref, w0");
298        //SMPS_Controller3P3ZUpdate_HW_Accel();
299        c3p3z_Update(&c3p3z);                    // Call control loop
300
301        LED_SetLow();
302        //clear the VoutFB interrupt flag
303        IFS6bits.ADCAN16IF = 0;
304    }
305    #endif
```

圖 4.4.19 呼叫 DCLD 補償控制計算庫

將 DCLD 導入完成後，就可以按下關鍵的組譯與燒錄按鈕，準備驗證結果看看囉！

4.4.6. 實際量測與驗證

燒錄後，我們首先檢查一下 PWM 與 ADC 中斷時序是否符合預計？

PWM 頻率與佔空比基本上應該是一樣的，檢查的關鍵在於 ADC 中斷時序是否跟使用 SMPS Lib 時一樣，回顧前面章節的圖 4.2.46，為改善相位餘裕而延遲 ADC 觸發時序至 PWM L 上升緣前約 300ns。比較使用 DCLD 補償控制計算庫的差異，參考圖 4.4.20，ADC 觸發時序變成延遲至 PWM L 上升緣前約 170ns。

相減之下，可以得知 DCLD 補償控制計算庫的計算時間約比 SMPS Lib 長 130ns，這差異其實是有原因的但換得一些好處！

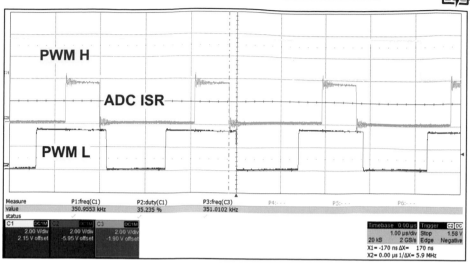

圖 4.4.20 中斷與 PWM 時序圖

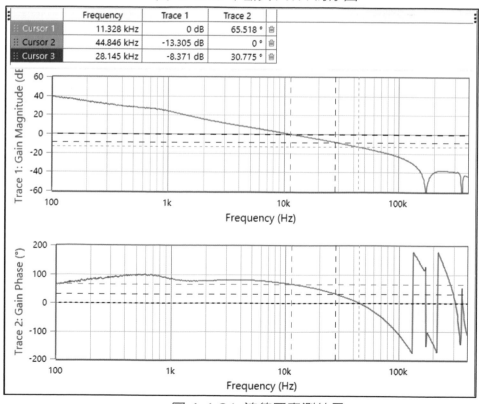

圖 4.4.21 波德圖實測結果

其原因主要來自於 DCLD 的 Scaling Mode，還記得 DCLD 可以自動檢查參數浮點誤差是否過大嗎？

是的，前面為了改善浮點誤差而改變 Scaling Mode，間接稍微增長計算時間，但這樣一點點的時間增長，卻能帶來很多的好處，包含低頻增益穩定、縮小穩態誤差與改善穩態 PWM 佔空比抖動。

這些好處從波德圖也是可以看出來，實驗量測結果如圖 4.4.21。

首先觀察相同的部分：

➢ *頻寬*

量測結果約 11.38kHz，對比 4.2 節結果相近。

實驗之極點與零點採用最原始的計算結果，唯一修改高頻極點至 175kHz 以改善相位餘裕。原點極點並未調整，因為頻寬接近 11.5kHz 是符合預期的。

➢ *相位餘裕*

高頻極點已修改至 175kHz 以改善相位餘裕，量測結果約 65.518 度，對比 4.2 節結果相近。

➢ *增益餘裕*

量測結果約 13.305dB，對比 4.2 節結果相近。

➢ *奈奎斯特頻率*

量測結果約 175kHz，對比 4.2 節結果相同。

需要透過增益圖確認，因為相位圖因為高頻極點而提早落後至負 180 度，不方便判斷實際奈奎斯特頻率，可以從增益圖找到奈奎斯特頻率。

➢ *穿越頻率點之增益斜率*

符合最開始的穩定條件之一，增益以每十倍頻減 20dB 的速率下降。

可以明顯看出 100Hz～1kHz 頻段，無論是增益還是相位都相當穩定，且直流增益於低頻處達到最大。

反之，若補償控制器之 A 相關參數浮點誤差過大時，積分受到影響，會間接造成低頻的增益下降，間接導致穩態輸出時 PWM 佔空比抖動變大，甚至輸出漣波變大。

更多細節的考量，是做出好設計的大關鍵，暸解更多細節，也就不難想像為何數位電源成了大趨勢，甚至是高階電源的主流，更不難理解為何 Type-4、Type-5 甚至 Type-6 已經開始應運而生，大幅改善電源控制性能。本章至此已經一步一步講解了下列各個細節，包含：

➤　*基礎環境*

　使用 Microchip MCC 工具可輕鬆完成基礎程式環境，對於不熟悉的控制晶片，這無疑是很好的工具協助進行週邊模組的設定與測試。

➤　*開迴路控制*

　利用MCC 建立基礎程式環境後，對PWM 模組進行開迴路控制輸出，方便驗證硬體是否正確。

➤　*Plant 模型*

　筆者分享了兩個常用的方法，其中包含 Mindi 快速建立 Plant，或是直接硬體上量測 Plant 的方法，並說明兩者之間的差異。

➤　*控制參數*

　有了 Plant 後，即可透過 Microchip DCDT 或 DCLD 工具求得數位控制迴路所需的控制迴路參數。

➤　*系統閉迴路控制*

　將 DCDT 產生的控制迴路參數引入 SMPS Library 後，完成整個閉迴路控制，或使用 DCLD 自帶的參數與程式庫完成整個閉迴路控制。

　　當然，以上步驟又區分成電壓模式與峰值電流模式兩個區塊，其中的流程是一樣的。

　　筆者希望讀者能理解實際應用時僅是細節上的差異，整個設計過程其實都是大同小異的，清楚的勾勒出來流程步驟是對於完成一個專案不可或缺的能力。

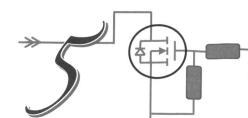

第5章
延伸應用

　　1.2 節中舉例常見延伸架構，本章舉幾個例子讓讀者參考，瞭解本書想表達的內容不僅是針對 **Buck**，而是控制理論其實適用於各種電源架構，皆可以同樣先預設理想的系統轉移函數，再透過極點與零點對消的方法求得基本補償控制迴路參數，接著就是同樣步驟完成混合式數位或全數位控制器設計囉！

5.1 推挽式轉換器（PUSH-PULL CONVERTER）

　　將 Buck 轉換器加上變壓器會變成什麼樣子呢？例如圖 5.1.1，推挽式轉換器（Push-Pull Converter）簡單理解就是於 Buck 轉換器前多串個變壓器，使得輸入與輸出之間得以隔離，並且工作電壓範圍可以做更適當的設計調配。

　　為方便理解，筆者於此刻意假設輸出電感與電容跟前面章節相同，連PWM 頻率都一樣，那麼硬體上的唯一差異就是變壓器 T1，如圖 5.1.2，變壓器的比例設定為 1:1，那麼輸入電壓經過變壓器到 LC 開關節點的電壓就維持不變，所以 Plant 波德圖與開迴路增益波德圖就跟前面分析的結果應該一樣，不是嗎？

　　是的，都一樣，所以設計過程也完全一樣，補償控制器參數甚至是一模一樣的。結果如圖 5.1.3。

5

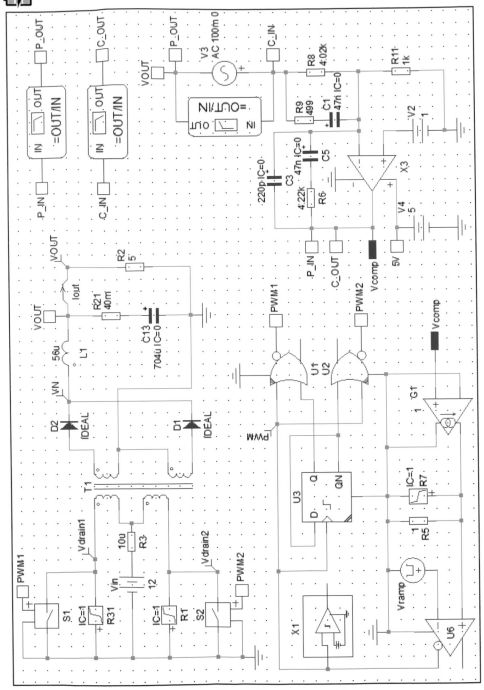

圖 5.1.1 推挽轉換器 Mindi 模擬圖

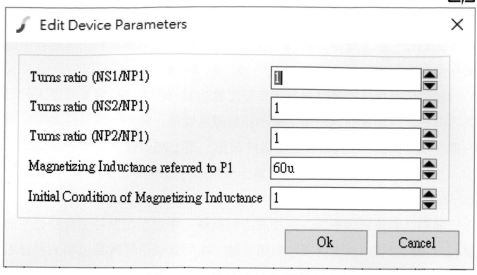

圖 5.1.2 推挽式轉換器變壓器設定

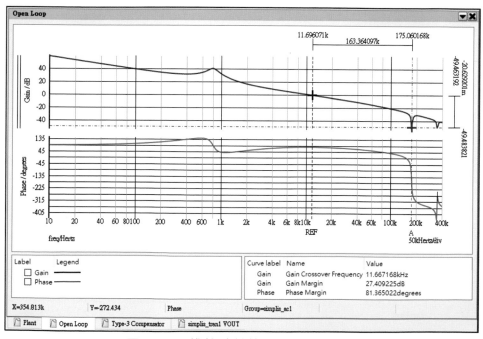

圖 5.1.3 推挽式轉換器開迴路增益波德圖

聰明的讀者是否發現了另一個不一樣的地方呢？既然 PWM 頻率一樣是 350kHz，且這是類比系統，為何 175kHz 處出現類似數位控制器中奈奎斯特頻率一樣的現象呢？

這是因為推挽式轉換器為保持變壓器能量平衡，對於變壓器注入的正負方向電流需儘量保持一樣，最小設計限度便是正負方向的佔空比需保持一致，換句話說，350kHz 的 PWM 波形，每 175kHz 才能改變佔空比一次，也就因此產生這樣的結果，類比奈奎斯特頻率由 350kHz 移動到了 175kHz 的頻率點。

當然，若系統頻寬與之有程度上的重疊，那麼相位餘裕便會受到相應某程度上的影響，讀者需要注意這一點，然而此例子頻寬為 10kHz 左右，兩者相距較遠而不受影響。

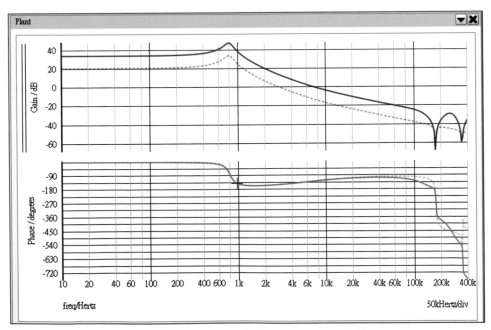

圖 5.1.4 推挽式轉換器 Plant 波德圖

　　我們繼續改變場景，假設現在變壓器不是 1:1 而是變成 1:4，或甚至更高呢？例如推挽式轉換器很常見於 UPS，將電池電壓隔離並提升至一定高壓直流，以提供後級 DC/AC 轉換器使用。

　　假設當輸入電壓因為變壓器而提升 4 倍後，如圖 5.1.4，Plant 增益同時亦因此上升 4 倍，直流增益上升至 34dB，整個開迴路增益也因此上升 4 倍，此時補償控制器就需要配合修正，那麼問題來了，該如何修正呢？往下看答案前，建議先想一想哦！

　　還記得 4.2.5 章節中提到的技巧六？透過調整原點頻率便可修正因為輸入增益改變而造成的頻寬位移。

　　簡單來說，加入變壓器後會造成輸入電壓比例變化，此時只需要調整原點頻率就可以讓系統開迴路增益恢復到原本設計好的理想狀況。

　　讀者是不是感覺相當簡單了呢？是不是開始有理論相通的感覺了呢？

5.2 半橋式轉換器（HALF-BRIDGE CONVERTER）

　　將 Buck 轉換器加上變壓器除了推挽式轉換器，還可以變成什麼樣子呢？我們繼續以半橋式轉換器（Half-Bridge Converter）為例子，其 Mindi 模擬圖如圖 5.2.1 所示。

　　半橋式轉換器（Half-Bridge Converter）亦可簡單理解於 Buck 轉換器前多串個變壓器，使得輸入與輸出之間得以隔離，並且工作電壓範圍可以做更適當的設計調配。

　　為方便理解，筆者同樣於此刻意假設輸出電感與電容跟前面章節相同，連 PWM 頻率都一樣，硬體上的唯一差異還是變壓器 TX1，變壓器的比例設定還是 1:1，那麼輸入電壓經過變壓器到 LC 開關節點的電壓就維持不變，所以 Plant 波德圖與開迴路增益波德圖就跟前面分析的結果應該一樣，不是嗎？是的，還是一樣，所以設計過程也完全一樣，補償控制器參數甚至是一模一樣的。結果如圖 5.2.2。

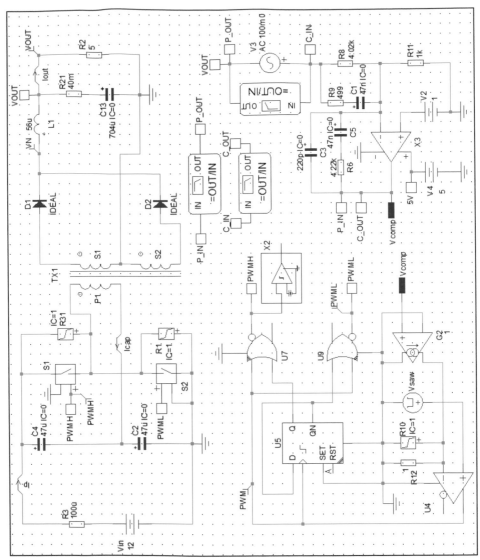

圖 5.2.1 半橋式轉換器 Mindi 模擬圖

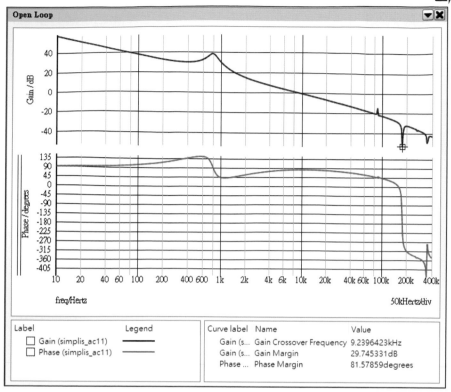

圖 5.2.2 半橋式轉換器開迴路增益波德圖

與推挽式轉換器現象相同，既然 PWM 頻率一樣是 350kHz，且這是類比系統，為何 175kHz 處出現類似數位控制器中奈奎斯特頻率一樣的現象呢？還是因為半橋式轉換器也需要為保持變壓器能量平衡，對於變壓器注入的正負方向電流需儘量保持一樣，最小設計限度便是正負方向的佔空比需保持一致，350kHz 的 PWM 波形，每 175kHz 才能改變佔空比一次，也就因此產生這樣的結果，類比奈奎斯特頻率由 250kHz 移動到了 175kHz 的頻率點。

當然一樣的原理，當系統頻寬與奈奎斯特頻率有程度上的重疊，那麼相位餘裕便會受到相應某程度上的影響，讀者需要注意這一點，然而此例子頻寬為 10kHz 左右，兩者相距較遠而不受影響。我們同樣改變場景，假設現在變壓器不是 1:1 而是變成 1:4，或甚至更高呢？假設當輸入電壓因為變壓器而提升 4 倍，Plant 增益同時亦因此上升 4 倍，想必整個開迴路增益也會因此上升 4 倍，如圖 5.2.3 所示。

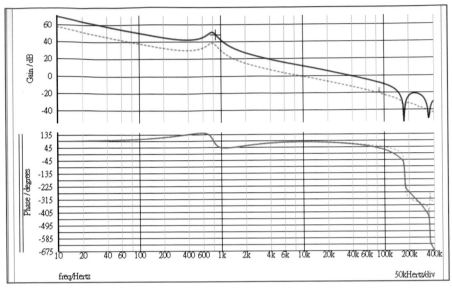

圖 5.2.3 半橋式轉換器開迴路增益上升

此時補償控制器就需要配合修正，那麼問題來了，該如何修正呢？往下看答案前，建議再想一想哦！當然還是同樣的原理，4.2.5 章節中提到的技巧六，透過調整原點頻率便可修正因為輸入增益改變而造成的頻寬位移。簡單來說，加入變壓器後會造成輸入電壓比例變化，此時只需要調整原點頻率就可以讓系統開迴路增益恢復到原本設計好的理想狀況。

讀者是不是又進一步感覺電源相當簡單了呢？是不是進一步覺得理論相通了呢？讀者此時應該已經對於理論與實務有一定程度的理解與貫通的能力，那麼做個簡單的假設與分析，若將半橋式轉換器改成全橋式轉換器，又當如何因應呢！？半橋式轉換器與全橋式轉換器的輸入增益並不相同，差了一倍，那麼知道增益差異後，答案就相當的簡單明瞭：那就順勢調整原點頻率以修正增益改變囉～！對於基礎補償控制迴路設計而言，確實就是這麼簡單，希望讀者亦能明白這之間的原理延伸，學習路上事半功倍！

國家圖書館出版品預行編目資料

混合式數位與全數位電源控制實戰 / 李政道編著.
-- 初版. -- 新北市：全華圖書股份有限公司,
2021.02
面；　公分
ISBN 978-986-503-557-0(平裝)

1.CST: 變壓器　2.CST: 整流器　3.CST: 電源穩定器

448.23　　　　　　　　　　　　　　110001077

混合式數位與全數位電源控制實戰

作者 / 李政道

發行人 / 陳本源

執行編輯 / 張繼元

出版者 / 全華圖書股份有限公司

郵政帳號 / 0100836-1 號

印刷者 / 宏懋打字印刷股份有限公司

圖書編號 / 10510

初版二刷 / 2022 年 03 月

定價 / 新台幣 700 元

ISBN / 978-986-503-557-0

全華圖書 / www.chwa.com.tw

全華網路書店 Open Tech / www.opentech.com.tw

若您對本書有任何問題，歡迎來信指導 book@chwa.com.tw

臺北總公司(北區營業處)
地址：23671 新北市土城區忠義路 21 號
電話：(02) 2262-5666
傳真：(02) 6637-3695、6637-3696

南區營業處
地址：80769 高雄市三民區應安街 12 號
電話：(07) 381-1377
傳真：(07) 862-5562

中區營業處
地址：40256 臺中市南區樹義一巷 26 號
電話：(04) 2261-8485
傳真：(04) 3600-9806(高中職)
　　　(04) 3601-8600(大專)

23671 新北市土城區忠義路 21 號

全華圖書股份有限公司

歡迎加入 全華會員

● 會員獨享
會員專屬購書折扣、紅利積點、生日禮金、不定期優惠活動…等。

● 如何加入會員
掃 QRcode 或填妥讀者回函卡直接傳真 (02) 2262-0900 或寄回，將由專人協助登入會員資料，待收到 E-MAIL 通知後即可成為會員。

如何購買 全華書籍

1. 網路購書
全華網路書店「http://www.opentech.com.tw」，加入會員購書更便利，並享有紅利積點回饋等各式優惠。

2. 實體門市
歡迎至全華門市（新北市土城區忠義路 21 號）或各大書局選購。

3. 來電訂購
(1) 訂購專線：(02) 2262-5666 轉 321-324
(2) 傳真專線：(02) 6637-3696
(3) 郵局劃撥（帳號：0100836-1 戶名：全華圖書股份有限公司）
※ 購書未滿 990 元者，酌收運費 80 元。

OpenTech 全華網路書店
全華網路書店 www.opentech.com.tw
E-mail: service@chwa.com.tw

※ 本會員制如有變更則以最新修訂制度為準，造成不便請見諒。